高等职业教育机电类专业“十三五”规划教材

机械加工综合技术实训

主　编　郁　冬　沈建国
副主编　宦小玉
参　编　徐怀淋　彭凤利
主　审　陈　冰

西安电子科技大学出版社

内 容 简 介

本书包括车工实训、铣工实训、磨工实训三个模块，其中，车工实训包括车削加工技术入门、轴类零件加工、套类零件加工、圆锥加工、螺纹加工和单元综合实训六个项目；铣工实训包括平面铣削加工、沟槽及等分零件铣削加工、铣工综合技能训练三个项目；磨工实训包括磨床操作及日常维护、磨具选用、磨削平面、磨削外圆三个项目，各部分内容相对独立而又相互关联。

本书注重对学生实践能力和岗位技能的培养，叙述简洁，步骤明晰，突出实践。本书可作为高职学校、技工学校、职业学校机械制造专业、机电一体化专业、数控技术专业、模具专业的教学用书和企业职工相关岗位的培训教材。

图书在版编目(CIP)数据

机械加工综合技术实训/郁冬，沈建国主编. —西安：西安电子科技大学出版社，2019. 6
ISBN 978 - 7 - 5606 - 5288 - 7

Ⅰ. ① 机… Ⅱ. ① 郁… ② 沈… Ⅲ. ① 金属切削 Ⅳ. ① TG506

中国版本图书馆 CIP 数据核字(2019)第 060115 号

策划编辑 李惠萍 秦志峰
责任编辑 唐小玉
出版发行 西安电子科技大学出版社(西安市太白南路 2 号)
电　　话 (029)88242885 88201467 邮　　编 710071
网　　址 www. xduph. com 电子邮箱 xdupfxb001@163. com
经　　销 新华书店
印刷单位 陕西天意印务有限责任公司
版　　次 2019 年 6 月第 1 版 2019 年 6 月第 1 次印刷
开　　本 787 毫米×1092 毫米 1/16 印张 13. 5
字　　数 319千字
印　　数 1～3000 册
定　　价 33. 00 元
ISBN 978 - 7 - 5606 - 5288 - 7/TG

XDUP 5590001 - 1

* * * 如有印装问题可调换 * * *

前言

Foreword

本书依据《金属加工国家职业标准》、江苏省五年制高等教育《机械加工综合技术训练课程标准》进行编写。教材以零基础为起点，注重常见机械加工职业技能的培养及可操作性和实用性，结合企业岗位需求和人才需求，积极促进职业教育理念和模式的改革与创新，并加入了团队合作的学习操作内容，符合现代社会对企业工匠人才的需求目标。

本书包括车工实训、铣工实训、磨工实训三个模块，各个模块内容相对独立而又相互关联，每个模块均包括若干个实训项目。全书内容设计从入门开始，先简单后复杂，并按技能、知识、工具、态度、安全五项要求与职业岗位相对应，将机械加工理论知识、操作技能和职业素养有机融合，突出机械加工综合技术的核心素养和关键能力，同时要求学生遵守职业道德和职业规范，树立安全生产、节能环保和产品质量等职业意识。

本书在编写过程中根据职业教育的特点，对理论性内容作简单介绍，注重对学生实践能力和岗位技能的培养，叙述简洁，步骤明晰，突出实践。本书可作为高职学校、技工学校、职业学校机械制造专业、机电一体化专业、数控技术专业、模具专业的教学用书和企业职工相关岗位的培训教材。

本书由江苏省靖江中等专业学校郁冬、江苏省吴中中等专业学校沈建国担任主编，镇江高等职业技术学校宦小玉担任副主编。书中，车工模块由江苏省靖江中等专业学校郁冬、镇江高等职业技术学校宦小玉老师编写，铣工模块由江苏省靖江中等专业学校郁冬、吴中中等专业学校沈建国老师编写，磨工模块由江苏省高淳中等专业学校徐怀淋、彭凤利老师编写。全书由连云港中等专业学校陈冰教授担任主审，主审在本书编写、审稿过程中提出了许多宝贵意见，在此表示衷心感谢。

由于时间紧迫和编者水平有限，书中的疏漏和不足之处在所难免，敬请读者提出宝贵意见，不胜感谢！

编者

2019 年 1 月

前言

Foreword

目　　录

模块一　车工实训

模块二　铣工实训

模块三　磨工实训

模块一

车工实训

项目一　车削加工技术入门

■ **项目描述：**

车削加工就是在车床上，利用工件的旋转运动和刀具的直线(曲线)运动，对回转体零件进行粗、精加工，改变毛坯的形状、尺寸，使之符合图样要求的一种金属切削加工方法、技术。车削加工是金属加工中最基本、最常见的切削加工方法，在生产中占有十分重要的地位。如图 1－1 所示为车工任务图样。

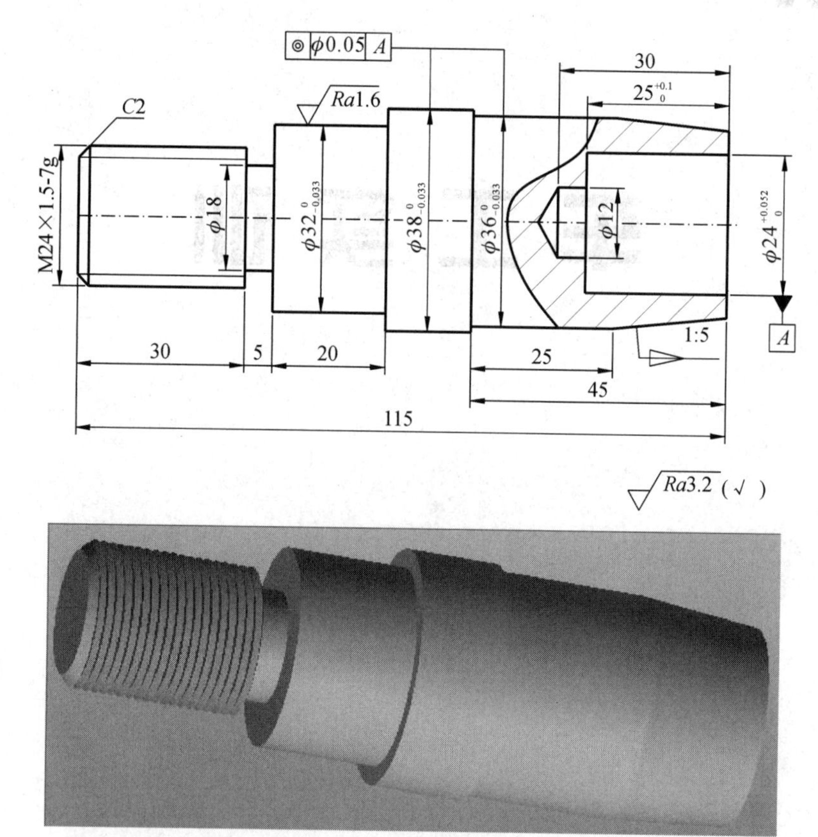

图 1－1　车工任务图样

任务 1　安全文明生产

任务描述

本任务要求实践操作过程中必须做到安全文明生产。

没有规矩，不成方圆。安全文明生产是各级各类企业生产管理的一项重要内容。在金属加工过程中，安全文明生产是企业员工和设备安全的根本保证，关系着企业生产的产品质量和生产效率，影响生产设备和工、夹、量具的使用寿命及工人技术水平的正常发挥。因此，作为车削加工操作人员，必须严格遵守车工安全文明生产操作规程。

如图1-2所示为车削加工图片。

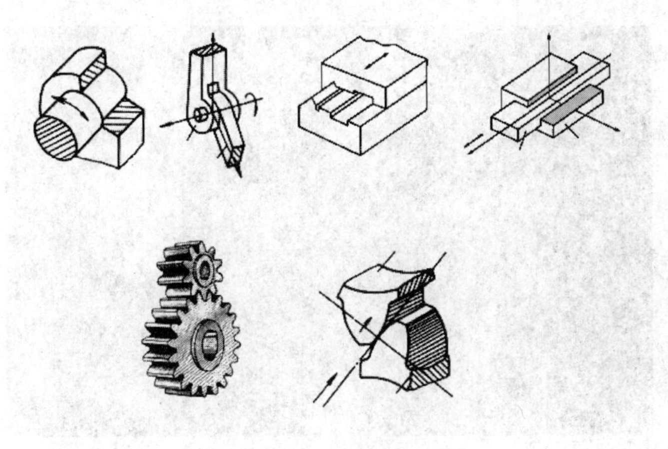

图1-2　车削加工

任务目标

(1) 认识安全文明生产的重要性。

(2) 熟悉安全文明生产操作要领。

(3) 掌握生产过程中的安全文明操作要领。

知识储备

一、安全生产操作规程

(1) 工作时应穿工作服，并扣紧袖口；必须佩戴防护眼镜；女生应戴上工作帽，头发或辫子应塞入帽内；严禁戴手套操作车床或测量工件。着装如图1-3所示。

图1-3　工装准备

(2) 工件和车刀必须装夹牢固，以防飞出伤人；工件装夹后，卡盘扳手必须随手取下，放置规定位置(如图 1-4 所示)。棒料毛坯从主轴孔尾端伸出不能太长，过长应使用料架或挡板，防止棒料甩弯后伤人。

图 1-4　工件装夹

(3) 操作车床时，必须集中精力，严禁离开岗位，禁止做与操作内容无关的其他事情；操作中注意手、身体和衣服不要靠近回转中的机件(如工件、带轮、带、齿轮、丝杠等)；头不能离工件太近，以防切屑飞入眼中，如图 1-5 所示。

图 1-5　操作车床注意事项

(4) 车床运转时，不准测量工件，也不能用手去摸工件表面；严禁使用棉纱擦抹回转中的工件。清除切屑应使用专用铁钩，不允许用手直接清除，如图 1-6 所示。

(5) 操作中若出现异常现象，应及时停车检查；出现故障、事故时应立即切断电源，由专业人员来修理并及时上报有关部门，如图 1-7 所示。

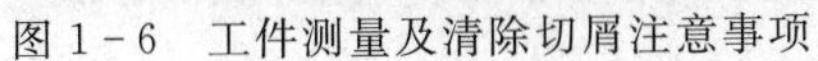

图 1－6　工件测量及清除切屑注意事项

图 1－7　车床维修注意事项

二、文明生产操作规程

（1）启动车床前，检查车床各部分机构是否完好，有无防护设备，各传动手柄是否在空挡位置，变速手柄位置是否正确；启动车床时，先让主轴低速空转 2 min（冬天尤为重要），再使主轴回转和纵、横向进给由低速到高速运动，使润滑油散布到各处，并检查运动是否正常，如图 1－8 所示。

图 1－8　车床启动文明生产事项

（2）装卸工件、更换刀具、变换速度、测量工件时，必须先停车；变换进给箱操作手柄位置时要在低速状态下进行，如图 1－9 所示。

（3）不允许在卡盘及床身导轨上敲击或校直工件，床面上禁止放置工具或工件；装夹较重的工件时，应用木板保护床面，如图 1－10 所示。若工件不卸下或车床长时间不用时，应用千斤顶支撑。

图 1－9　车床操作文明生产事项

图 1－10　重工件装夹文明生产事项

(4) 刀具、量具、工具、夹具以及工件分类摆放，尽可能靠近和集中在操作者周围，存放于固定位置，便于操作时取用，用后应放回原位；工具使用应合理，不得随意替用；工具箱内应分类摆放物件，保持清洁、整齐，物件应放置稳妥，以免损坏、丢失；爱护量具，应经常保持清洁，用后应擦净、涂油，放入盒内，如图 1－11 所示。

图 1－11　工、量、刀、夹具文明生产事项

(5) 车刀磨损后，应及时刃磨。不允许用钝刃车刀继续切削，以免增加车床负荷，甚至损坏车床，如图 1－12 所示。

(6) 车削铸铁时，铸件上的型砂、杂质应尽可能去除；车削气割下料的工件时，应擦去车床导轨面上的润滑油，以免磨坏床身导轨面；使用切削液时，车床导轨面上应涂润滑油；冷却泵中的切削液应定期更换。如图 1－13 所示。

(7) 工作结束前应清除车床上及周围的切屑和切削液，擦净后按规定在加油部位加上润滑油；结束后应将床鞍摇至车尾一端，转动各手柄放到空挡位置，关闭电源；工作地点周围应保持清洁整齐。如图 1－14 所示。

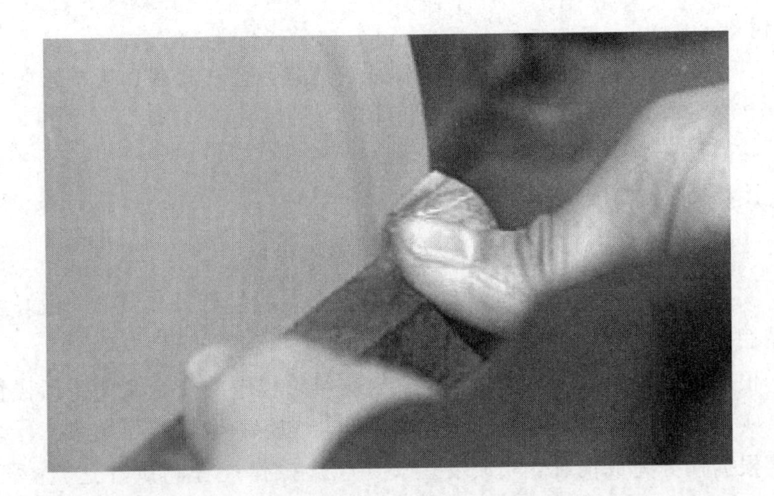

图 1-12　刀具使用文明生产事项

图 1-13　工件加工文明生产事项

图 1-14　结束工作文明生产事项

★ 交流讨论：

请总结一下，进入车削加工生产车间后，生产准备、生产过程、生产结束各有哪些安全文明生产事项？

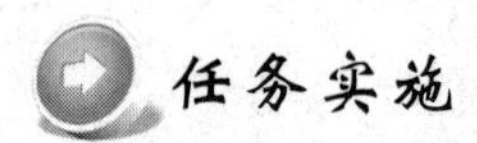

任务实施

STEP1 了解安全生产操作规程和文明生产操作规程。

STEP2 实际感受车间生产实习情境，根据安全文明生产操作规程，做好生产、实习前的着装、物品摆放、刀具准备、车床熟悉等。

STEP3 根据实习项目，理解并熟记生产、实习过程中的安全文明生产操作规程。

STEP4 实习结束时，能根据所学安全文明生产知识，做好实习结束工作。

STEP5 根据任务完成情况，完成安全文明生产操作规程测试并达“优秀”等级，完成实习报告。

任务评价

任务完成后需填写“评价表”并完成考核与测评题。

评　价　表

班级			姓名				
任务名称			起止时间				
序号	考核项目	考核要求	配分	评分标准	自评	互评	师评
1	知识与技能	着装	5	违反一项扣 2 分			
		物品摆放	5	违反一项扣 2 分			
		安全文明操作规程	10	违反一项扣 2 分			
		车间卫生环境	5	违反一项扣 2 分			
2	过程与方法	学习态度及参与程度	5	酌情考虑扣分			
		团队协作及合作意识	5	酌情考虑扣分			
		责任与担当	5	酌情考虑扣分			
3	成果展示	考核与测评	60	见考核表			
教师签字				总分			

考核与测评

一、判断题(45 分)

1. 操作车床时，可暂时离开岗位，只要及时回来就可以。(　　)
2. 在车削时，车刀出现溅火星属正常现象，可以继续车削。(　　)
3. 凡装卸工件、更换刀具、测量加工表面以及变换速度时，必须先停车。(　　)
4. 为了使用方便，主轴箱盖上可以放置任何物品。(　　)

5. 装夹较重较大工件时，必须在机床导轨面上垫上木板，防止工件突然坠下砸伤导轨。(　　)

6. 车床工作中主轴要变速时，必须先停车。(　　)

7. 工具箱内应分类摆放，精度高的放置稳妥，重物放下层，轻物放上层。(　　)

8. 开机前，在手柄位置正确的情况下，需低速运转 2 分钟后，才能进行车削。(　　)

9. 车工在工作时应戴好防护眼镜，穿好工作服；女同志要戴工作帽，并将长发塞入帽子里。(　　)

10. 为使转动的卡盘及早停住，可用手慢慢按住转动的卡盘。(　　)

11. 工作场地应保持清洁整齐，不得堆放杂物。(　　)

12. 车工可以戴手套进行操作。(　　)

13. 刀具、量具可以放在车床的导轨面上。(　　)

14. 操作中若出现异常现象，应及时停车检查；出现故障、事故应立即切断电源，操作者可以进行维修。(　　)

15. 工作完成后，将所用过的物品擦净归位，清理机床，刷去切屑，擦净机床各部位的油污；按规定加注润滑油，并把机床周围打扫干净；将床鞍摇至床尾一端，各转动手柄放到空挡位置，关闭电源。(　　)

二、简述题(55 分)

简述在实习工厂实习时应如何遵守安全文明生产操作规程。

任务 2　车床操作与保养

任务描述

车床操作是车削加工的基础技能。本任务要求以 CA6140 型车床(如图 1－15 所示)为例，进行车床操作训练。

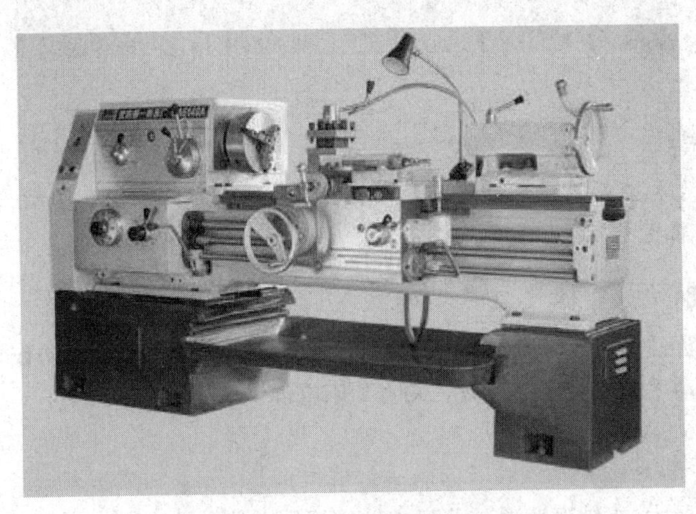

图 1－15　CA6140 型车床

任务目标

（1）掌握车床操作规程，能正确启动、关闭车床。

（2）能根据生产实际需要，正确进行主轴变速、进给变速，掌握主轴箱、溜板箱和尾座各手柄的操作要领。

（3）熟悉车床维护与保养操作规程，能根据生产实际需要，按要求对车床进行维护与保养。

（4）安全文明操作车床。

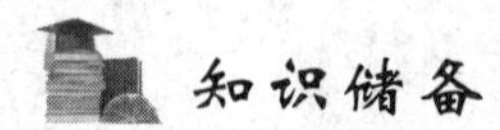

知识储备

一、车床启动与关闭

1. 车床启动

如图1-16所示，合上车床电源总开关，旋出车床床鞍上的红色停止按钮，按下绿色启动按钮，车床电动机启动；将溜板箱右侧的操纵杆手柄向上提起，主轴正转。操纵杆手柄有上、中、下三个挡位，分别实现主轴的正转、停止、反转功能。

图1-16　车床启动及停止按钮

★ **温馨提示：**

车床启动前，检查车床各部分机构是否完好，各传动手柄和变速手柄位置是否正确（主轴变速手柄调至低速挡）。

2. 车床关闭

将操作杆放至中间位置，按下床鞍上的红色停止按钮，车床停止动作；将床鞍移至靠尾座一端，各运动手柄放至空挡位置，关闭车床电源。

二、主轴变速

如图1-17所示，主轴变速通过改变主轴箱正面右侧的两个叠套手柄的位置来控制。前面的手柄控制 6 个挡位，每个挡位有 4 级转速；后面的手柄除两个空挡外，共有 4 个挡位，用颜色来区分，只要将手柄位置拨到其所显示的颜色与前面手柄所处挡位上的转速数字所表示的颜色相同的挡位即可。主轴共有 24 级转速。

图 1-17 主轴变速手柄

车床主轴箱正面左侧的手柄主要用于螺纹的左、右旋向和加大螺距的调整，共有 4 个挡位，右上挡为车削右旋螺纹，左上挡为车削左旋螺纹，右下挡为车削右旋加大螺距螺纹，左下挡为车削左旋加大螺距螺纹。

★ **温馨提示：**

主轴变速必须在车床主轴停止转动状态下进行操作。

三、进给变速

如图 1-18 所示，CA6140 型车床进给箱正面左侧有一个手轮，手轮共有 8 个挡位，右侧有前、后叠装的两个手柄，前面的手柄有 A、B、C、D 4 个挡位，是丝杠、光杠变换手柄；后面的手柄有Ⅰ、Ⅱ、Ⅲ、Ⅳ4 个挡位，与手轮配合使用，用以调整螺距和进给量。实际操作应根据加工要求调整所需螺距或进给量，可通过查找进给箱油池盖上的调配表来确定手轮和手柄的具体位置。

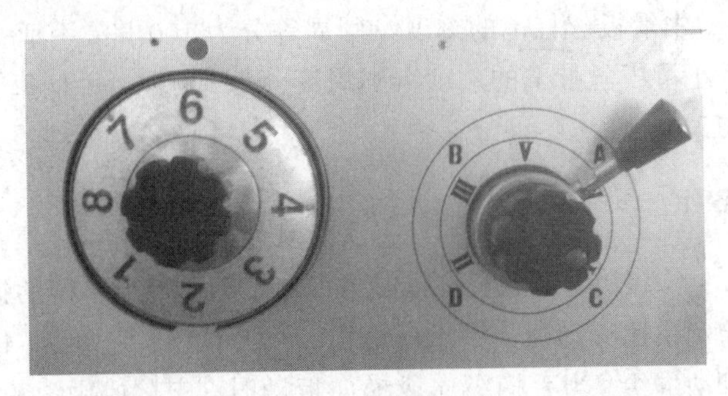

图 1-18 进给变速手柄

四、溜板箱手动操作

溜板箱手动操作如图 1－19 所示。

图 1－19 溜板箱手动操作图样

(1) 床鞍及溜板箱的纵向移动由溜板箱正面左侧的大手轮控制。当顺时针转动手轮时，床鞍右移，反之左移。

(2) 中滑板手柄控制中滑板的横向移动和横向进给量。当顺时针转动手柄时，中滑板向远离操作者的方向移动，反之向靠近操作者的方向移动。

(3) 小滑板在小滑板手柄控制下可作短距离的纵向移动。手柄作顺时针转动，则小滑板向左移动，反之向右移动。小滑板的分度盘在刀架需斜向进刀车削圆锥体时，可顺时针或逆时针地在 90°范围内偏转所需角度。使用时，先松开前后锁紧螺母，转动小滑板至所需角度位置后，再拧紧螺母将小滑板固定。

(4) 溜板箱正面大手轮轴上的刻度盘圆周等分为 300 格，每转过 1 格，表示床鞍及溜板箱纵向移动 1 mm。中滑板丝杠上的刻度盘圆周等分为 100 格，手柄每转过 1 格，中滑板横向移动 0.05 mm。小滑板丝杠上的刻度盘圆周等分为 100 格，手柄每转过 1 格，小滑板纵向(或斜向)移动 0.05 mm。

五、溜板箱机动操作

如图 1－20 所示，CA6140 型车床的溜板箱右侧有一个带十字槽的扳动手柄，是刀架实现纵、横向机动进给和快速移动的集中操作机构。手柄可沿十字槽纵、横向扳动，在十字槽中间位置时，停止机动进给；当手柄纵向或横向扳动时，床鞍或中滑板按手柄扳动方向作纵向或横向机动移动。同时按下快进按钮，快速电动机工作，床鞍或中滑板按手柄扳动方向作纵向或横向快速移动；松开按钮，快速电动机停止转动，快速移动中止。

图 1－20　溜板箱机动操作图样

溜板箱正面右侧有一开合螺母操作手柄，专门控制丝杠与溜板箱之间的运动关系。一般情况下，车削非螺纹表面时，丝杠与溜板箱之间无运动联系，开合螺母处于开启状态，手柄位于上方；当需要车削螺纹时，顺时针方向扳下开合螺母手柄，使开合螺母闭合并与丝杠啮合，将丝杠的运动传递给溜板箱，使溜板箱按预定的螺距(或导程)作纵向进给。车完螺纹后，应立即将开合螺母手柄扳回原位。

六、尾座操作

尾座如图 1－21 所示。

图 1－21　尾座图样

(1) 顺时针方向松开尾座固定手柄，通过手动方式，尾座可在床身导轨上纵向移动。当移至合适位置时，逆时针方向扳动固定手柄，将尾座固定。

(2) 松开尾座固定手柄，均匀摇动尾座手轮，套筒作进、退移动。当移至合适位置时，顺时针方向转动套筒固定手柄，将套筒固定。

(3) 在安装后顶尖时，擦净尾座套筒内孔和顶尖锥柄。松开套筒固定手柄，摇动手轮使套筒安装后顶尖。也可直接后退套筒并退出后顶尖。

七、车床维护与保养

1. 车床的润滑保养部位及要求

车床的润滑保养部位及要求如表 1－1 所示。

表 1－1 车床的润滑保养部位及要求

润滑部位	润滑保养要求
主轴箱	主轴箱的储油量通常以油面达到油窗高度为宜。箱内齿轮用溅油法进行润滑，主轴后轴承用油绳导油润滑，车床主轴前轴承等重要润滑部位用往复式油泵供油润滑。主轴箱上有一个油窗，如发现油孔内无油输出，说明油泵输油系统有故障，应立即停车检查断油原因，等修复后才可开动车床。主轴箱内润滑油一般三个月更换一次
交换齿轮箱	交换齿轮箱内的正反机构主要靠齿轮溅油进行润滑。油面的高度可以从油窗孔看出，换油期也是三个月一次 交换齿轮箱中间的齿轮轴承和溜板箱内的换向齿轮的润滑为每周加一次黄油，每天向轴承中旋进一部分黄油
进给箱	进给箱内的轴承和齿轮除了用齿轮溅油法进行润滑外，还靠进给箱上部的储油池通过油绳导油润滑。因此除了注意进给箱油窗内油面的高度外，每班还要给进给箱上部的储油池加油一次。换油期也是三个月一次
溜板箱	溜板箱内的脱落蜗杆机构用箱体内的油来润滑，油从盖板中注入，其储油量通常加到这个孔的下面边缘为止。溜板箱内其他机构用它上部储油池里的油绳导油润滑。换油期也是三个月一次

2. 车床的日常保养

车床的日常保养如表 1－2 所示。

表 1－2 车床的日常保养操作规程

保养操作	日常保养要求
准备工作	擦净车床导轨面、滑动面、丝杠等外露部分的尘土，用油枪浇油润滑；查看油质、油量是否符合要求；床鞍、中滑板、小滑板部分、尾座和光杠丝杠轴承等部件靠弹子油杯润滑，每班加油一次；检查车床各手柄位置，空车慢速试运转
结束工作	清除铁屑，擦净车床各部分，润滑部位加油润滑，各部件归位，工作区域卫生保洁，关闭电源，关锁门窗

3. 车床的一级保养

车床每运行500个小时需进行一次一级保养。一级保养应切断电源，以操作工人为主，维修工人为辅，其保养操作如表1-3所示。

表1-3　车床的一级保养操作规程

保养部位	车床的一级保养要求
车床外表保养	清洗车床各外表面及各罩盖，保持内外清洁，无锈蚀，无油污；清洗丝杠、光杠和操纵杆；检查并补齐各螺钉、手柄、手柄球等
主轴箱部分	清洗过滤器，做到无杂物；检查主轴并检查螺母有无松动，紧固螺钉是否拧紧；调整制动器及摩擦片间隙
交换齿轮箱	清洗齿轮、轴套、扇形板并注入新油脂；调整齿轮啮合间隙，检查轴套有无松动、拉毛现象
溜板箱及刀架	清洗刀架、中、小滑板丝杠、螺母、镶条，调整镶条间隙和丝杠螺母间隙
尾座	清洗尾座套筒、丝杠螺母并加油
冷却润滑系统	清洗冷却泵、滤油器、盛液盘，畅通油路，使油孔、油绳、油毡清洁无铁屑；检查油质并保持良好，油杯应齐全，油标应清晰
电气部分	清扫电动机、电器箱；检查电气装置是否固定整齐，要求性能良好，安全可靠；检查、紧固接零装置

4. 车床的二级保养

车床每运行5000个小时需进行一次二级保养。二级保养以维修工人为主，操作工人为辅。进行二级保养时应切断电源，除执行一级保养内容的要求外，还要测绘易损件，列出备品配件清单，具体保养操作如表1-4所示。

表1-4　车床的二级保养操作规程

保养部位	车床的二级保养要求
主轴箱部分	清洗主轴箱；检查箱内传动系统，修复或更换磨损零件；调整主轴轴向间隙；清除主轴锥孔毛刺，以符合精度要求
进给箱	检查、修复或更换磨损零件
溜板箱及刀架	清洗溜板箱、刀架，调整开合螺母间隙，检查、修复或更换磨损零件
尾座	检查、修复尾座套筒锥度，检查、修复或更换磨损零件
冷却润滑系统	清洗油池，更换润滑油
电气部分	拆洗电动机轴承，检查、修理电气箱，确保安全可靠
车床精度	校正车床水平，检查、调整、修复其精度

★ 查阅资料：

车床的维护与保养可通过查阅相关保养手册、实践操作，具体了解车床的维护与保养方式与内容。

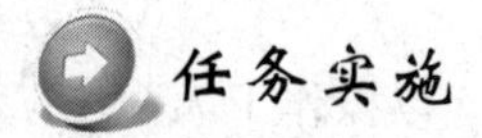

任务实施

STEP1　实际查看CA6140型车床，根据操作规程实践操作车床各手柄，实现车床启动、关闭、主轴变速、进给变速、溜板箱手柄手动及机动操作、尾座手柄操作等动作，要求反应灵活，动作准确，安全可靠。

STEP2　熟悉车床维护与保养操作规程，对车床进行日常保养及一级保养工作。

STEP3　实习结束时，能根据所学车床操作规程，做好实习结束工作。

STEP4　根据任务完成情况，完成车床操作与保养测试，填写实习报告。

任务评价

任务完成后需填写“评价表”并完成考核与测评题。

评　价　表

班级			姓名				
任务名称			起止时间				
序号	考核项目	考核要求	配分	评分标准	自评	互评	师评
1	知识与技能	正确启动、关闭车床	10	动作错一个扣2分			
		正确进行主轴变速	10	动作错一个扣2分			
		正确进行进给变速	10	动作错一个扣2分			
		正确进行溜板箱手柄操作	10	动作错一个扣2分			
		正确进行车床维护与保养	10	动作错一个扣2分			
2	过程与方法	学习态度及参与程度	5	酌情考虑扣分			
		团队协作及合作意识	5	酌情考虑扣分			
		责任与担当	5	酌情考虑扣分			
		安全文明生产	5	违反一项全扣			
3	成果展示	考核与测评	30	见考核表			
教师签字			总分				

考核与测评

一、填空题(50分)

1. 车床主轴需要变换速度时，必须先________。

2. 车床启动时，合上________，旋出车床床鞍上的________按钮，按下________按钮，车床________启动，将溜板箱右侧的操纵杆手柄________，主轴正转。

3. 车床关闭时，将操作杆放至________，按下床鞍上的________按钮，车床停止动作，将床鞍移至________，各运动手柄放至________，关闭车床电源。

4. 床鞍及溜板箱的纵向移动由________控制，上面的刻度盘圆周等分为300格，每转过1格，表示床鞍及溜板箱纵向移动________。

5. 中滑板手柄控制中滑板的 ________。当 ________ 转动手柄时，中滑板向远离操作者的方向移动，反之向靠近操作者的方向移动。

6. 中滑板丝杠上的刻度盘圆周等分为 100 格，手柄每转过 1 格，中滑板横向移动 ________。小滑板丝杠上的刻度盘圆周等分为 100 格，手柄每转过 1 格，小滑板纵向(或斜向)移动 ________。

7. CA6140 型车床的溜板箱右侧有一个带十字槽的扳动手柄，是刀架实现 ________ 的集中操作机构。

8. 车削螺纹时，顺时针方向扳下 ________，使开合螺母闭合并与丝杠啮合，将丝杠的运动传递给溜板箱，使溜板箱按 ________ 作纵向进给。车完螺纹后，应立即将开合螺母手柄 ________。

9. 在尾座上安装顶尖时，要求擦净 ________ 和顶尖锥柄；松开套筒 ________ 手柄，摇动手轮使套筒安装后顶尖，也可 ________ 并退出后顶尖。

10. 车床运行 ________ 个小时需进行一级保养，一级保养以 ________ 为主，________ 为辅，并切断电源。

二、简述题(50 分)

1. 简述车床主轴变速的操作规程。

2. 简述车床日常保养的操作规程。

任务拓展

"6S"管理是现代工厂行之有效的现场管理理念和方法，指的是在生产现场中将人员、机器、材料、方法、安全等生产要素进行有效管理，它针对企业中每位员工的日常行为提出要求，倡导从小事做起，力求使每位员工都养成事事"讲究"的习惯，从而达到提高整体工作质量的目的，其作用是提高效率，保证质量，使工作环境整洁有序，预防为主，保证安全。

1. "6S"管理的内容

"6S"管理具有操作简单、见效快、能持续改善等特点，是针对经营现场和工作现场开展的一项精益现场管理活动，其活动内容为"整理(SEIRI)、整顿(SEITON)、清扫(SEISO)、清洁(SEIKETSU)、素养(SHITSUKE)、安全(SECURITY)"，因前 5 个内容的日文罗马拼音和后一项内容(安全)的英文单词里都以"S"开头，所以简称"6S"管理(如图1-22所示)。

图 1-22　"6S"管理内容

2. "6S"管理操作规程

"6S"管理操作规程如表 1-5 所示。

表 1-5　"6S"管理操作规程

6S	含义	要　求	目　的
整理	将工作场所的任何物品进行区分，将有用的留下来，其他的都清理或放置在其他地方。这是 6S 的第一步	将物品分为几类： 1. 不再使用的； 2. 使用效率很低的； 3. 使用效率较低的； 4. 经常使用的。 将第 1 类物品处理掉，将第 2、3 类物品放置在储存处，第 4 类物品放置在工作场所	1. 腾出空间； 2. 防止误用
整顿	把留下来的必要物品定点定位放置，并加以标识。这是提高效率的基础	1. 对可供放置的场所进行规划定置； 2. 将物品在上述场所摆放整齐； 3. 必要时还应标识	1. 工作场所一目了然； 2. 消除找寻物品的时间； 3. 工作环境整齐有序
清扫	将工作区域及工作用的设备清扫干净，保持工作区域干净、亮丽	1. 清扫所有物品； 2. 机器工具彻底清理、润滑； 3. 修理破损的物品	1. 保持良好工作情绪； 2. 稳定产品质量
清洁	维持上面 3S 的成果	检查	监督
素养	每位成员养成良好的习惯，并积极遵守规则做事，培养主动积极的精神	1. 应遵守出勤、作息时间； 2. 工作应保持良好的状态(如不可以随意谈天说地、离开工作岗位、看小说、玩手机、吃零食、打瞌睡等)； 3. 服装整齐，戴好上岗证； 4. 待人接物诚恳有礼貌； 5. 爱护公物，用完归位； 6. 保持清洁	1. 培养好习惯、遵守规则的员工； 2. 营造良好的团队精神
安全	保障安全，防止伤害	重视安全教育，防患于未然，杜绝违章	工作现场安全规范

★ 思考探究：

联系车削加工生产车间，查看"6S"管理细则及执行情况有无遗漏，并积极思考，提出合理化意见。

任务 3　车刀刃磨与安装

任务描述

工欲善其事，必先利其器。在金属切削加工过程中，车刀是应用最广泛的一种单刃刀具。在车床上，根据不同的车削要求，需要选用不同种类的车刀。为了能在车床上进行良好的切削，正确地刃磨及安装车刀是很重要的工作。

本任务要求以 90°外圆车刀(见图 1 - 23)为例，完成车刀的刃磨及安装工作。

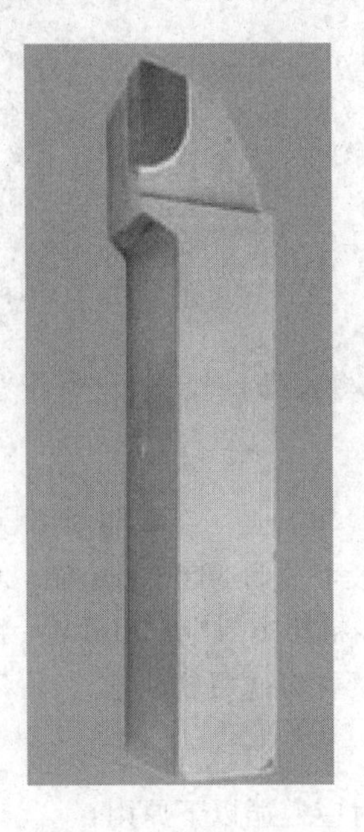

图 1 - 23 90°外圆车刀

任务目标

(1) 了解车刀的刃磨方法及注意事项。

(2) 掌握车刀的刃磨要领，能正确刃磨车刀。

(3) 掌握车刀的安装方法及注意事项，能正确安装车刀。

知识储备

一、车刀的刃磨

90°外圆车刀的刃磨方法如下：

1. 选择砂轮

目前，车刀刃磨主要采用砂轮机。砂轮机上的砂轮按其磨料不同，可分为有氧化铝砂轮和碳化硅砂轮两类，如图 1 - 24 所示。

(1) 氧化铝砂轮。如图 1 - 24(a)所示，氧化铝砂轮又称刚玉砂轮，多呈白色，其磨粒韧性好，比较锋利，硬度较低(指磨粒在磨削抗力作用下容易从砂轮上脱落)，自锐性好，适用于高速钢和碳素工具钢刀具的刃磨和硬质合金车刀刀柄部分的刃磨。

(2) 碳化硅砂轮。如图 1 - 24(b)所示，碳化硅砂轮多呈绿色。其磨粒硬度高，刃口锋利，但脆性大，适用于硬质合金车刀的刃磨。

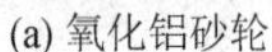

(a) 氧化铝砂轮

(b) 碳化硅砂轮

图 1 - 24　车削常用砂轮

砂轮的粗细以粒度表示，一般可分为 36 粒、60 粒、80 粒和 120 粒等级别。粒度愈大则表示砂轮的磨料愈细，反之愈粗。粗磨车刀应选粗砂轮，精磨车刀应选细砂轮；刃磨较软刀具材料选用硬砂轮，刃磨较硬刀具材料选用软砂轮。

2. 刃磨姿势

如图 1 - 25 所示，车刀刃磨时应遵循以下原则：

(1) 操作者自然站立在砂轮侧面，以防砂轮碎裂时，碎片飞出伤人。

(2) 两手握刀，动作自然，以能握紧为宜，两肘稍夹紧腰部，减小磨刀时的抖动。

(3) 磨刀时，注意身体各部分不要与砂轮接触，眼睛距离刃磨区域不要太近，以防出现安全事故。

(4) 磨刀时，车刀放在砂轮的水平中心，刀尖略微上翘约 $3^\circ \sim 8^\circ$，用力大小合理、均匀。车刀接触砂轮后应作左右方向水平缓慢移动，如图 1 - 26 所示。

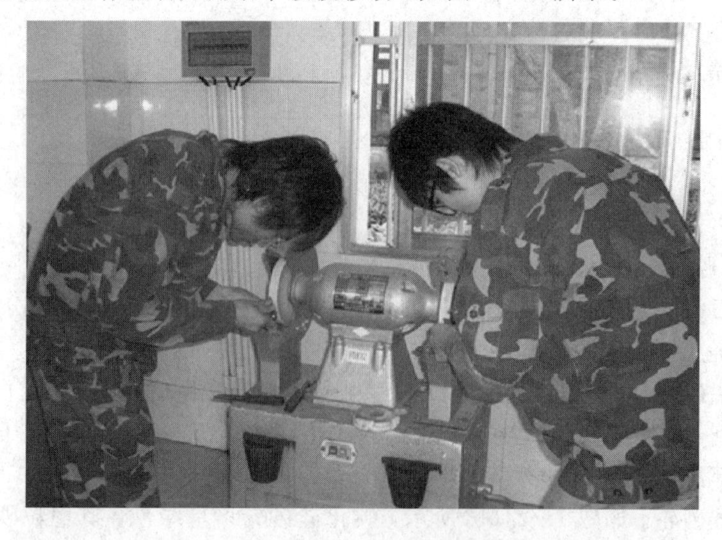

图 1 - 25　车刀刃磨姿势

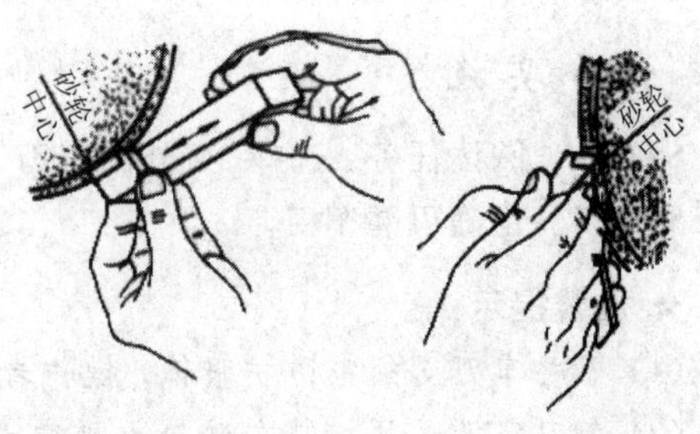

图 1－26　车刀刃磨位置

3. 刃磨方法

90°外圆车刀材料为硬质合金，故采用碳化硅砂轮刃磨，刃磨方法如下：

(1) 粗磨刀头上的主后面和副后面，磨出主、副偏角和后角、副后角。刃磨时注意刀具角度的合理性。

(2) 粗磨出刀头上的前刀面，磨出前角和刃倾角。

(3) 磨断屑槽。

(4) 精磨刀头上前刀面，使其达到要求，如图 1－27(a)所示。

(5) 精磨刀头上主后刀面和副后刀面，使其达到要求，如图 1－27(b)、(c)所示。

(6) 磨过渡刃，刀尖处呈倒直角或圆弧角，如图 1－27(d)所示。

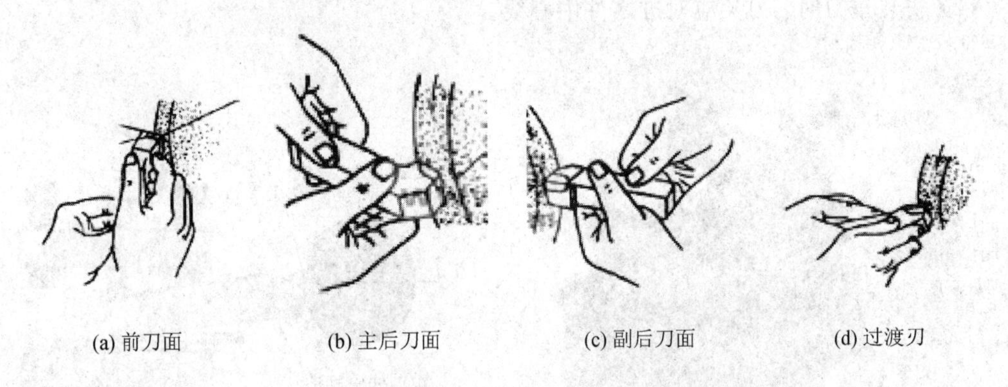

图 1－27　车刀刃磨方法

(7) 检查车刀刃磨情况。刃磨结束后关闭砂轮机。

二、车刀的安装

实践证明，车刀装夹正确与否，将直接影响加工工件的尺寸精度和表面粗糙度。装夹车刀的操作要领主要有：

(1) 关闭车床电源，将刀架尽量远离卡盘和工件，以防发生碰撞。

(2) 车刀不要伸出太长，一般伸出长度为车刀刀杆厚度的 1.5 倍。

(3) 刀杆中心线一般要与工件轴线垂直，以防影响刀具主、副偏角的大小。

(4) 车刀刀尖应与工件中心等高，以防影响刀具前、后角的大小，从而影响切削加工质量。在采用垫片来调整车刀刀尖高度时，垫片应对齐、平整，宜少不宜多，防止振动。

任务实施

STEP1 阅读任务，选择90°外圆车刀。

STEP2 正确刃磨车刀。

★ 温馨提示：

(1) 刃磨车刀必须戴防护眼镜，操作者应按要求站立在砂轮机侧面。

(2) 车刀高低必须控制在砂轮水平中心，刀头略向上翘，否则会出现后角过大或负后角等弊端。

(3) 车刀刃磨时，不能用力过大，以防打滑伤手。

(4) 车刀刃磨时应作水平的左右移动，以免砂轮表面出现凹坑。

(5) 在平形砂轮上磨刀时，尽可能避免在砂轮侧面刃磨。

(6) 砂轮磨削表面须经常修整，使砂轮没有明显的跳动。对平形砂轮一般可用砂轮刀在砂轮上来回修整。

(7) 刃磨硬质合金车刀时，不可把刀头部分放入水中冷却，以防刀片突然冷却而碎裂；刃磨高速钢车刀时，应随时用水冷却，以防车刀过热退火，降低硬度。

STEP3 正确安装车刀，如图1-28所示。

(1) 安装车刀前，车床须停止运动。

(2) 安装车刀时，刀尖应对准零件中心线。

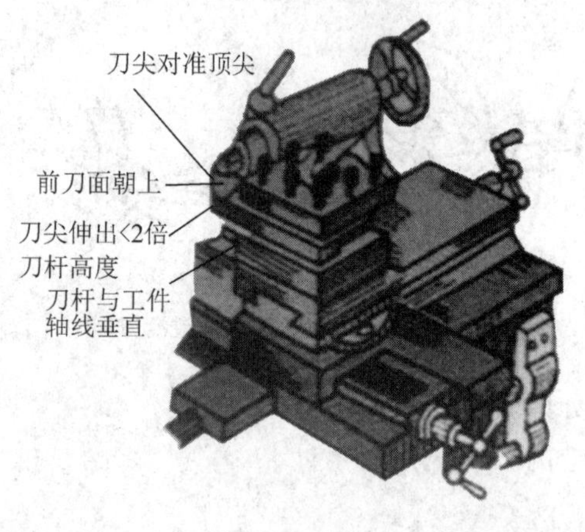

(a)正确安装方法

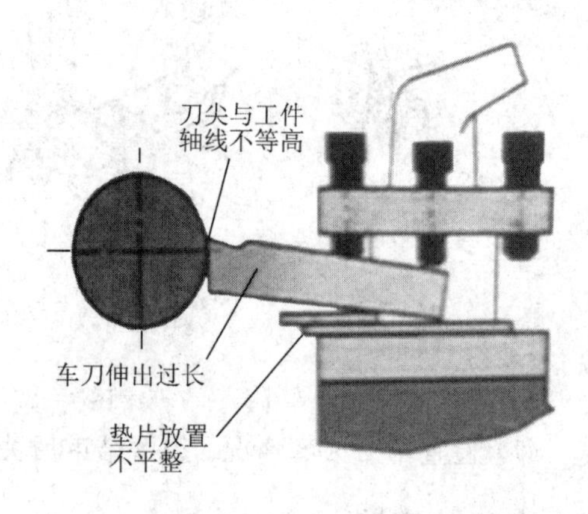

(b)错误安装方法

图1-28 装夹车刀示意图

★ 实例示范：

车刀刀尖对中心的方法主要有：

- 试切端面。
- 使车刀刀尖与尾座顶尖等高。
- 根据所操作车床的中心高，测量刀尖到中滑板的高度。

(3) 安装车刀时，车刀伸出长度应尽可能短些，否则容易引起振动。

(4) 安装车刀时，刀杆中心线应与零件表面垂直，否则会引起车刀主偏角和副偏角的数值发生变化。

(5) 夹紧车刀时，刀具须夹紧牢固，至少要用两个螺钉紧固在刀架上。

(6) 夹紧过程中应用力均匀，以防扳手脱落，出现人身安全事故。

(7) 车刀应用刀架扳手夹紧牢固，用完扳手应归位。

STEP4 实习结束时，做好实习结束工作。

STEP5 根据任务完成情况，完成车刀刃磨与安装测试，并完成实习报告。

任务评价

任务完成后需填写“评价表”并完成考核与测评题。

评 价 表

班级			姓名				
任务名称			起止时间				
序号	考核项目	考核要求	配分	评分标准	自评	互评	师评
1	知识与技能	正确选择砂轮	10	违反一项全扣			
		正确姿势刃磨车刀	10	动作错一个扣2分			
		正确刃磨车刀	10	动作错一个扣2分			
		正确安装车刀	10	动作错一个扣2分			
2	过程与方法	学习态度及参与程度	5	酌情考虑扣分			
		团队协作及合作意识	5	酌情考虑扣分			
		责任与担当	5	酌情考虑扣分			
		安全文明生产	5	违反一项全扣			
3	成果展示	考核与测评	30	见考核表			
教师签字				总分			

考核与测评

一、填空题(50分)

1. 在车床上安装车刀前，必须 ________。

2. 砂轮机上的砂轮按其磨料不同，目前常用的砂轮有 ________ 砂轮和 ________ 砂轮两类。

3. 氧化铝砂轮适用于 ________ 的刃磨，碳化硅砂轮适用于 ________ 的刃磨。

4. 安装车刀时，车刀不要伸出太长，一般伸出长度为车刀刀杆厚度的 ________ 倍。刀杆中心线一般要与 ________ 垂直，以防影响刀具主、副偏角的大小。

5. 车刀刀尖应与工件中心 ________，以防影响刀具前、后角的大小，从而影响切削加工质量，在采用垫片来调整车刀刀尖高度时，垫片应 ________，宜 ________ 不宜 ________，防止振动。

6. 车刀刀尖对中心的方法主要有：(1) ____________ (2) ____________ (3) ____________。

7. 刃磨车刀必须戴 ________，操作者应按要求站立在砂轮机 ________。

8. 刃磨车刀时，车刀高低必须控制在砂轮 ________，刀头略向上翘，否则会出现 ____________ 等弊端。

9. 刃磨硬质合金车刀时，不可把刀头部分 ________，以防刀片突然冷却而碎裂；刃磨高速钢车刀时，应随时 ________，以防车刀过热退火，降低 ________。

10. 夹紧车刀时，刀具须 ________。

二、简述题(50 分)

1. 简述车刀刃磨的方法及注意事项。

2. 简述车刀安装的方法及注意事项。

任务拓展

刀具发展

在机械加工中，金属切削机床和刀具是切削加工的基础工艺装备。刀具(见图 1－29)被称为机床的“牙齿”和“孪生兄弟”，无论什么样的金属切削机床，都必须依靠这个“牙齿”才能发挥作用，离开这个“孪生兄弟”则一事无成。刀具性能和质量直接影响到机床生产效率的高低和加工质量的好坏，直接影响到整个机械制造工业的生产技术水平和经济效益。所以说“企业的红利在刀刃上”，这是国内外企业家的切身体会。

图 1－29　数控加工用刀具

1. 刀具材料

现阶段，在金属切削加工中，高速钢刀具大约占全部刀具费用的 65%，而所切除的切屑仅占总切屑量的 28%；涂层或末涂层硬质合金刀具大约占全部刀具费用的 33%，所切除的切屑却占总切屑量的68%；超硬刀具(立方氮化硼、金刚石)使用比例很低，仅占1%～3%。今后随着高速加工的发展以及硬切削、干切削的增加，这个比例将会大幅度提高。适用于高速切削的刀具材料主要有涂层刀具、金属陶瓷(TiCN基硬质合金)刀具、陶瓷刀具、立方氮化硼(CBN)和聚晶金刚石(PCD)超硬刀具等。

2. 刀具结构

可转位刀具技术(见图1-30)是刀具发展史上的一个重要创新，它具有不经焊接、无裂纹等优势，可充分发挥原有刀片的切削性能，并减少机床停机磨刀、装卸刀具的辅助时间。国外分析资料表明：可转位刀具比焊接刀具的切削效率高37.5%，单件生产成本低30%～49%。

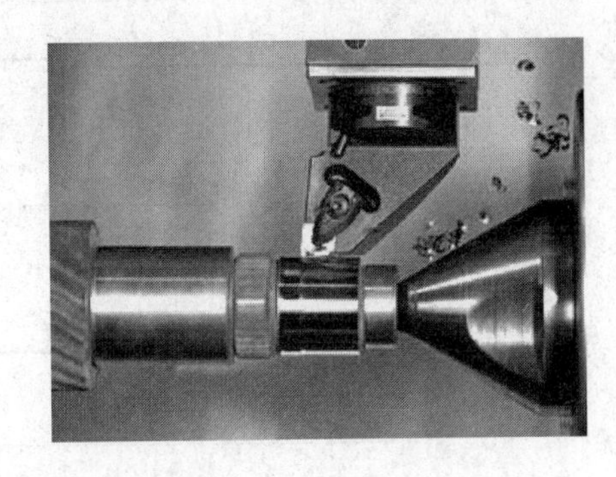

图1-30　可转位车刀及加工实例

目前，我国可转位刀具使用面逐年扩大，随着科技的不断发展，新技术、新工艺使可转位刀具这颗机床的“牙齿”更加锋利和坚硬，真正成为现代切削加工舞台上的主角。

采用先进刀具，适当地增加刀具费用的投入，是制造业提高劳动生产率和企业竞争力的有效手段。应该看到，合理的刀具投入可以成倍地提高生产率和产品质量，不仅可增加企业的竞争力，而且促进刀具行业的发展。

项目二　轴类零件加工

■ 项目描述：

在机器设备中，轴是非常重要的零件之一。轴类零件的长度一般大于直径。

轴的零件一般由同心轴的外圆柱面、圆锥面、内孔及螺纹及相应的端面等组成。车削是轴类零件最普遍的一种加工方法，如图 1-31 所示。

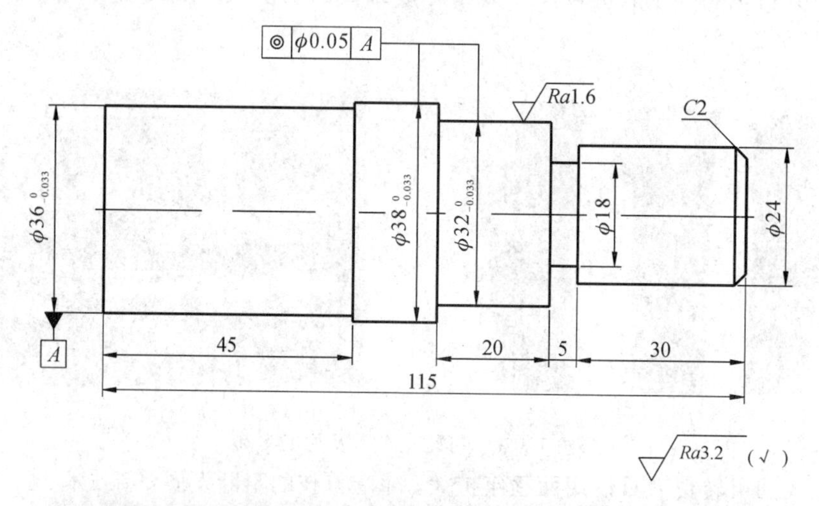

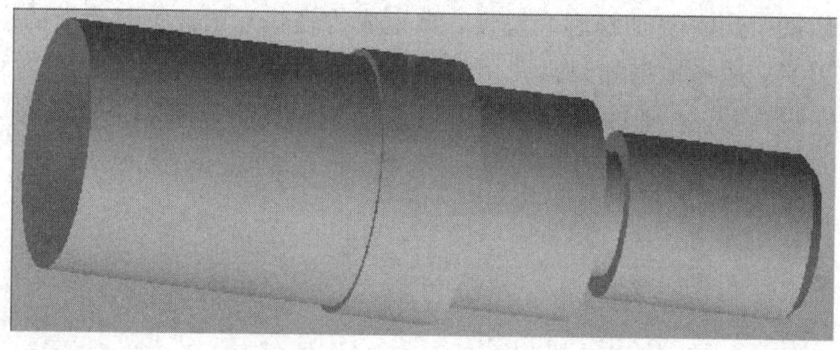

图 1-31　台阶轴零件图样

■ 材料阅读：

常见轴的车削加工要求主要有以下几点：

(1) 尺寸精度：主要包括直径尺寸和长度尺寸，直径尺寸精度一般为 IT7～IT9 级(精度较高)，长度尺寸精度一般为 IT8～IT10 级。

(2) 表面粗糙度：与传动件相配合的轴的表面粗糙度一般为 $Ra3.2 \sim 0.63\ \mu m$，与轴承相配合的轴的表面粗糙度一般为 $Ra0.63 \sim 0.16\ \mu m$。

(3) 形位公差：轴的形位公差主要是圆度、圆柱度、同轴度、圆跳动、垂直度等要求。

任务1　零件装夹及刀具选择

任务描述

本任务要求完成零件毛坯的装夹及刀具选用。

如图1-31所示，零件图样中共有四个外圆尺寸，各自有精度要求；长度尺寸要求一般，有7个未注公差尺寸；全部表面粗糙度要求$Ra3.2\ \mu$m；一个径向直槽；倒角$C2$；有同轴度公差ϕ0.05 mm。

本任务确定选用的毛坯材料为45钢，毛坯规格为ϕ40×118 mm。

任务目标

(1) 了解轴类零件装夹的方法及特点。

(2) 能利用三爪卡盘正确装夹轴类零件。

(3) 能根据加工内容正确选择刀具。

(4) 能掌握生产过程中的安全文明操作要领。

知识储备

一、轴类零件的装夹

轴类工件的装夹方法一般有卡盘直接装夹、两顶尖加鸡心夹头装夹、卡盘与顶尖一夹一顶装夹等方法。

1. 用卡盘直接装夹

对于车削长度较短、直径较大的轴，可以用三爪卡盘或四爪卡盘直接装夹。

1) 三爪卡盘装夹

如图1-32(a)所示，三爪卡盘又称为三爪自定心卡盘，特点是三个卡爪同时夹紧、同时松开，具有自定心作用，不需花较多时间校正工件中心，效率较高，但夹紧力不大，定心精度不高，适合加工形状规则的回转体等中小型工件。

2) 四爪卡盘装夹

如图1-32(b)所示，四爪卡盘又称为四爪单动卡盘，特点是四个卡爪不能同时夹紧、同时松开，只能单独移动，所以校正工件中心较麻烦，但夹紧力大，适合加工形状不规则的大型工件。

2. 两顶尖装夹

在实际加工过程中，有些轴类工件较长，或者需要多次装夹，而且同轴度等形位公差要求较高，如细长轴、丝杠等工件，可以采用双顶尖装夹，具体方法是用前后顶尖顶住轴的

(a) 三爪卡盘

(b) 四爪卡盘

图 1-32 卡盘

两端，将鸡心夹头套在轴的一端并且固定在轴上。这种装夹方式加工精度较高，但刚性略差，适用于精度较高的较长轴类工件的精加工。

前顶尖一般采用车床主轴锥孔装夹顶尖来定位工件（如图 1-33(a)所示）；也可采用卡盘装夹自制 60°顶尖，装夹后再精加工 60°锥面，确保同轴要求（如图 1-33(b)所示），前顶尖工作时与工件一起旋转。后顶尖一般采用尾座装夹顶尖支撑并定位工件。

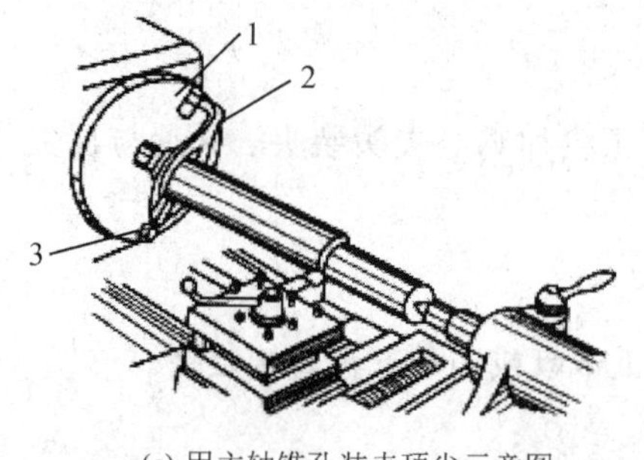

(a) 用主轴锥孔装夹顶尖示意图

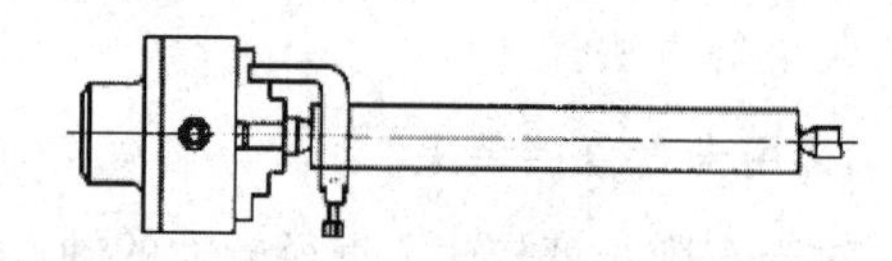

(b) 用卡盘装夹自制60°装夹示意图

1—拨盘；2—鸡心夹头；3—工件

图 1-33 两顶尖装夹示意图

3. 一夹一顶装夹

对于车削长度较长的轴，可以采用卡盘加顶尖一夹一顶的方法来装夹。如图 1-34 所示，将轴的一端钻好中心孔后用顶尖顶上，另一端用三爪卡盘夹上，就可以进行加工了。此装夹方式刚度好，适用于较长轴类工件的粗、精加工。

二、刀具选择

根据轴类零件加工要求，一般加工轴类零件用刀具如表 1-6 所示。

图 1-34　一夹一顶装夹工件实图

表 1-6　加工轴类零件所用刀具

车刀种类	车刀外形图	车刀用途	车削加工示意图
90°车刀 （偏刀）		车削工件的外圆、端面、台阶	
75°车刀		车削工件的外圆、端面	75°
45°车刀 （弯头车刀）		车削工件的外圆、端面、倒角	
切断、切槽刀		切断工件或在工件上切槽	

任务实施

STEP1 根据零件装夹操作规程，拟采用三爪卡盘装夹零件毛坯。

三爪卡盘装夹零件操作步骤如下：

(1) 关闭车床，检查工件毛坯是否符合要求。

(2) 张开卡盘卡爪，使张开量大于工件直径。

(3) 将零件放在卡盘内，零件伸出卡盘长度为65 mm。右手托住零件，使零件与卡爪平行；左手拧紧卡爪。

(4) 用手转动卡盘，带动零件旋转几周，观察零件旋转中心是否与主轴中心线重合。用木锤或软金属轻敲零件并找正。

(5) 利用卡盘扳手和加力杆夹紧工件。为防止夹坏零件已加工表面，夹紧时可在已加工表面上垫铜皮。

(6) 夹紧后及时取下卡盘扳手，放入指定位置。

(7) 开机确认工件装夹正确。

STEP2 根据实习任务，正确选择加工用刀具并按照刀具刃磨操作步骤准备刀具。

(1) 刀具选择。

根据零件图样要求，选择45°车刀进行粗加工和倒角，90°外圆车刀和切槽刀进行精加工。

(2) 刀具刃磨。

① 90°车刀刃磨步骤。

a. 在碳化硅砂轮上粗磨主后面、副后面，磨出主偏角(≥90°)、后角(6°～10°)、副偏角(6°～8°)、副后角(6°～12°)。

b. 在碳化硅砂轮上粗磨出前面，磨出前角(0°～6°)和刃倾角(0°～3°)。

c. 精磨前面，使其达到要求。

d. 精磨刀头上的主后刀面和副后刀面，使其达到要求。

e. 磨过渡刃，刀尖处呈倒直角或圆弧角。

f. 检查车刀刃磨情况。刃磨结束后关闭砂轮机。

② 45°车刀刃磨步骤。

a. 在碳化硅砂轮上粗磨主后面、副后面(两个)，磨出主偏角(45°)、后角(6°～10°)、副偏角(45°)、两个副后角(6°～12°)。

b. 在碳化硅砂轮上粗磨出前面，磨出前角(0°～6°)和刃倾角(0°～3°)。

c. 精磨前面，使其达到要求。

d. 精磨刀头上的主后刀面和副后刀面，使其达到要求。

e. 磨过渡刃，刀尖处呈倒直角或圆弧角(两处)。

f. 检查车刀刃磨情况。刃磨结束时关闭砂轮机。

③ 切槽刀刃磨步骤。

切槽刀一般以横向进给为主，前面的横刃是主切削刃，两侧的刀刃是副切削刃。一般切槽刀的主切削刃较窄，刀头较长，强度差。切槽刀的刃磨要求是：① 副后刀面平直且副后角对称；② 主切削刃平直且垂直于刀体中心线；③ 两个副偏角相等且对称；④ 两刀尖等高并各磨一个小圆弧过渡刃。

切槽刀的刃磨步骤如下：

a. 在碳化硅砂轮上粗磨两侧副后面(两个)、主后面、前面，磨出两个副后角(1°～3°)、副偏角(1°～2°)、主后角(5°～8°)、前角(5°～10°)。

b. 精磨前面，磨好前角，使其达到要求。

c. 精磨副后面，磨好副后角、副偏角，使其达到要求。

d. 精磨主后面，磨好主后角，使其达到要求。

e. 磨过渡刃，刀尖处呈倒直角或圆弧角(两处)。

f. 检查车刀刃磨情况。刃磨结束后关闭砂轮机。

STEP3　实习结束时，做好实习结束工作。

STEP4　根据任务完成情况，完成零件装夹及刀具选择测试并达“优秀”等第，填写实习报告。

任务评价

任务完成后需填写“评价表”并完成考核与测评题。

评　价　表

<table>
<tr><td colspan="2">班级</td><td></td><td colspan="2">姓名</td><td colspan="3"></td></tr>
<tr><td colspan="2">任务名称</td><td></td><td colspan="2">起止时间</td><td colspan="3"></td></tr>
<tr><td>序号</td><td>考核项目</td><td>考核要求</td><td>配分</td><td>评分标准</td><td>自评</td><td>互评</td><td>师评</td></tr>
<tr><td rowspan="3">1</td><td rowspan="3">知识与技能</td><td>正确装夹零件</td><td>20</td><td>错一个扣 2 分</td><td></td><td></td><td></td></tr>
<tr><td>正确选择车刀</td><td>10</td><td>错一个扣 2 分</td><td></td><td></td><td></td></tr>
<tr><td>正确刃磨车刀</td><td>20</td><td>错一个扣 2 分</td><td></td><td></td><td></td></tr>
<tr><td rowspan="4">2</td><td rowspan="4">过程与方法</td><td>学习态度及参与程度</td><td>5</td><td>酌情考虑扣分</td><td></td><td></td><td></td></tr>
<tr><td>团队协作及合作意识</td><td>5</td><td>酌情考虑扣分</td><td></td><td></td><td></td></tr>
<tr><td>责任与担当</td><td>5</td><td>酌情考虑扣分</td><td></td><td></td><td></td></tr>
<tr><td>安全文明操作规程</td><td>5</td><td>违反一项全扣</td><td></td><td></td><td></td></tr>
<tr><td>3</td><td>成果展示</td><td>考核与测评</td><td>30</td><td>见考核表</td><td></td><td></td><td></td></tr>
<tr><td colspan="2">教师签名</td><td colspan="2"></td><td>总分</td><td colspan="3"></td></tr>
</table>

考核与测评

一、填空题(60 分)

1. 轴类工件的装夹方法一般有 ________、________、________。

2. 三爪卡盘又称为 ________，特点是三个卡爪同时夹紧、同时松开，具有 ________ 作用，不需花较多时间校正工件中心，效率较高，但 ________，________，适合加工 ________________。

3. 四爪卡盘又称为 ________，特点是四个卡爪不能同时夹紧、同时松开，只能单独移动，所以校正工件中心较麻烦，但 ________，适合加工 ________________。

4. 在实际加工过程中，有些轴类工件较长，或者需要多次装夹，而且同轴度等形位公差要求较高，可以采用 ________，这种装夹方式 ________，但刚性略 ________，适用于 ________________。

5. 对于车削长度较长的轴，可以采用卡盘加顶尖 ________ 的方法来装夹。此装夹方式 ____________ 好，适用于 ________________。

6. 轴类零件加工常用车刀有 ________、________、________、________。

二、简述题(40 分)

1. 简述零件装夹的操作步骤。

2. 简述 90°车刀的刃磨步骤。

3. 简述切槽刀的刃磨方法及步骤。

任务拓展

一、顶尖

顶尖分活络顶尖和固定顶尖两种。如图 1－35(a)所示，固定顶尖刚度好，精度高，定心准确，但与工件中心孔磨擦大，容易产生过多热量进而损坏顶尖或中心孔，故常用于低速加工，如图 1－35(b)所示。活络顶尖内部有轴承，可转动，所以可在高速状态下正常工作，但精度相对较低。

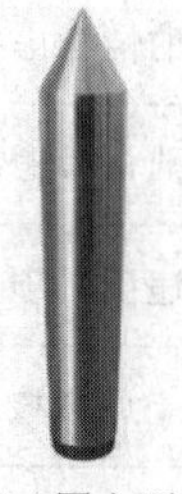

(a) 固定顶尖

(b) 活络顶尖

图 1－35　顶尖实图

二、中心孔

用顶尖支顶工件时，必须在工件上预钻中心孔。中心孔利用相应的中心钻钻出。在车削加工中，常见的中心孔有三种类型：

(1) A 型中心孔(不带 120°保护锥)：如图 1-36(a)所示，适用于精度要求一般的工件。

(2) B 型中心孔(带 120°保护锥)：如图 1-36(b)所示，适用于精度较高、工序较多的工件。

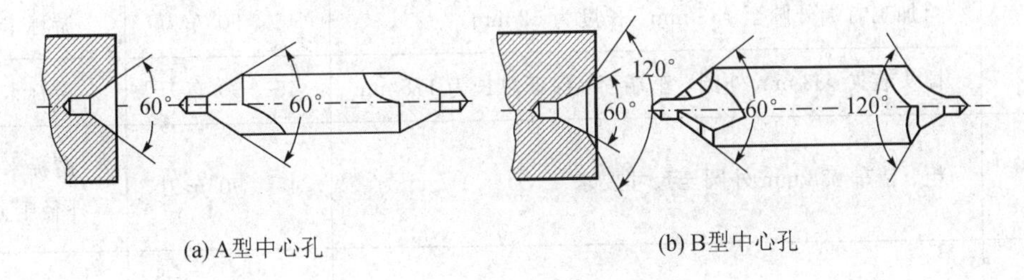

图 1-36 A、B 型中心孔及中心钻示意图

(3) C 型中心孔(带螺孔)：如图 1-37 所示，适用于将零件轴向固定的场合，不常见。

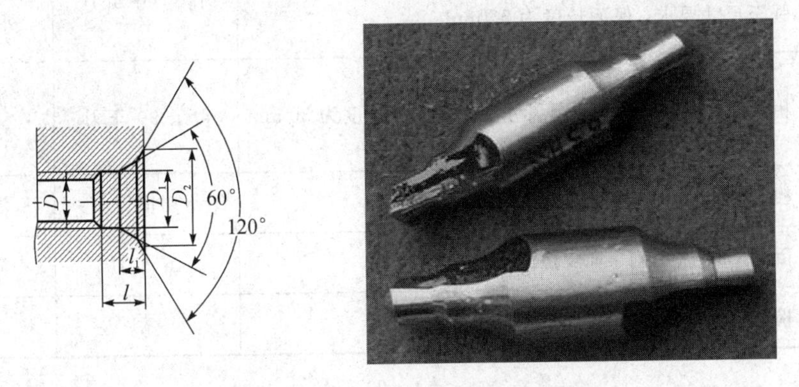

图 1-37 C 型中心孔及中心钻示意图

任务 2 车削台阶轴

任务描述

本任务在完成识图和工件装夹及刀具准备的基础上，根据车削加工工艺，在车床上利用刀具加工出图样所要求的轴类零件。表 1-7 为该轴类零件的加工工艺过程。

表 1－7　轴类零件的加工工艺过程

加工零件	台　阶　轴		
工序号	工 序 内 容	工艺装备	
		刀具	量具
1	装夹零件毛坯，零件伸出 65 mm，车平端面	45°、90°车刀	游标卡尺
2	粗加工右端外圆至 ϕ33 mm，长度为 52 mm	45°、90°车刀	游标卡尺
3	掉头装夹 ϕ33 mm 外圆，车端面，保证总长为 115 mm	45°、90°车刀	游标卡尺
4	粗、精车 ϕ38 mm 外圆至尺寸要求	45°、90°车刀	游标卡尺 外径千分尺
5	粗、精车 ϕ36 mm 外圆至尺寸要求，保证长度为 45 mm	45°、90°车刀	游标卡尺 外径千分尺
6	掉头装夹 ϕ36 mm 外圆(铜皮)并找正，精车右端 ϕ32 mm 外圆至尺寸要求，保证长度为 55 mm	45°、90°车刀	游标卡尺 外径千分尺
7	粗、精车 ϕ24 mm 外圆至尺寸要求，保证长度为 30 mm	45°、90°车刀	游标卡尺 外径千分尺
8	粗、精加工槽，保证尺寸为 18 mm、5 mm	切槽刀	游标卡尺
9	倒角 $C2$，去毛刺，阶段检测	45°车刀	游标卡尺
10	检测合格，卸下零件		

任务目标

(1) 了解台阶轴加工工序内容。

(2) 掌握台阶轴的加工方法及操作步骤，能按照图纸要求独立完成台阶轴的加工。

(3) 熟悉并正确使用轴类零件常用量具。

知识储备

一、车端面

车削工件时，往往以工件的端面作为测量轴向尺寸的基准，必须先进行加工。这样，既可以保证车外圆时在端面附近是连续切削的，也可以保证钻孔时钻头与端面是垂直的，如图 1－38 所示。

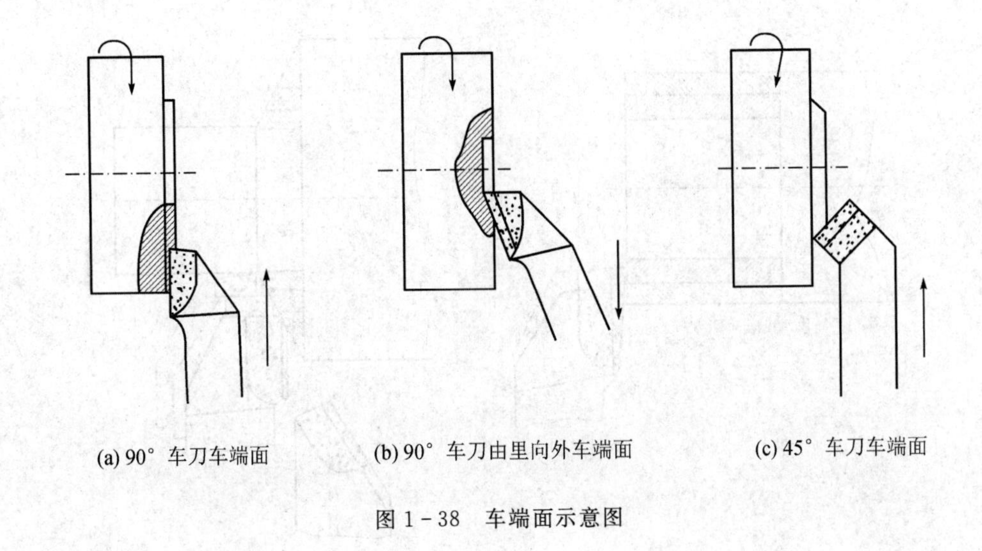

图 1－38　车端面示意图

二、车外圆

外圆车削是通过工件旋转和车刀的纵向进给运动来实现的，如图 1－39 所示。车外圆时为了保证切削深度的准确性，一般采取试切法。

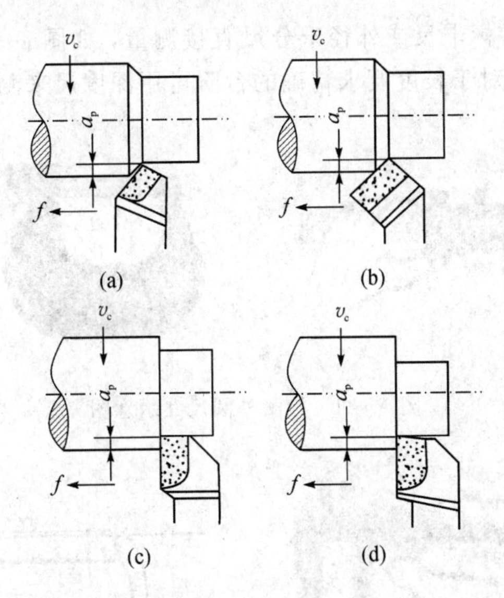

图 1－39　车外圆示意图

试切法即在开始车削时让车刀的刀尖轻轻接触工件的外圆表面，此时记住中滑板刻度盘上的数字，然后退回车刀，再以上次的数字作为基准，决定切削深度。

三、车台阶

车台阶其实就是外圆和端面的综合加工。车台阶一般使用 75°右偏刀或 90°车刀，采用分层切削的方法进行，如图 1－40 所示。

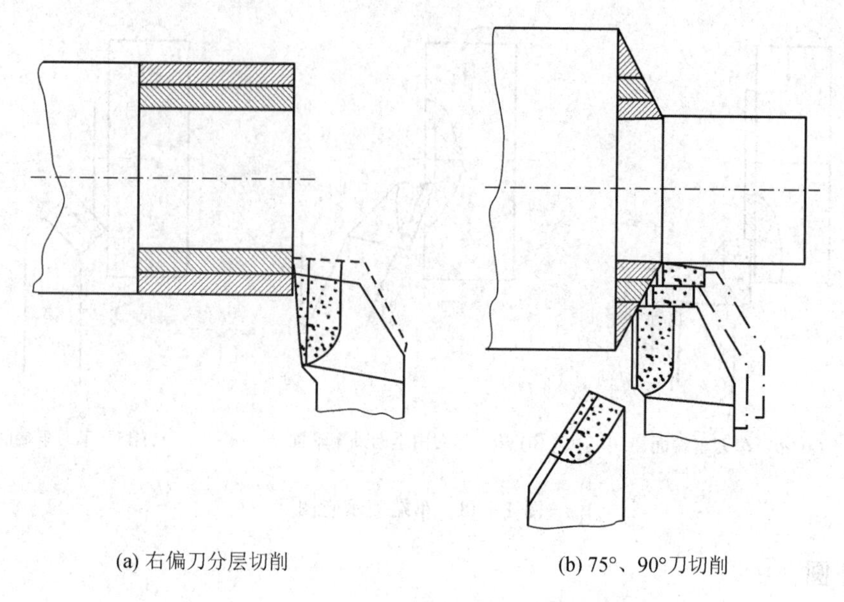

(a) 右偏刀分层切削　　　　(b) 75°、90°刀切削

图 1-40　台阶车削方法

四、零件表面的测量

外圆表面直径可用游标卡尺或外径千分尺直接测量，如图 1-41 所示。台阶长度可用钢直尺、游标卡尺测量，对于长度要求精确的台阶可用深度尺来测量，如图 1-42 所示。

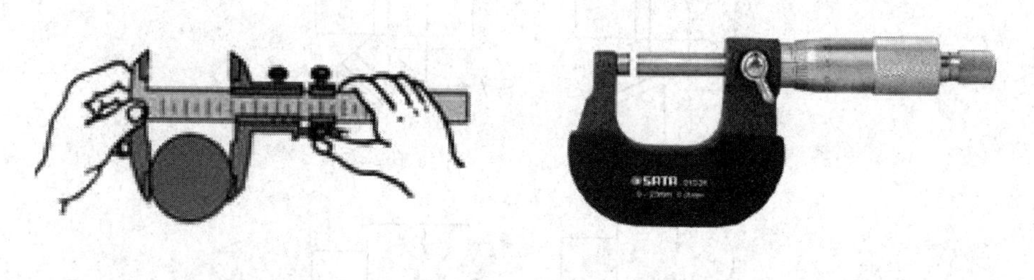

图 1-41　检测外圆尺寸示意图

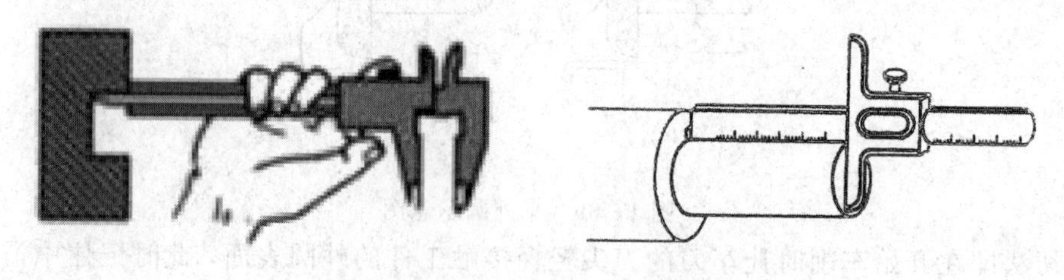

图 1-42　检测台阶长度示意图

任务实施

STEP1　根据零件图样分析，拟定轴类零件加工工艺，准备加工。

STEP2　车端面步骤如下：

(1) 端面车刀在装夹时一定要与车床的主轴中心线等高。车刀高于主轴中心线会形成凸台，并且使车刀的后角抵触凸台，导致工件变形，无法完成加工项目；车刀低于主轴中心线，也会形成凸台并且会损坏刀尖。

(2) 选择合适的主轴转速，启动车床。

(3) 车削时使用手动方法。由于工件毛坯一般都有毛刺，所以车削时先试切削(即让刀尖与工件端面稍稍接触一下)，再决定切削深度；而后利用小滑板手柄或溜板箱上大手轮进行进刀，然后缓慢、均匀转动中滑板手柄手动或中滑板机动进给进行车削。

(4) 当车刀进给至工件中心处时，适当放缓进给速度，以防切屑损坏刀尖。

STEP3　如图 1-43 所示，试切法车外圆步骤如下：

(1) 启动车床，车刀刀尖轻轻接触工件外圆表面。

(2) 中滑板手柄不动，大手轮右向退刀。

(3) 根据中滑板刻度盘刻度进刀(粗加工时要控制切削深度，给精加工留余量)。

(4) 试切长度为 1～2 mm。

(5) 中滑板手柄不动，大手轮右向退刀，然后停车测量。

(6) 根据测量结果和尺寸要求，调整切削深度，纵向进给加工外圆(精加工时要保证尺寸精度和表面粗糙度要求)。加工完成后退刀停车。

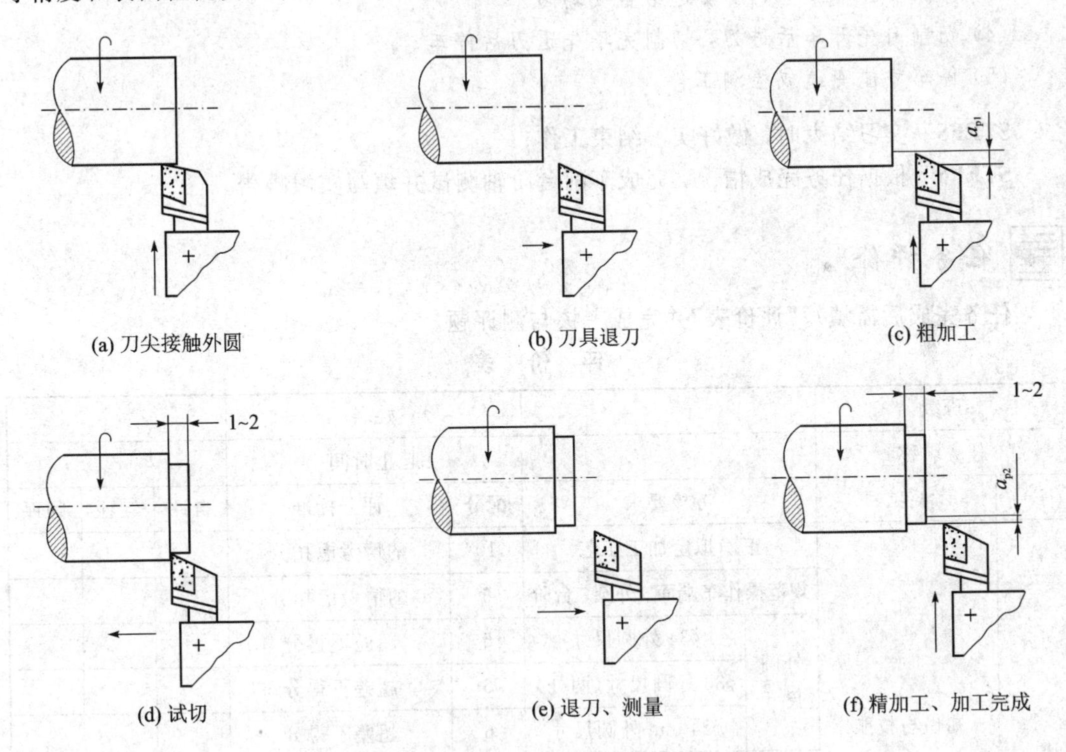

(a) 刀尖接触外圆　(b) 刀具退刀　(c) 粗加工

(d) 试切　(e) 退刀、测量　(f) 精加工、加工完成

图 1-43　车外圆操作规程

STEP4　车台阶步骤如下：

(1) 启动车床，车平端面，然后停车。

(2) 量出划线长度(划线长度不超过外圆长度)，启动车床，利用刀尖在工件表面划线。

(3) 启动车床，试切法加工外圆至要求尺寸，长度车至划线处。

(4) 当最后一刀外圆车至划线处时，溜板箱大手轮不动，记下中滑板刻度盘刻度，中滑板退刀，然后停车。

(5) 保证长度尺寸的方法如下：

• 加工低台阶(台阶高度小于5 mm)时，先测量已加工长度尺寸，算出长度余量；启动车床，转动中滑板手柄，将刀尖移至最后一刀车外圆时的中滑板刻度处；利用小滑板手柄进刀，切除长度余量；中滑板退刀，车出台阶的端面。

• 加工高台阶时，先测量已加工长度尺寸，算出长度余量；利用小滑板手柄进刀(可分层切削)，控制工件长度；启动车床，转动中滑板手柄进行切削；切至最后一刀车外圆时的中滑板刻度处，再反向转动小滑板手柄，直至无铁屑出现；中滑板退刀，车出台阶的端面。

★ 温馨提示：

(1) 粗车的目的是切除大部分余量。只要刀具和机床性能许可，切削速度可以大一点，以减少切削时间，提高工效。

(2) 精车时主要保证零件的加工精度和表面质量，因此精车时切削速度较高，进给量较小，背吃刀量较小。

(3) 车床转速要适宜，手动进给量要均匀。

(4) 切削时先开车后进刀，切削完毕先退刀后停车。

(5) 停车才能变速或检测工件。

STEP5　实习结束时，做好实习结束工作；

STEP6　根据任务完成情况，完成车削台阶轴测试并填写实习报告。

任务评价

任务完成后需填写“评价表”并完成考核与测评题。

评　价　表

<table>
<tr><td colspan="2">班级</td><td colspan="2"></td><td colspan="2">姓名</td><td colspan="3"></td></tr>
<tr><td colspan="2">任务名称</td><td colspan="2"></td><td colspan="2">起止时间</td><td colspan="3"></td></tr>
<tr><td>序号</td><td>考核项目</td><td colspan="2">考核要求</td><td>配分</td><td>评分标准</td><td>自评</td><td>互评</td><td>师评</td></tr>
<tr><td rowspan="7">1</td><td rowspan="7">知识与技能</td><td colspan="2">正确拟定加工工艺</td><td>10</td><td>酌情考虑扣分</td><td></td><td></td><td></td></tr>
<tr><td colspan="2">规范操作车端面、外圆、台阶</td><td>6</td><td>酌情考虑扣分</td><td></td><td></td><td></td></tr>
<tr><td rowspan="3">外圆尺寸</td><td>ϕ34 外圆尺寸</td><td>6</td><td>超差不得分</td><td></td><td></td><td></td></tr>
<tr><td>ϕ30 外圆尺寸(两处)</td><td>6</td><td>超差不得分</td><td></td><td></td><td></td></tr>
<tr><td>ϕ24 mm 外圆尺寸</td><td>6</td><td>超差不得分</td><td></td><td></td><td></td></tr>
<tr><td>长度尺寸</td><td>75 mm、45 mm、25 mm</td><td>9</td><td>超差不得分</td><td></td><td></td><td></td></tr>
<tr><td>表面粗糙度</td><td>Ra3.2 μm(四个)</td><td>8</td><td>超差不得分</td><td></td><td></td><td></td></tr>
</table>

续表

序号	考核项目	考核要求	配分	评分标准	自评	互评	师评
2	过程与方法	学习态度及参与程度	5	酌情考虑扣分			
		团队协作及合作意识	5	酌情考虑扣分			
		责任与担当	4	酌情考虑扣分			
		安全文明操作规程	5	违反一项全扣			
3	成果展示	考核与测评	30	见考核表			
教师签名				总分			

考核与测评

一、填空题(60分)

1. 车削轴类零件时，往往以零件的 ________ 作为测量轴向尺寸的基准，必须先进行加工。

2. 轴类零件端面加工一般可采用 ________、________ 刀具。

3. 外圆车削是通过 ________ 和 ________ 来实现的。车外圆时为了保证切削深度的准确性，一般采取 ________，即在开始车削时让车刀的刀尖轻轻接触工件的外圆表面，此时记住中滑板刻度盘上的数字，然后退回车刀，再以上次的数字作为基准，决定 ________。

4. 车台阶一般使用 ________ 车刀，采用分层切削的方法进行。

5. 外圆表面直径可用 ________ 或 ________ 直接测量。台阶长度可用 ________、________ 测量，对于长度要求精确的台阶可用 ________ 测量。

6. 在切削加工时，必须先 ________ 后 ________，切削完毕先 ________ 后 ________。

7. 加工过程中变速或检测零件时，必须先 ________。

二、简述题(40分)

1. 简述车端面操作要领。
2. 简述车外圆操作要领。
3. 简述车台阶操作要领。

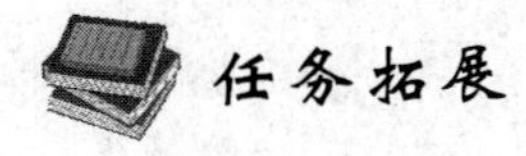

任务拓展

切削用量的选择方法

一、零件加工表面及运动

加工零件时，零件加工表面及运动如图 1－44 所示。

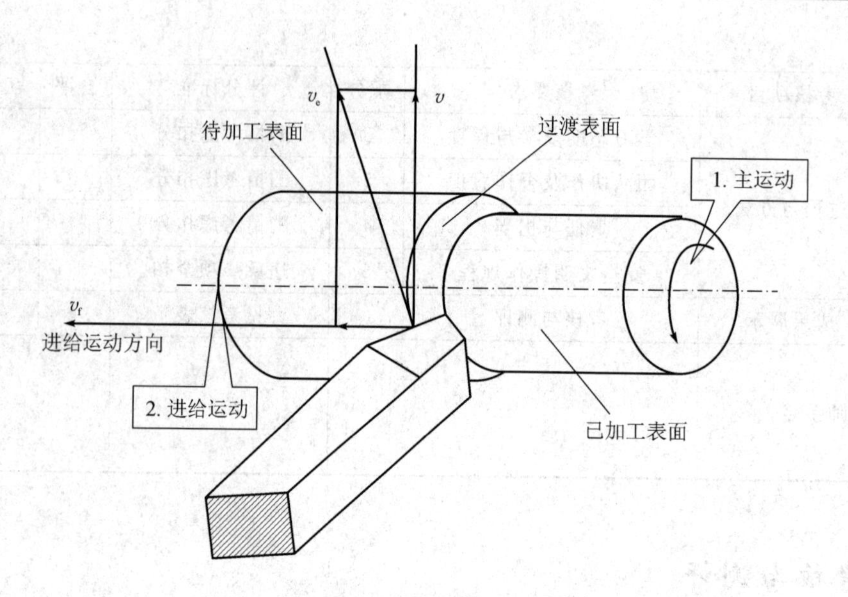

图 1-44　零件加工表面及运动示意图

1. 切削加工表面

切削加工过程是一个动态过程，在切削过程中，工件上通常存在着三个不断变化的切削表面，即：

(1) 待加工表面：零件上即将被切除的表面。

(2) 已加工表面：零件上已切去切削层而形成的新表面。

(3) 过渡表面(加工表面)：零件上正被刀具切削着的表面，介于已加工表面和待加工表面之间。

2. 切削运动

(1) 主运动：机床的主要运动，是消耗机床的主要动力。车削时工件的旋转运动是主运动(通常主运动的速度较高)。

主运动方向：指切削刃选定点相对于工件的瞬时主运动方向。
主运动速度：即切削速度，指切削刃选定点相对于工件主运动的瞬时速度，用 v_c 表示，单位为 m/min 或 m/s。

(2) 进给运动：使工件多余材料不断被去除的切削运动，如在车外圆的纵向进给运动和车端面时的横向进给运动等。

进给运动方向：指切削刃选定点相对于工件的瞬时进给运动方向。

进给运动速度：指切削刃选定点相对于工件进给运动的瞬时速度。

二、切削用量

切削用量是表示主运动及进给运动大小的参数，是背吃刀量、进给量和切削速度三者的总称，如图 1-45 所示。

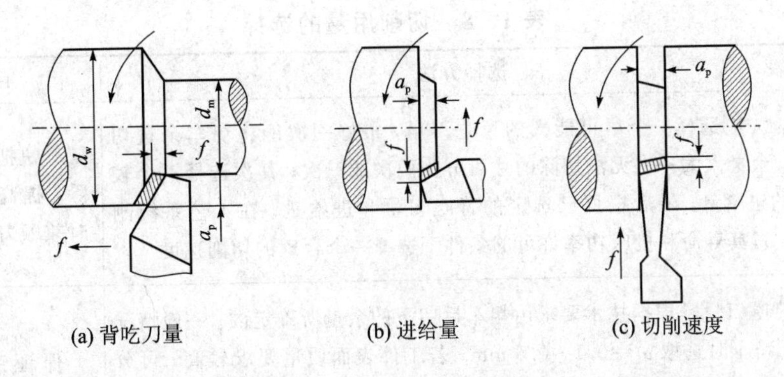

(a) 背吃刀量　(b) 进给量　(c) 切削速度

图 1-45　切削用量三要素

1. 背吃刀量

工件上已加工表面和待加工表面间的垂直距离称为背吃刀量，用 α_p 表示。如图 1-45(a) 所示，背吃刀量是每次进给时车刀切入工件的深度，故又称为切削深度。车外圆时，背吃刀量的计算公式为

$$\alpha_p = \frac{d_w - d_m}{2}$$

式中：α_p——背吃刀量(mm)；

d_w——工件待加工表面直径(mm)；

d_m——工件已加工表面直径(mm)。

2. 进给量

工件每转一周，车刀沿进给方向移动的距离称为进给量，用 f 表示，单位为 mm/r。

3. 切削速度

车削时，刀具切削刃上某选定点相对于待加工表面在主运动方向上的瞬时速度，称为切削速度，用 v_c 表示，单位为 m/min。

切削速度的计算公式为

$$v_c = \frac{\pi d_n}{1000}$$

或

$$v_c = \frac{d_n}{318}$$

式中：v_c——切削速度(m/min)；

d——工件(或刀具)的直径(mm)，一般取最大直径；

n——车床主轴转速(r/min)。

三、切削用量选择

切削用量选择如表 1-8 所示。

表 1-8 切削用量的选择

加工阶段	选择方法	目 的
粗车	首先应选择一个尽可能大的背吃刀量，最好一次能将粗车余量切除，余量太大一次无法切除的才可分为两次或三次；其次选择一个较大的进给量；最后根据已选定的背吃刀量和进给量，在工艺系统刚度、刀具寿命和机床功率许可的条件下选择一个合理的切削速度	尽快把多余材料切除，提高生产率，同时兼顾刀具寿命
精车	背吃刀量是根据技术要求由粗车后留下的余量所确定的。一般情况下，精车时选取 $\alpha_p=0.1\sim0.5$ mm。若工件表面质量要求较高，可分几次进给完成，但最后一次进给的背吃刀量不得小于 0.1 mm。 根据刀具材料，高速钢车刀应选较低的切削速度（$v_c<5$ m/min），硬质合金车刀应选较高的切削速度（$v_c>80$ m/min）	保证工件加工质量，并兼顾生产率和刀具寿命

任务3 车槽和切断

任务描述

本任务在完成端面车削、外圆车削、台阶车削的基础上，根据车削加工工艺，在车床上利用切断刀进行切断、备料等，利用切槽刀进行各类槽的加工。

任务目标

(1) 掌握车槽、切断刀的装夹方法。

(2) 能正确安装切槽、切断刀。

(3) 能独立完成车槽、切断加工。

知识储备

在车削加工中，把棒料或工件切成两段（或多段）的加工方法叫切断；车削外圆及轴肩部分的沟槽，称为车外沟槽。槽一般在轴类零件和套类零件上经常见到，常见的沟槽如图 1-46 所示。

一、切断

1. 选择、装夹切断刀

切断刀以横向进给为主，前端的切削刃是主切削刃，两侧的切削刃是副切削刃。

装夹切断刀的操作要领主要有：

(1) 关闭车床电源，将刀架尽量远离卡盘和工件，以防发生碰撞。

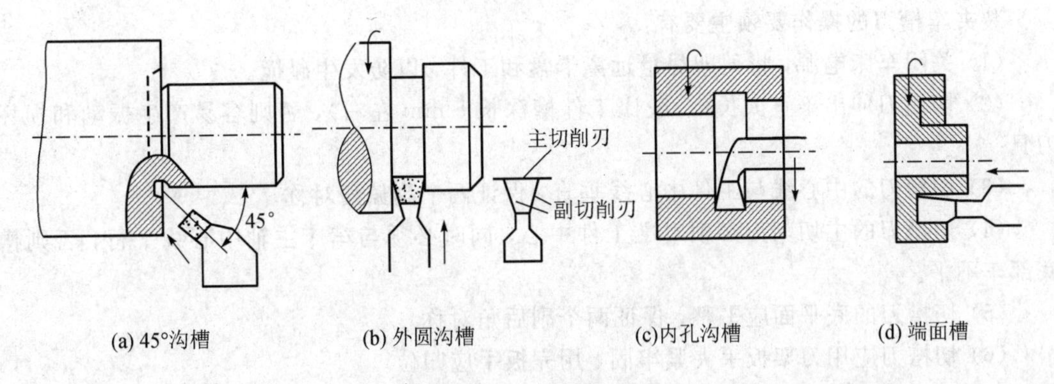

(a) 45°沟槽　(b) 外圆沟槽　(c)内孔沟槽　(d) 端面槽

图 1－46　常见槽结构

(2) 切断刀伸出不宜太长(一般比工件半径长 5 mm 左右)，否则容易产生振动和损坏刀具。

(3) 切断刀的中心线与工件中心线垂直，保证两个副偏角对称。

(4) 切断实心工件时，切断刀的主切削刃必须对准工件中心，否则不能车到中心，而且容易崩刃，甚至折断刀具。

(5) 切断刀的底平面应平整，保证两个副后角对称。

(6) 切断刀应用刀架扳手夹紧牢固，用完扳手应归位。

2. 切断的方法

(1) 直进法。如图 1－47(a)所示，直进法是指垂直于工件轴线方向进行切断。这种方法效率高，但对车床、切断刀的刃磨和安装都有较高的要求，否则容易造成刀头折断。

(2) 左右借刀法。如图 1－47(b)所示，在切削系统(刀具、工件、车床)刚性不足的情况下，可采用左右借刀法切断。切断刀在轴线方向反复地往返移动，随之两侧径向进给，直至工件被切断。

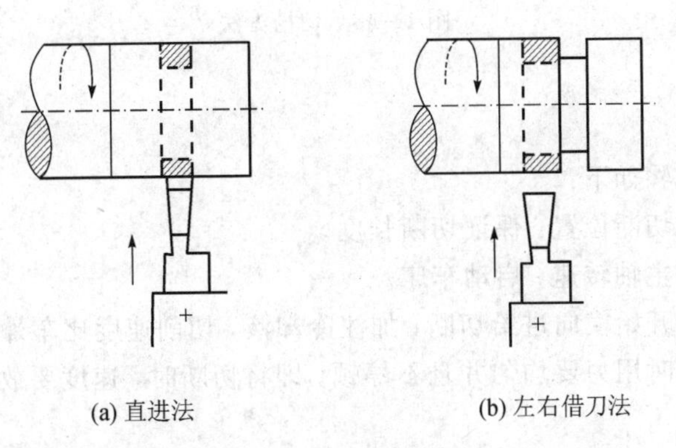

(a) 直进法　(b) 左右借刀法

图 1－47　切断方法

二、车外沟槽

1. 选择、装夹车槽刀

车槽刀与切断刀选择方法基本类似，在此不一一介绍。

装夹车槽刀的操作要领主要有：

(1) 关闭车床电源，将刀架尽量远离卡盘和工件，以防发生碰撞。

(2) 切槽刀伸出不宜太长(一般比工件槽深长 5 mm 左右)，否则容易产生振动和损坏刀具。

(3) 切槽刀的中心线与工件中心线垂直，保证两个副偏角对称。

(4) 切槽刀的主切削刃必须对准工件中心，同时必须与车床主轴中心线平行，否则槽底部车不平。

(5) 切槽刀的底平面应平整，保证两个副后角对称。

(6) 切槽刀应用刀架扳手夹紧牢固，用完扳手应归位。

2. 切槽的方法

如图 1-48(a)所示，宽度为 5 mm 以下的窄槽，可用与槽等宽的车槽刀一次车出。如图 1-48(b)所示，较宽的槽可以用左、右偏刀车端面，分次完成。如图 1-48(c)所示，对精度要求较高的沟槽，可采取两次直进法车削，即第一次车槽时注意槽壁两侧留有精车余量，然后再根据槽深槽宽进行精车。

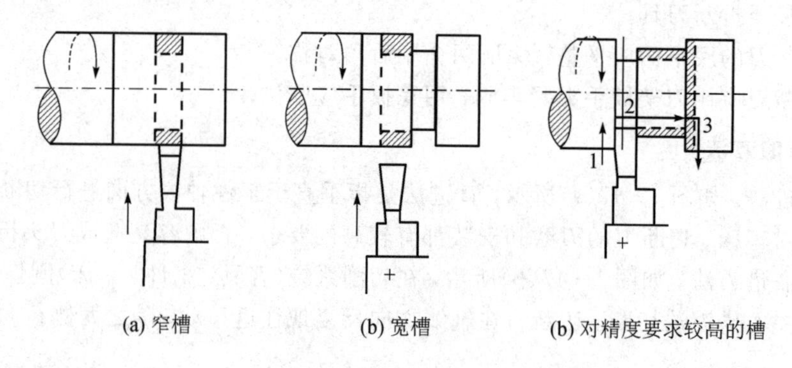

(a) 窄槽　(b) 宽槽　(b) 对精度要求较高的槽

图 1-48　切槽方法

任务实施

STEP1　切断步骤如下：

(1) 量取合适的切断位置，保证切断长度。

(2) 选择合适的主轴转速，启动车床。

(3) 用手动方法开始横向进给切断，加注冷却液，切削速度比车外圆时略高，进给量比车外圆时略低，切断时用力要均匀并且不停顿。即将切断时，速度要放慢，以免折断刀头。

★ 温馨提示：

(1) 切断处应尽量靠近卡盘，以保证切断时工件和刀具有足够的刚性和强度，必要时可以采用后顶尖辅助支撑工件，提高刚性。

(2) 切断时要注意排屑是否流畅，如有堵塞现象，及时退刀清除铁屑。

(3) 保证切削液充足，及时冷却刀具和工件。

STEP2　切槽步骤如下：

(1) 量取合适的切槽位置。

(2) 选择合适的主轴转速，启动车床。

(3) 横向进给切槽，加注冷却液，切削速度比车外圆时略高，进给量比车外圆时略低，切槽时用力要均匀，及时测量并利用小滑板手柄控制槽的位置及槽宽，利用中滑板手柄控制槽深。

★ 温馨提示：

(1) 切槽处应尽量靠近卡盘，以保证切槽时工件和刀具有足够的刚性和强度，必要时可以采用后顶尖辅助支撑工件，提高刚性。

(2) 切槽时要注意排屑是否流畅，如有堵塞现象，及时退刀清除铁屑。

(3) 保证切削液充足，及时冷却刀具和工件。

STEP3　实习结束时，做好实习结束工作。

STEP4　根据任务完成情况，完成车槽和切断测试并达“优秀”等第，填写实习报告。

任务评价

任务完成后需填写“评价表”并完成考核与测评题。

评 价 表

<table>
<tr><td colspan="2">班级</td><td colspan="2"></td><td colspan="2">姓名</td><td colspan="3"></td></tr>
<tr><td colspan="2">任务名称</td><td colspan="2"></td><td colspan="2">起止时间</td><td colspan="3"></td></tr>
<tr><td>序号</td><td>考核项目</td><td colspan="2">考核要求</td><td>配分</td><td>评分标准</td><td>自评</td><td>互评</td><td>师评</td></tr>
<tr><td rowspan="4">1</td><td rowspan="4">知识与技能</td><td colspan="2">正确选用、装夹刀具</td><td>10</td><td>违反一项扣5分</td><td></td><td></td><td></td></tr>
<tr><td colspan="2">正确切断、切槽</td><td>10</td><td>违反一项扣5分</td><td></td><td></td><td></td></tr>
<tr><td rowspan="2">槽</td><td>5×2</td><td>15</td><td>错一个扣5分</td><td></td><td></td><td></td></tr>
<tr><td>10×2、7.5</td><td>15</td><td>错一个扣5分</td><td></td><td></td><td></td></tr>
<tr><td rowspan="4">2</td><td rowspan="4">过程与方法</td><td colspan="2">学习态度及参与程度</td><td>5</td><td>酌情考虑扣分</td><td></td><td></td><td></td></tr>
<tr><td colspan="2">团队协作及合作意识</td><td>5</td><td>酌情考虑扣分</td><td></td><td></td><td></td></tr>
<tr><td colspan="2">责任与担当</td><td>5</td><td>酌情考虑扣分</td><td></td><td></td><td></td></tr>
<tr><td colspan="2">安全文明操作规程</td><td>5</td><td>违反一项全扣</td><td></td><td></td><td></td></tr>
<tr><td>3</td><td>成果展示</td><td colspan="2">考核与测评</td><td>30</td><td>见考核表</td><td></td><td></td><td></td></tr>
<tr><td colspan="2">教师签名</td><td colspan="3"></td><td>总分</td><td colspan="3"></td></tr>
</table>

考核与测评

一、填空题(60分)

1. 切断(槽)刀以 ________ 为主，前端的切削刃是 ________，两侧的切削刃是 ________。

2. 切断刀的中心线与工件中心线 ________，保证两个副偏角 ________。

3. 切断实心工件时，切断刀的主切削刃必须 ________，否则不能车到中心，而且容易崩刃，甚至折断刀具。

4. 切断的方法主要有 ________、________ 两种。

5. 切槽刀的主切削刃必须与车床主轴中心线 ________，否则槽底部车不平。

6. 切断时，切断处应尽量 ________，以保证切断时工件和刀具有足够的刚性和强度，必要时可以采用 ________，提高刚性。

7. 切槽时，用力要均匀，及时测量并利用 ________ 控制槽的位置及槽宽，利用 ________ 控制槽深。

二、简述题(40分)

1. 简述切槽刀的装夹要点。

2. 简述切槽操作要领。

3. 简述切断操作要领。

任务拓展

台阶轴常用测量工具

一、游标卡尺

游标卡尺的结构如图1-49所示。

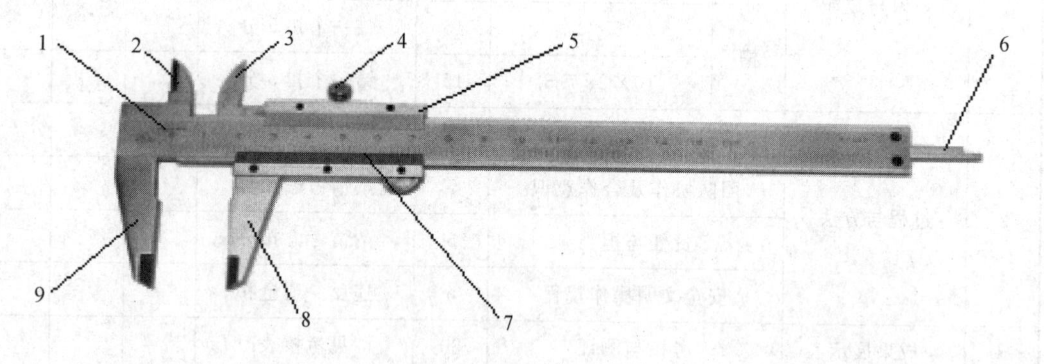

1—主尺；2、3—内测量爪；4—紧固螺钉；5—游标框；6—测深尺；7—游标；8、9—外测量爪

图1-49　游标卡尺

游标卡尺是车工应用最多的通用量具。测量范围有0～150 mm、0～200 mm、0～300 mm等，测量精度有0.02 mm和0.05 mm两个等级。游标卡尺的测量方法如图1-50所示。

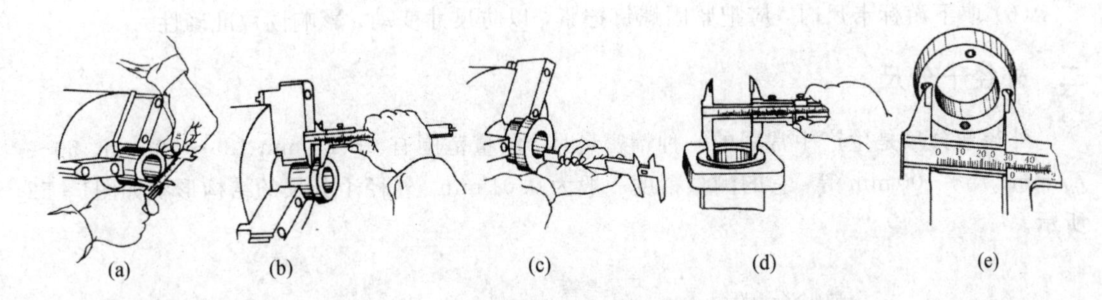

图 1-50　游标卡尺测量方法示意图

游标卡尺使用方法为：

(1) 擦干净零件被测表面和游标卡尺的测量爪。

(2) 校对游标卡尺的零位。若零位不能对正，记下此时代数值，将零件的各测量数据减去该代数值即可。

(3) 测量时，移动游标并使量爪与工件被测表面保持良好接触，卡脚应和测量面贴平，以防卡脚歪斜造成测量误差。

(4) 测量时，使测量面与工件轻轻接触，切不可预先调好尺寸硬卡工件。测量力要适当，测量力过大会造成尺框倾斜，产生测量误差，测量力太小，卡尺与工件接触不良，测量尺寸不准确。

(5) 读数前应明确所用游标卡尺的测量精度，先读出游标零线左边在尺身上的整数毫米值；接着在游标卡尺上找到与尺身刻线对齐的刻线，在游标的刻度尺上读出小数毫米值；然后再将上面两项读数相加，即为被测表面的实际尺寸，如图 1-51 所示。

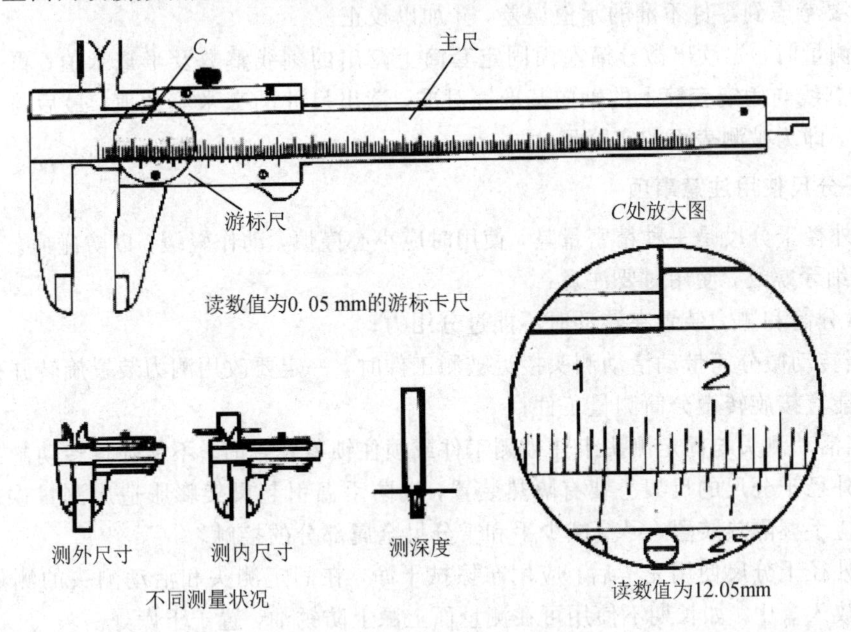

图 1-51　游标卡尺读数示意图

(6) 取下游标卡尺时，应把紧固螺钉拧紧，以防尺寸变动，影响读数准确性。

二、外径千分尺

外径千分尺是生产中常用的一种精密量具。测量范围有 0～25 mm、25～50 mm、50～75 mm、75～100 mm 等，它的测量精度一般为 0.01 mm。外径千分尺的结构形状如图1-52所示。

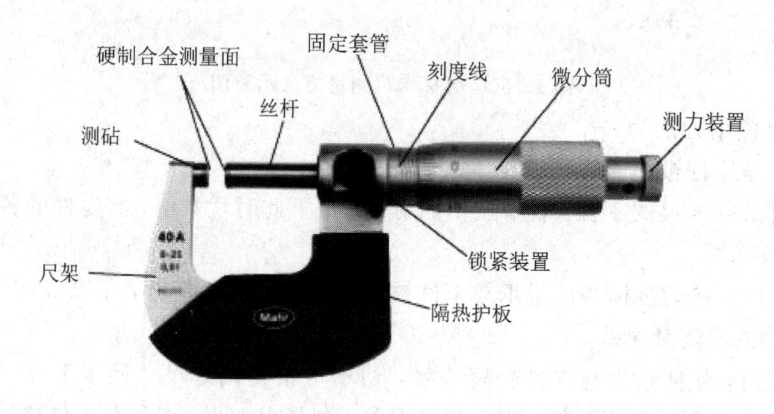

图 1-52　外径千分尺

1. 千分尺的使用方法

(1) 擦干净零件被测表面和千分尺的测量面。

(2) 校对千分尺的零位，即检查微分筒上的零线和固定套筒上的零线基准是否对齐。测量值中要考虑到零件不准的示值误差，并加以校正。

(3) 测量时，先读出微分筒左面固定套筒上露出的刻线整数及半毫米值；再找出微分筒上哪条刻线与固定套筒上的轴向基准线对准，读出尺寸的毫米小数值；最后将上面两项读数相加，即为被测表面的实际尺寸。

2. 千分尺使用注意事项

(1) 外径千分尺是一种精密量具，使用时应小心谨慎，动作轻缓，以防碰撞。千分尺内有精密的细牙螺纹，使用时要注意：

① 微分筒和测力装置在转动时不能过分用力；

② 当转动微分筒带动活动测头接近被测工件时，一定要改用测力装置旋转并接触被测工件，不能直接旋转微分筒测量工件；

③ 当活动测头与固定测头卡住被测工件或锁住锁紧装置时，不能强行转动微分筒。

(2) 外径千分尺的尺架上装有隔热装置，以防手温引起尺架膨胀造成测量误差。所以测量时，应手握隔热装置，尽量减少手和千分尺金属部分的接触。

(3) 外径千分尺使用完毕后，应用布擦拭干净，在固定测头和活动测头的测量面间留出空隙，放入盒中。如长期不使用可在测量面上涂上防锈油，置于干燥处。

项目三　套类零件加工

■ **项目描述：**

在机械零件中，除了轴类零件以外，最常见的就是套类零件。套类零件就是指带有孔的工件，如图 1－53 所示。套类零件一般由内孔、外圆、端面和沟槽等表面组成，其中孔和外圆是最主要的加工面。套类零件内孔的加工方法主要有钻孔、车孔和铰孔三种。

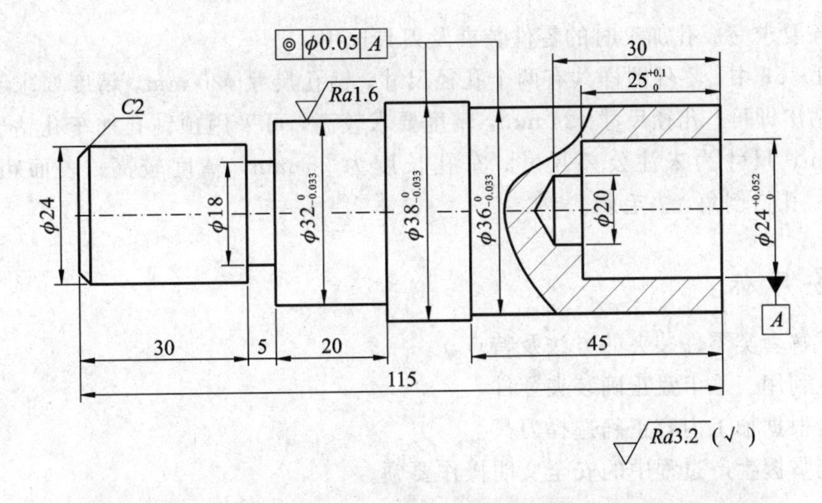

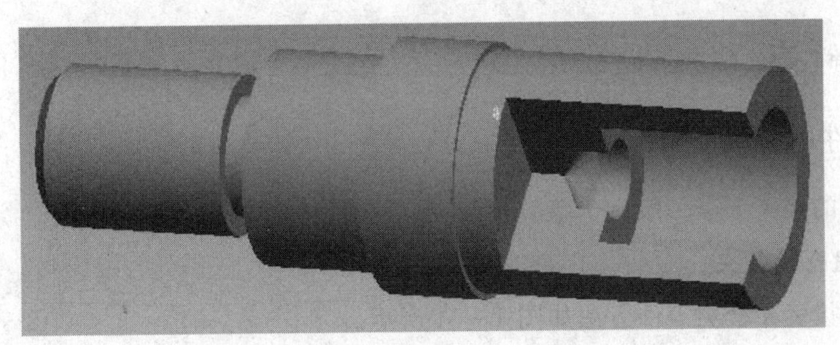

图 1－53　套类零件图样

对于无精度要求的孔采用麻花钻直接钻出，对于一般精度要求的孔须采用先钻孔再车孔的方法，对于精度要求较高的孔可以采用钻孔、车孔、铰孔的方法。

■ **材料阅读：**

常见套的车削加工要求主要有以下几点：

(1) 尺寸精度：主要包括孔径尺寸和长度尺寸，孔径尺寸精度一般为 IT7～IT9 级，长度尺寸精度一般为 IT8～IT10 级。

(2) 表面粗糙度：与传动件相配合的孔的表面粗糙度一般 $Ra3.2$～0.63 μm，与轴承相配合的孔的表面粗糙度一般为 $Ra0.63$～0.16 μm。

(3) 形位公差：主要是内孔、外圆和主要表面之间的相互位置精度。套的内孔和外圆不仅有同轴度要求，还有径向圆跳动要求和端面与孔的轴线垂直度的要求；较长的套筒除对圆度要求外，还对孔的圆柱度有要求。

任务1　零件装夹及刀具选择

任务描述

本任务要求完成孔加工时的零件装夹及刀具选用。

在图1-53中，零件图样共有两个孔径尺寸，钻孔尺寸 ϕ20 mm，精度要求不高，只要用麻花钻钻出即可；孔径尺寸 ϕ24 mm，精度要求较高，可采用预钻孔加车孔钻出；钻孔长度为30 mm，尺寸为未注公差尺寸；车孔长度为25 mm，精度较高；表面粗糙度要求 $Ra3.2\ \mu m$；孔口倒角，去毛刺。

任务目标

(1) 了解套类零件装夹的方法及特点。

(2) 能利用三爪卡盘正确装夹零件。

(3) 能根据加工内容正确选择刀具。

(4) 能掌握生产过程中的安全文明操作要领。

知识储备

一、套类零件的装夹

套类零件的装夹方法一般有卡盘直接装夹、心轴装夹、轴向装夹等方法。

1. 用卡盘直接装夹

用卡盘直接装夹套类零件方法如图1-54所示。

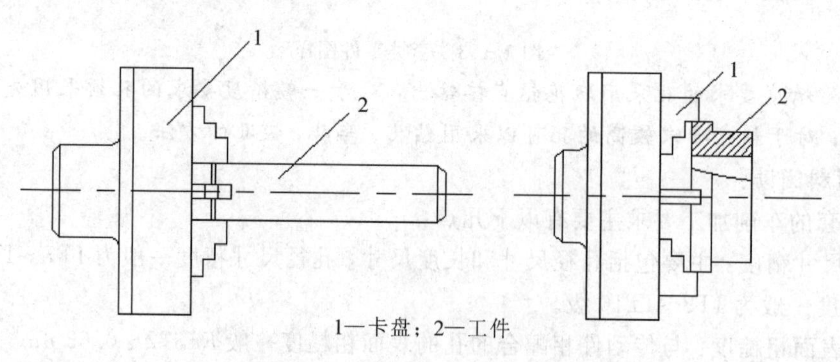

1—卡盘；2—工件

图1-54　卡盘装夹套类零件

在单件小批量生产中，对于短小套类零件，可用三爪或四爪卡盘直接装夹，在一次装夹中完成零件的全部或大部分表面车削加工任务，然后调头装夹再加工。此装夹方法与轴类零件的装夹基本类似，特点是装夹简单、可靠，可获得较高的形状和位置精度。

★ 温馨提示：

(1) 卡盘装夹工件时，注意套类零件的端面须与卡盘端面平行或靠紧卡爪，否则会影响套类零件的同轴度要求。

(2) 卡盘夹持薄壁型套类工件时，用力不可太大，否则易把工件夹碎。可以采用开缝套筒进行装夹，增大夹紧面积，提高夹紧效果，如图 1-55 所示。

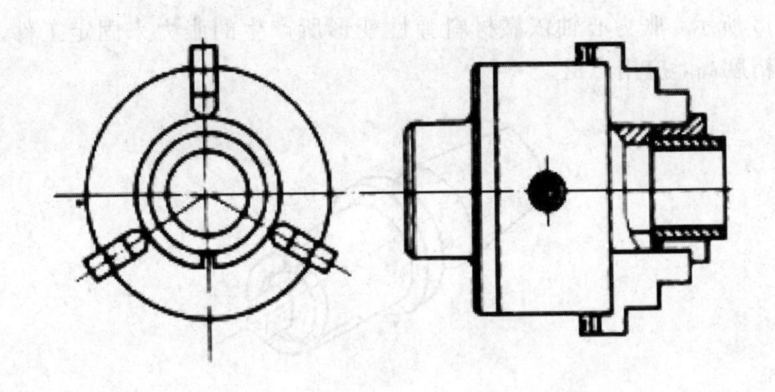

图 1-55　开缝套筒装夹套类零件

2. 心轴装夹

在加工精度要求较高的套类零件时(如轴套、带轮、齿轮等)，一般可用已加工好的内孔作为定位基准，采用心轴来装夹。心轴装夹可以使套类零件的径向与轴向跳动公差要求得到保证。常用的心轴有圆柱面心轴、锥度面心轴和胀力心轴等，装夹时将套类零件套在心轴上，固定后采用一夹一顶或两顶尖装夹的方法完成加工。

1) 圆柱面心轴

圆柱面心轴应用最广。如图 1-56 所示，装夹时，预先将孔车至要求尺寸，使心轴与孔具有较小的间隙配合；然后准确定位，利用台阶和螺母进行夹紧，完成整个装夹过程。圆柱面心轴装夹的特点是一次可以装夹多个工件，但因为心轴与孔配合精度不高，所以装夹定心精度不高，只能保证 0.02 mm 左右的同轴度精度要求。

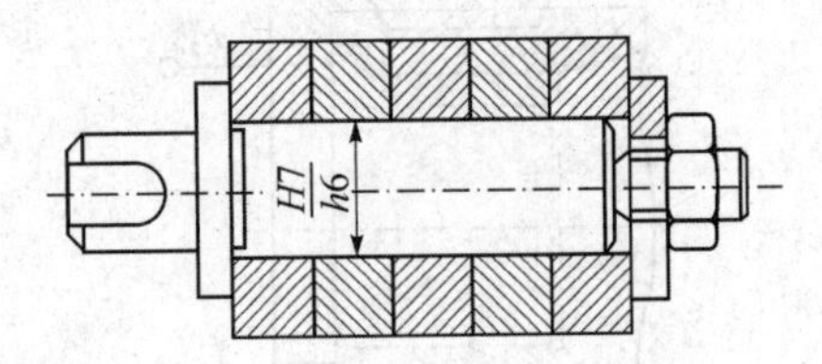

图 1-56　圆柱面心轴装夹套类工件

2) 圆锥面心轴

如图 1-57 所示，圆锥面心轴带有 1∶1000～1∶5000 的锥度，定心精度高，适用于同心度较高、公差要求较小的零件加工。圆锥面心轴不需夹紧结构，仅靠锥度自锁即可完成零件加工，但承受切削力小，装卸不太方便，一般适用于精加工。

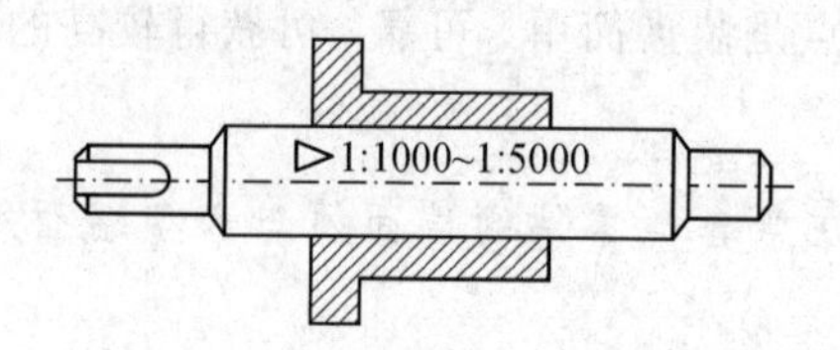

图 1-57　圆锥面心轴装夹套类工件

3）胀力心轴

如图 1-58 所示，胀力心轴依靠材料弹性变形所产生的胀力来固定工件。胀力心轴装卸方便，定心精度高，应用广泛。

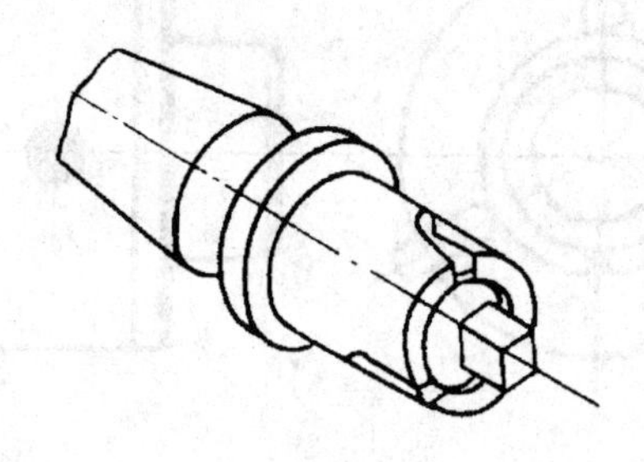

图 1-58　胀力心轴装夹套类工件

4）内加填充物装夹

在加工套类工件的过程中，遇到的最大问题是薄壁套的装夹问题。薄壁套的壁较薄，在没有使用心轴的条件下，如用卡盘直接装夹，由于夹紧力难以控制，工件很容易装夹变形或夹坏。此时解决的办法是预先车好一个与套的内孔相配合的填充物(可以是铜件，也可以是质地较硬的木头)，填充到套内去，然后再装夹加工，就不易被夹碎了。待加工完成后，再将填充物取下就可以了。

3. 轴向夹紧

对于薄壁套类零件来讲，一般的装夹变形是客观存在的，可采用轴向夹紧的方法来代替径向夹紧，提高装夹精度，如图 1-59 所示。

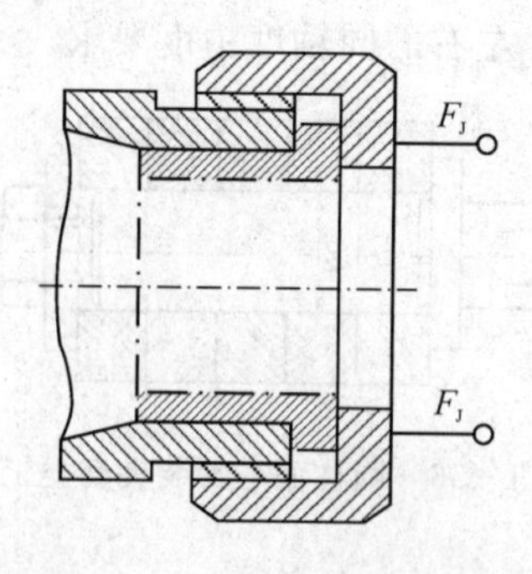

图 1-59　轴向夹紧套类工件

二、刀具选择

根据套类零件加工要求，一般加工套类零件用刀具如表 1-9 所示。

表 1-9　加工套类零件时的刀具选择

车刀种类	车刀外形图	车刀用途	车削加工示意图
麻花钻		钻孔	三爪自定心卡盘 钻头 尾座 工件
内孔车刀(镗刀)		车削工件的内孔	f

任务实施

STEP1　根据零件装夹操作规程，拟采用三爪卡盘装夹零件右端的 ϕ30 mm 外圆。为防止夹伤外圆表面，可采用薄铜皮包裹外圆表面再夹紧。装夹方法与轴类工件装夹一致，在此省略。

STEP2　根据零件图样要求，选择 ϕ20 mm 麻花钻预钻孔，再利用内孔车刀进行车孔即可。

STEP3　刃磨麻花钻。麻花钻的刃磨质量直接关系到钻孔质量和钻孔效率。麻花钻刃磨时一般只刃磨两个主后面，但同时要保证后角、锋角和横刃斜角正确，如图 1-60 所示。所以麻花钻刃磨是比较困难的。

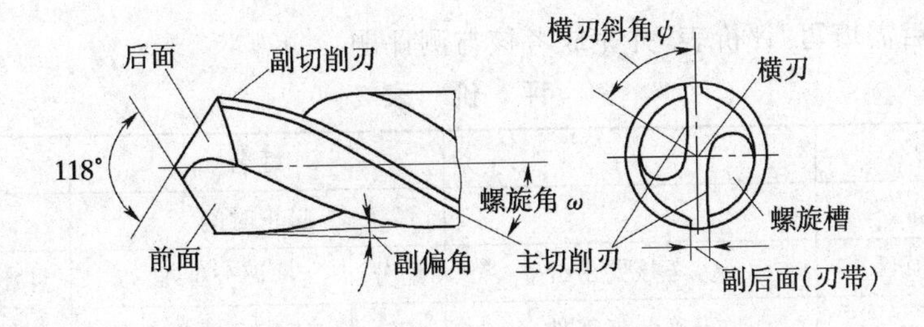

图 1-60　麻花钻切削部分的名称及主要角度

麻花钻刃磨必须达到下列要求：

(1) 刃磨顶角为 118°±2°，横刃斜角为 55°。

(2) 麻花钻的两条主切削刃应该对称，也就是两主切削刃与钻头轴线成相同的角度，并且长度相等。

STEP4　刃磨内孔车刀。车孔刀具(俗称镗刀)主要有盲孔车刀和通孔车刀两种。盲孔车刀的刀尖在刀杆的最前端，主要用来车盲孔和阶台孔，其切削部分的几何形状与偏刀基本相似，主偏角为93°～95°，如图1-61(a)所示；通孔车刀的几何形状与外圆刀相似，它的主偏角一般在60°～75°之间，副偏角在15°～30°之间，如图1-61(b)所示。

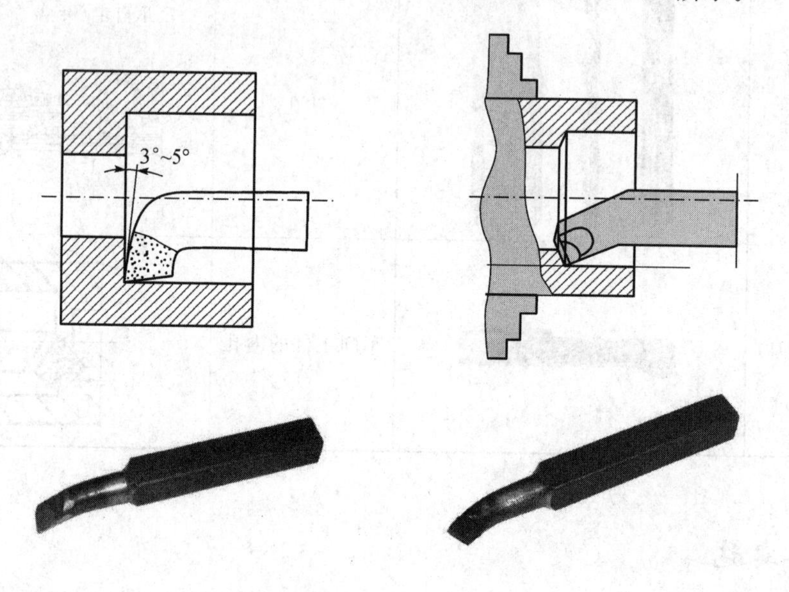

(a) 盲孔车刀　　(b) 通孔车刀

图1-61　通孔镗刀与盲孔镗刀

内孔车刀与车轴类零件所用车刀的刃磨方法基本类似，在此省略。

STEP5　实习结束时，做好实习结束工作。

STEP6　根据任务完成情况，完成套类零件装夹及刀具选择测试并填写实习报告。

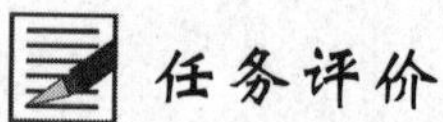

任务评价

任务完成后需填写“评价表”并完成考核与测评题。

评　价　表

<table>
<tr><td colspan="2">班级</td><td></td><td colspan="2">姓名</td><td colspan="3"></td></tr>
<tr><td colspan="2">任务名称</td><td></td><td colspan="2">起止时间</td><td colspan="3"></td></tr>
<tr><td>序号</td><td>考核项目</td><td>考核要求</td><td>配分</td><td>评分标准</td><td>自评</td><td>互评</td><td>师评</td></tr>
<tr><td rowspan="3">1</td><td rowspan="3">知识与技能</td><td>正确装夹零件</td><td>20</td><td>违反一项扣5分</td><td></td><td></td><td></td></tr>
<tr><td>正确选择孔加工刀具</td><td>10</td><td>违反一项扣5分</td><td></td><td></td><td></td></tr>
<tr><td>正确刃磨孔加工刀具</td><td>20</td><td>违反一项扣5分</td><td></td><td></td><td></td></tr>
</table>

续表

序号	考核项目	考核要求	配分	评分标准	自评	互评	师评
2	过程与方法	学习态度及参与程度	5	酌情考虑扣分			
		团队协作及合作意识	5	酌情考虑扣分			
		责任与担当	5	酌情考虑扣分			
		安全文明操作规程	5	违反一项全扣			
3	成果展示	考核与测评	30	见考核表			
教师签名				总分			

考核与测评

一、填空题(60分)

1. 套类工件的装夹方法一般有 ________、________、________ 等方法。

2. 卡盘装夹工件时，注意套类零件的端面须与卡盘端面 ________ 或靠紧 ________，否则会影响套类零件的同轴度要求。

3. 在加工精度要求较高的套类零件时，一般可用已加工好的内孔作为定位基准，采用 ________ 来装夹。

4. 对于薄壁套类零件来讲，一般的装夹变形是客观存在的，可采用 ________ 的方法来代替径向夹紧，提高装夹精度。

5. 孔加工刀具一般采用 ________、________ 等。

6. 麻花钻的顶角为 ________，横刃斜角为 ________。

7. 车孔刀具主要有有 ________ 和 ________。________ 的刀尖在刀杆的最前端，主要用来车盲孔和阶台孔。

二、简述题(40分)

1. 简述套类零件的装夹方法及特点。

2. 简述麻花钻的刃磨要求。

任务拓展

一般情况下，在车床上加工孔最常用的方法是钻孔。孔的加工方法除钻孔、镗孔外，还有扩孔、铰孔及锪孔等。扩孔刀具除常用的麻花钻外，还有扩孔钻，如图1-62所示。

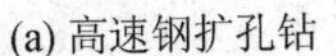

(a) 高速钢扩孔钻

(b) 硬质合金扩孔钻

图1-62　扩孔钻

有些孔精度要求较高，还可以采用铰孔，铰孔刀具是铰刀，如图 1-63 所示。有些孔需要锪孔，刀具为锪钻，如图 1-64 所示。

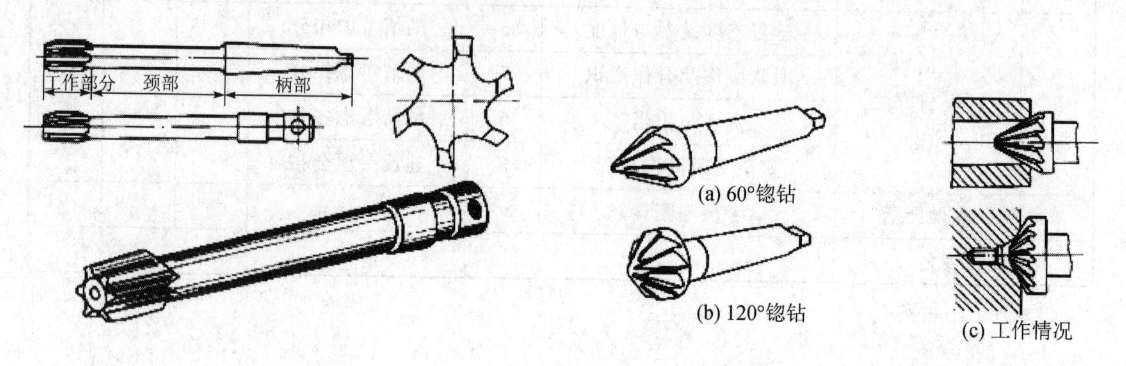

图 1-63　铰刀　　　　图 1-64　圆锥形锪钻

钻孔是粗加工，精度等级一般为 IT12，表面粗糙度 Ra 值为 12.5 μm；扩孔是半精加工，精度可达 IT10～IT9，Ra 为 6.3～3.2 μm；铰孔则是精加工，精度可达 IT8～IT7，Ra 为 0.8 μm。在实际加工中，我们根据孔的精度要求选择合适的孔加工方式。

★ 查阅资料：

孔的加工方法有很多种，请通过查阅资料和动手实践，了解孔加工的方法及各自特点。

任务 2　钻　　孔

任务描述

本任务在完成识图和工件装夹及刀具准备的基础上，根据车削加工工艺，在车床上利用麻花钻钻出所要求的孔，其工艺过程如表 1-9 所示。

表 1-9　钻孔工艺过程

加工零件	台阶轴		
工序号	工序内容	工艺装备	
		刀具	量具
1	薄铜皮装夹零件 φ32 mm 外圆表面。利用 φ20 mm 麻花钻钻孔，保证长度 30 mm 至尺寸要求	φ20 mm 麻花钻	游标卡尺
2	车孔至 φ24 mm，保证孔径至尺寸精度要求，保证长度 25 mm 至尺寸精度要求；倒角，去毛刺	盲孔车刀 45°车刀	游标卡尺 内径百分表
3	检测合格，卸下零件		

任务目标

(1) 掌握麻花钻装夹方法。

(2) 掌握钻孔加工方法及操作步骤，能按照图纸要求独立完成钻孔加工。

(3) 安全文明生产。

知识储备

一、装夹麻花钻

麻花钻有锥柄麻化钻和直柄麻花钻两种，其装夹方法主要有以下几种：

1. 锥柄麻花钻

擦净尾座套筒锥孔，直接将锥柄麻花钻装入尾座套筒锥孔内即可。

2. 直柄麻花钻

用钻夹头(见图 1-65)装夹直柄麻花钻，然后将钻夹头装入车床尾座套筒的锥孔内即可。

图 1-65 钻夹头实物图

3. 用 V 形架装夹钻头

将钻头装入尾座，手动纵向进给钻孔的劳动强度大，工作效率低。为此，可用两个 V 形架将直柄钻头装在刀架上(见图 1-66(a))，也可将锥柄钻头通过专用夹具装在刀架上(见图 1-66(b))。这种装夹方法可用机动纵向进给钻孔，能提高生产效率并减轻劳动强度。

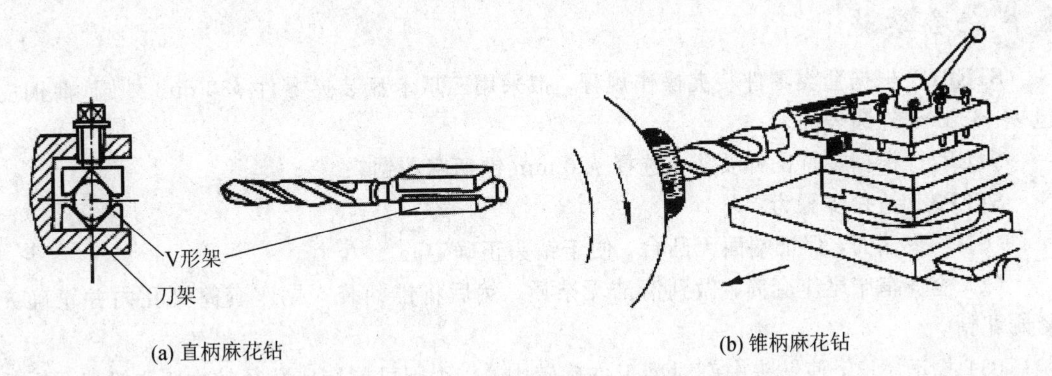

(a) 直柄麻花钻 (b) 锥柄麻花钻

图 1-66 V 形架装夹钻头

二、钻孔

1. 钻孔时的切削参数

(1) 切削速度：高速钢麻花钻钻钢料时一般选取 15～30 m/min，钻铸铁时一般选取 10～25 m/min，钻铝合金时一般选取 75～90 m/min。

(2) 进给量 f：一般选用 0.15～0.5 mm/r。钻削铸铁时进给量可取大一些。

(3) 背吃刀量：$a_p = d/2$，其中 d 为麻花钻的直径。

2. 钻孔注意事项

(1) 麻花钻直径和长度受所加工孔的限制，一般呈细长状，刚性较差，钻孔定心较困难。因此钻孔定心可采用预先钻中心孔，再钻孔的方法进行；也可采用挡铁来支顶钻头切削部分完成定心，当钻头切削部分进入工件后方可退出挡铁，如图 1-67 所示。

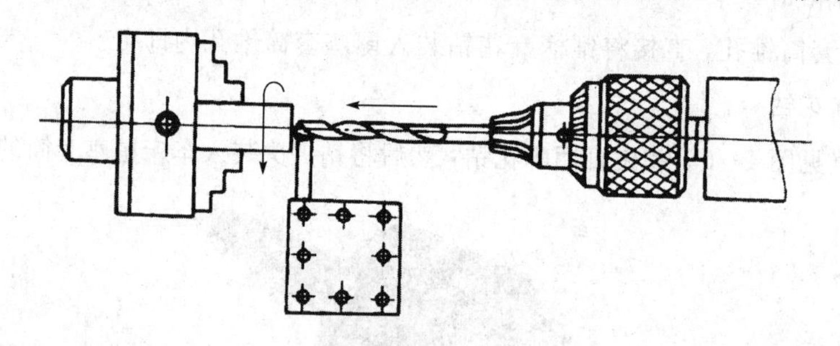

图 1-67　利用挡铁定心示意图

(2) 钻头横刃处的前角具有很大的负值，切削条件极差，实际上不是在切削，而是在挤刮金属。加工时由钻头横刃产生的轴向力很大，稍有偏斜，将产生较大的附加力矩，使钻头弯曲。

(3) 钻不通孔与钻通孔的方法基本相同，不同的是钻不通孔时需要控制孔的深度，具体操作如下：当钻尖开始切入工件端面时，用钢直尺量出尾座套筒的伸出长度 L_1，那么钻不通孔的深度就应该控制为钻孔后所测尾座套筒的伸出长度 L_2 减去 L_1 长度即可；也可在钻头上做出长度记号，当钻头钻至记号处即可。

任务实施

STEP1　根据套类零件装夹操作规程，拟采用三爪卡盘装夹零件 ϕ32 mm 外圆(薄铜皮包裹 ϕ32 mm 外圆表面)。

STEP2　根据零件图样要求，选择 ϕ20 mm 锥柄麻花钻。

STEP3　钻孔步骤为：

(1) 车平端面，保证端面无凸台，便于钻头正确定心。

(2) 检查车床尾座套筒，做到清洁无杂质，然后将锥柄装入尾座套筒锥孔内并正确夹紧麻花钻。

(3) 找正尾座，使钻头中心对准工件旋转中心，否则可能造成孔径钻大、钻偏甚至折断钻头。

（4）将尾座沿导轨推至离工件端面不远的适当位置，锁紧尾座螺母。

（5）开启冷却液，起钻时进给量要小，等钻头头部进入工件后可正常钻削。

（6）钻孔时，手轮摇动缓慢、均匀，切不可急于求成，用力过大，折断钻头。

（7）钻削一段时间后要让钻头退出工件，以便冷却和排屑；工件将要钻通时不能用力过猛，要减慢进给速度，防止钻头被工件卡死，损坏机床和钻头。

（8）钻孔结束后，退出并卸下钻头，防止发生碰撞，然后关闭冷却液。

STEP4　实习结束时，做好实习结束工作。

STEP5　根据任务完成情况，完成钻孔测试并达“优秀”等第，填写实习报告。

任务评价

任务完成后需填写“评价表”并完成考核与测评题。

评　价　表

班级			姓名				
任务名称			起止时间				
序号	考核项目	考核要求	配分	评分标准	自评	互评	师评
1	知识与技能	正确装夹零件、刀具	20	错一项扣5分			
		钻孔定心准确	10	酌情考虑扣分			
		规范、正确钻孔	20	酌情考虑扣分			
2	过程与方法	学习态度及参与程度	5	酌情考虑扣分			
		团队协作及合作意识	5	酌情考虑扣分			
		责任与担当	5	酌情考虑扣分			
		安全文明操作规程	5	违反一项全扣			
3	成果展示	考核与测评	30	见考核表			
教师签名			总分				

考核与测评

一、填空题(60分)

1. 麻花钻的柄部一般有 ________、________ 两种。

2. 麻花钻直径和长度受所加工孔的限制，一般呈细长状，________ 较差，钻孔 ________ 较困难，可采用预先 ________，再钻孔的方法进行；也可采用 ________ 来支顶钻头切削部分，完成定心。

3. 钻头横刃处的前角具有很大的 ________，切削条件极差，实际上不是在切削，而是在挤刮金属。

4. 钻孔前，必须 ________ 端面，保证端面无凸台，便于钻头 ________。

5. 钻孔时，手轮摇动 ________，切不可急于求成，用力过大，________。

6. 钻孔一段时间后要让钻头退出工件，以便 ________；工件将要钻通时不能 ________，要减慢进给速度，防止钻头被工件卡死，损坏机床和钻头。

二、简述题(40 分)

1. 简述麻花钻的装夹方法及特点。

2. 简述钻孔操作过程。

任务拓展

钻中心孔

在钻孔时，为保证钻头定心准确，可以预钻中心孔，起定心作用，也为一夹一顶加工和两顶尖装夹做好准备。

中心孔(见图 1－68)的加工操作要领主要有：

(1) 正确装夹工件，车平端面，无凸台，便于中心钻正确定心。

(2) 检查车床尾座套筒，做到清洁无杂质，然后用钻夹头装夹中心钻并装入尾座套筒锥孔。

(3) 找正尾座，使中心钻中心对准工件旋转中心，否则可能钻偏甚至折断中心钻。

(4) 将尾座沿导轨推至离工件端面不远的适当位置，锁紧尾座螺母。

(5) 开启冷却液，转速调整至 600 r/min，起钻时进给量要小。

(6) 钻中心孔时，手轮摇动缓慢、均匀，切不可急于求成，用力过大，折断中心钻。

(7) 中心钻前面锥面进入工件 3/4 处时停止进给。3～5 s 后，快速退出中心钻，以提高中心孔表面质量。

(8) 钻中心孔结束后，退出并卸下中心钻，防止发生碰撞，然后关闭冷却液。

图 1－68　钻中心孔

任务3　车　孔

任务描述

本任务在完成钻孔基础上，就是根据车削加工工艺，在车床上利用内孔车刀加工出所要求的孔。表 1-10 即为零件孔加工工艺过程。

表 1-10　车孔工艺过程

加工零件	台阶轴		
工序号	工序内容	工艺装备	
		刀具	量具
1	薄铜皮装夹零件 ϕ32 mm 外圆表面，ϕ20 mm 麻花钻钻孔，保证长度 30 mm 至尺寸要求	ϕ20 mm 麻花钻	游标卡尺
2	车孔至 ϕ24 mm，保证孔径至尺寸精度要求，保证长度 25 mm 至尺寸要求；倒角，去毛刺	盲孔车刀 45°车刀	游标卡尺 内径百分表
3	检测合格，卸下零件		

任务目标

(1) 能正确安装内孔车刀。

(2) 掌握车孔加工方法及操作步骤，能按照图纸要求独立完成车孔加工。

(3) 熟悉并正确使用套类零件常用量具。

(4) 安全文明生产。

知识储备

一、装夹内孔车刀

内孔车刀装夹合理与否将直接影响刀具的车削情况及车孔精度。装夹内孔车刀的操作要领主要有：

(1) 内孔车刀刀杆轴线要与工件轴线平行，否则车孔时刀杆会碰到内孔表面，产生挤压现象。

(2) 为了增加刀杆强度，刀杆不能伸出太长，一般比被加工孔长约 5～6 mm，如图 1-69 所示。

(3) 内孔车刀刀尖应与工件轴线等高或略高一点，同时刀头不能碰到内孔壁。

(4) 为了确保车孔安全，通常在车孔前把内孔车刀在孔内试走一遍，以保证车孔顺利进行。

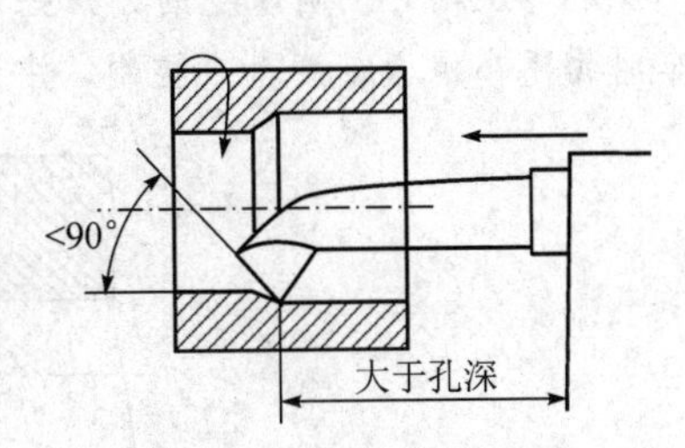

图 1-69　内孔车刀刀杆伸出长度示意图

二、车孔

1. 车孔时的切削参数

车孔时，内孔排屑不畅，散热较差，同时由于内孔车刀刀尖先切入工件，受力较大，刀尖本身强度又差，因此容易碎裂；再加上刀杆细长，在切削力的影响下，吃刀过深时容易弯曲振动。所以内孔车刀的背吃刀量和进给量都应比车外圆时略小。

2. 车孔

对于初学者来说，车孔要比车外圆技术稍难。事实上，车孔技术与车外圆技术基本类似，只是在车孔时进给和退刀方向恰好与车外圆时相反。无论是粗车还是精车，都要进行试切削，确认进退刀方向，避免发生事故。

车孔的关键技术是解决内孔车刀的刚性和排屑问题。增加内孔车刀刚性可采取以下措施：

(1) 增加刀杆的截面积。内孔车刀的刀杆截面积受孔直径的限制，一般内孔车刀刀杆的截面积小于孔截面积的 1/4。可让内孔车刀的刀尖位于刀杆的中心线上，这样刀杆的截面积就可达到最大程度，如图 1－70 所示。

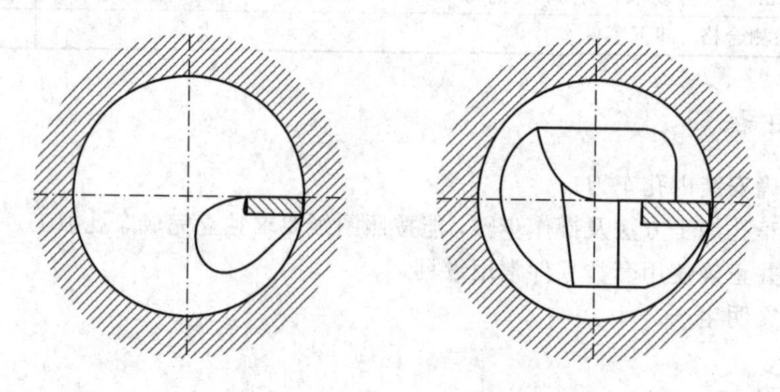

图 1－70　增加刀杆截面积

(2) 刀杆伸出长度要尽量短。如果刀杆伸出太长，就会降低刀杆刚性，容易引起振动。因此，刀杆伸出长度只要略大于孔深即可。

★ 温馨提示：

粗车孔时，控制深度的办法一般采用在刀杆上刻线作记号的办法，如图 1－71 所示。精车时需用小滑板刻度盘来控制，并且要用深度尺经常测量，否则会因为进刀过深而产生废品。

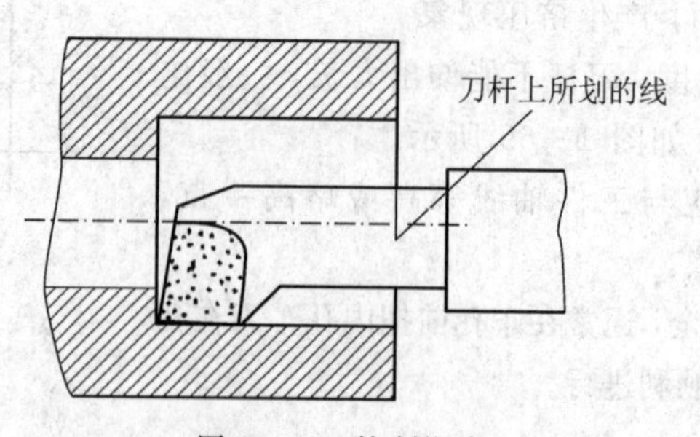

图 1－71　控制深度

任务实施

STEP1　根据零件图样要求，选择 ϕ18 mm 盲孔车刀。

STEP2　车孔步骤为：

(1) 装夹工件，找正并夹紧。

(2) 钻孔并检验。

(3) 装夹内孔车刀。刀尖与工件轴线等高或略高；刀杆轴线要与工件轴线平行，同时刀杆不能伸出过长。

(4) 车孔。车孔时背吃刀量和进给量都比车外圆时略小；进退刀方向与车外圆相反，注意退刀距离，不得与工件碰撞。当纵向进给将要车至盲孔孔深时，应停止自动进给，改用手动进给，匀速车至盲孔底。

(5) 检验。加工孔件一般用游标卡尺测量；精度要求较高的孔件，应该用内径千分尺或内径百分表测量。

STEP3　实习结束时，做好实习结束工作。

STEP4　根据任务完成情况，完成车孔测试并达“优秀”等第，填写实习报告。

任务评价

任务完成后需填写“评价表”并完成考核与测评题。

评　价　表

<table>
<tr><td colspan="2">班级</td><td colspan="2"></td><td colspan="2">姓名</td><td colspan="3"></td></tr>
<tr><td colspan="2">任务名称</td><td colspan="2"></td><td colspan="2">起止时间</td><td colspan="3"></td></tr>
<tr><td>序号</td><td>考核项目</td><td colspan="2">考核要求</td><td>配分</td><td>评分标准</td><td>自评</td><td>互评</td><td>师评</td></tr>
<tr><td rowspan="3">1</td><td rowspan="3">知识与技能</td><td colspan="2">正确装夹零件、刀具</td><td>20</td><td>错一项扣5分</td><td></td><td></td><td></td></tr>
<tr><td rowspan="2">车孔</td><td>$\phi 24_{-0.033}^{0}/Ra3.2\ \mu m$</td><td>20</td><td>每超差 0.01 mm 扣 2 分，每降一级扣 3 分</td><td></td><td></td><td></td></tr>
<tr><td>20</td><td>10</td><td>酌情考虑扣分</td><td></td><td></td><td></td></tr>
<tr><td rowspan="4">2</td><td rowspan="4">过程与方法</td><td colspan="2">学习态度及参与程度</td><td>5</td><td>酌情考虑扣分</td><td></td><td></td><td></td></tr>
<tr><td colspan="2">团队协作及合作意识</td><td>5</td><td>酌情考虑扣分</td><td></td><td></td><td></td></tr>
<tr><td colspan="2">责任与担当</td><td>5</td><td>酌情考虑扣分</td><td></td><td></td><td></td></tr>
<tr><td colspan="2">安全文明操作规程</td><td>5</td><td>违反一项全扣</td><td></td><td></td><td></td></tr>
<tr><td>3</td><td>成果展示</td><td colspan="2">考核与测评</td><td>30</td><td>见考核表</td><td></td><td></td><td></td></tr>
<tr><td colspan="2">教师签名</td><td colspan="3"></td><td>总分</td><td colspan="3"></td></tr>
</table>

考核与测评

一、填空题(60 分)

1. 麻花钻的柄部一般有 ________、________ 两种。

2. 麻花钻直径和长度受所加工孔的限制，一般呈细长状，________较差，钻孔________较困难，可采用预先________，再钻孔的方法进行；也可采用________来支顶钻头切削部分，完成定心。

3. 钻头横刃处的前角具有很大的________，切削条件极差，实际上不是在切削，而是在挤刮金属。

4. 钻孔前，必须________端面，保证端面无凸台，便于钻头________。

5. 钻孔时，手轮摇动________，切不可急于求成，用力过大，________。

6. 钻孔一段时间后要让钻头退出工件，以便________，工件将要钻通时不能________，要减慢进给速度，防止钻头被工件卡死，损坏机床和钻头。

二、简述题(40分)

1. 简述麻花钻的装夹方法及特点。

2. 简述钻孔操作过程。

任务拓展

一、内孔测量工具简介

测量内孔尺寸，要根据图纸对工件尺寸及精度的要求，使用不同的量具来进行。如果孔的精度要求不高，可以使用游标卡尺或深度游标卡尺测量；如果精度要求很高，就可以用以下方法测量：

1. 塞规

在大批量生产的过程中，为了提高工效，节省时间，常使用塞规来测量孔径。

塞规是一种定型的测量工具，它由通端、止端和手柄组成，如图1-72所示。通端的尺寸等于孔的最小极限尺寸，止端尺寸等于孔的最大极限尺寸。为了区别两端，通端比止端长。测量时，用手握住手柄，沿孔的轴线方向将通端塞入孔内，如果通端通过，而止端不能通过，就说明尺寸合格。

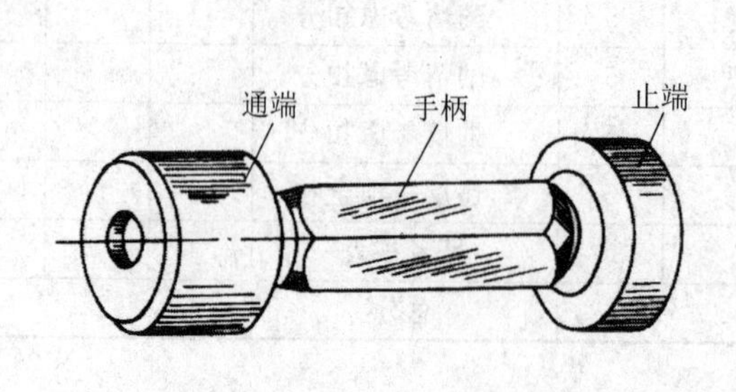

(b) 塞规的结构

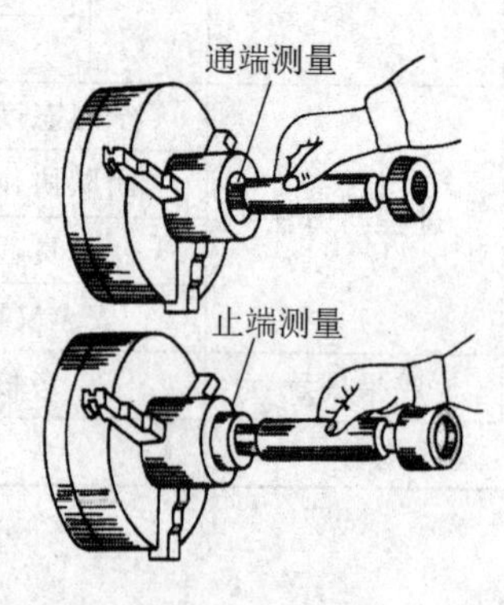

(a) 用塞规测量套类零件

图1-72　塞规及其使用方法

使用塞规测量时，一是要注意塞规轴线应与孔的轴线一致；二是不能强行塞入，以免塞规拔不出或损坏工件。

2. 内径百分表

内径百分表是一种比较精密的测量工具，常常用于测量精度要求高而又较深的孔。如图 1－73 所示，测量时，将百分表装夹在测架 1 上，触头 6 通过摆动块 7 和杆 3 将测量值 1∶1 传递给百分表。根据孔径的大小，可以选择测量头 5。为使触头能准确处于所测孔的直径位置，在它的旁边设有定心器 4。

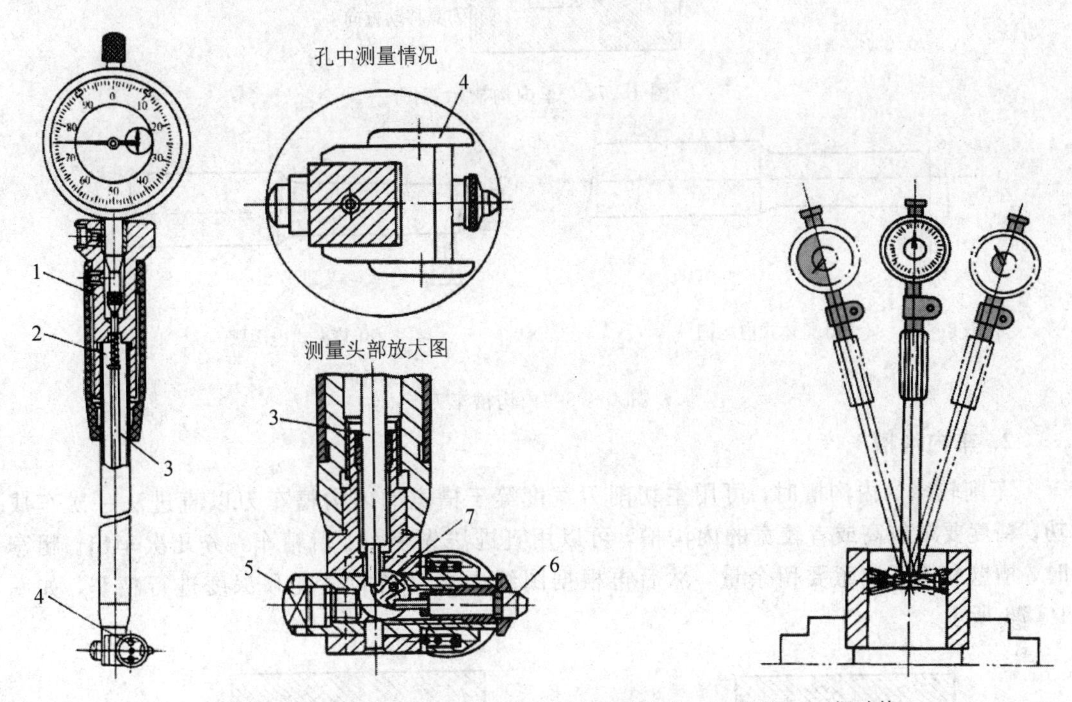

1—测架；2—弹簧；3—杆；4—定心器；5—测量头；6—触头；7—摆动块

图 1－73 内径百分表结构及测量方法

测量前，应让百分表对准零位。测量时，活动测量头要在径向方向摆动，以便找出最大值；在轴向方向摆动，以便找出最小值，两者重合尺寸就是孔径的准确尺寸。

二、车内沟槽

内沟槽在机器零件中主要起退刀、密封、定位、通气等作用，截面形状有矩形(直槽)、圆弧形、梯形等几种。在车削加工中，直槽加工最为普遍。车内沟槽如图 1－74 所示。

1. 内沟槽车刀

内沟槽车刀很像一把反向的切断刀。内沟槽车刀的刀体不仅要求与刀杆轴线垂直，更要与所加工的孔的轴线垂直。内沟槽车刀分为整体式和装夹式两种。整体式内沟槽车刀一般用于加工小孔的内沟槽或盲孔的内沟槽，而装夹式内沟槽车刀一般用于加工大直径内孔或通孔的内沟槽，如图 1－75 所示。

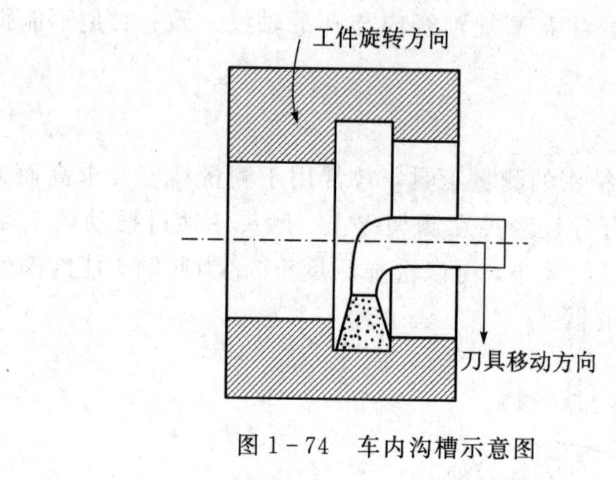

图 1-74　车内沟槽示意图

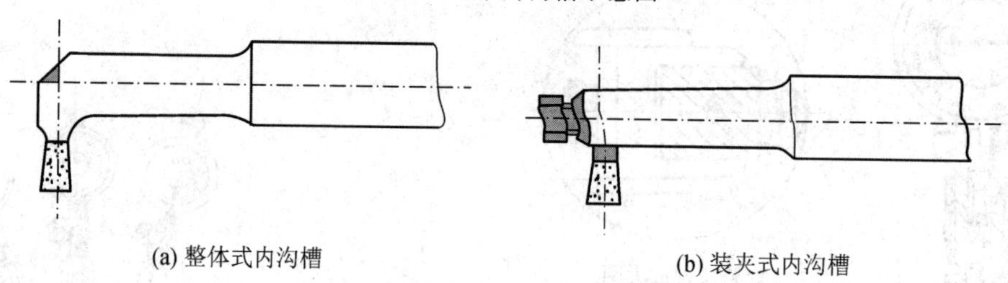

图 1-75　内沟槽车刀

2. 车内沟槽

车削较窄的内沟槽时，可用主切削刃宽度等于槽宽的内沟槽车刀以直进法一次车成功。精度要求较高或者较宽的内沟槽，可以用直进法先粗车、后精车，分几次车出。粗车时，槽壁和槽底注意要留余量，然后再根据图纸要求对槽的宽度和深度进行精车，如图 1-76 所示。

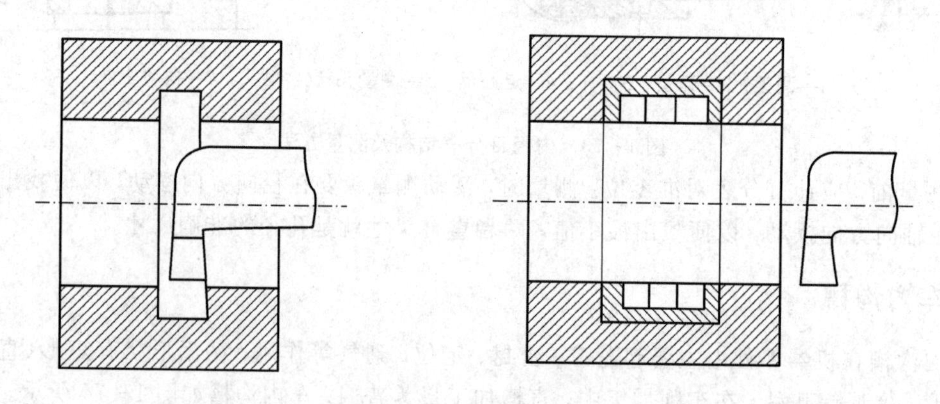

图 1-76　车内沟槽技术

★ 温馨提示：

(1) 车内沟槽时一定要记住中滑板刻度盘的读数，以便确定进刀和退刀的位置，必要时做上记号。

(2) 进刀时进给量不能过大。退刀时一是要注意刀杆与孔壁不能相擦碰；二是要注意一定要使刀的主切削刃完全退出槽后，再摇动大滑板，使刀杆退出孔外。

项目四　圆锥加工

■ 项目描述：

圆锥加工是轴套类零件的加工内容之一。加工圆锥面时，除了尺寸精度、形位精度和表面粗糙度外，还有角度和锥度的精度要求。圆锥体的加工方法较多，且各有特点。图1-77(a) 为本项目将要加工的圆锥轴零件图样。

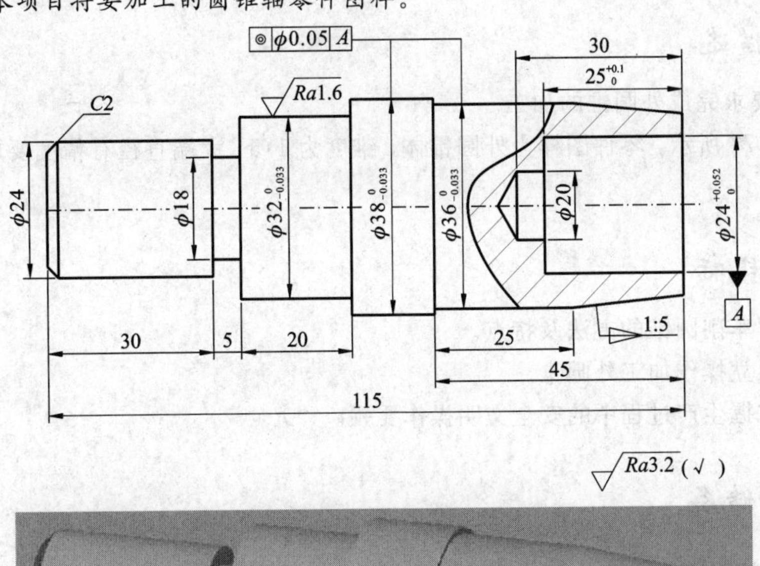

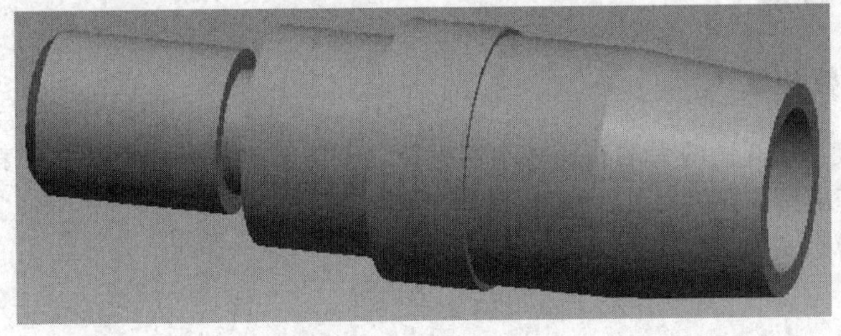

(a) 圆锥轴零件图样

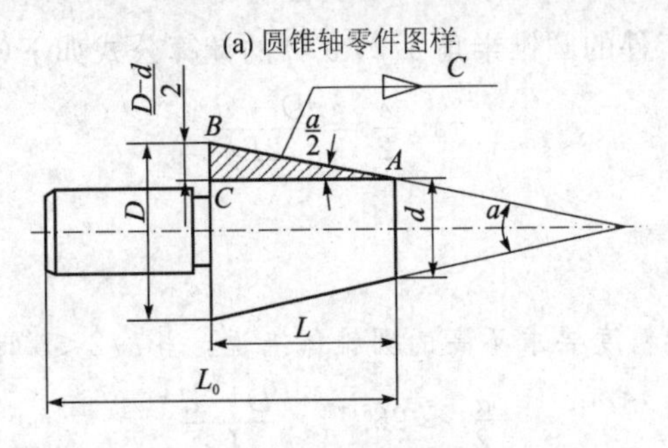

(b) 圆锥的基本参数

图1-77　圆锥轴零件图样与圆锥的基本参数

■ **材料阅读：**

圆锥的基本参数及其标注如图 1-77(b)所示。其中各字母含义如下：

D：圆锥大端直径；d：圆锥小端直径；L：圆锥锥体轴向长度；α：圆锥角；$\alpha/2$：圆锥半角；C：锥度。

任务　车削圆锥

任务描述

本任务要求完成外圆锥的加工。

如图 1-77 所示，零件图样为外圆锥体，锥度为 1:5，大端直径有精度要求，锥体长度为 20 mm。

任务目标

(1) 了解车削圆锥的方法及特点。

(2) 能独立操作加工外圆锥。

(3) 能掌握生产过程中的安全文明操作要领。

知识储备

一、圆锥参数计算

圆锥锥度等于圆锥的大端直径和小端直径之差与圆锥体长度之比。只要知晓其中三个，即可计算出另一数值大小。

锥度计算公式如下：

$$C=\frac{D-d}{L}$$

小滑板转动角度是工件的圆锥半角 $\alpha/2$，$\alpha/2$ 的计算公式如下(查三角函数表可知)：

$$\tan\frac{\alpha}{2}=\frac{D-d}{2L}$$

★ **温馨提示：**

在实际应用中，对于精度要求不高的圆锥体来说，当 $\alpha/2<6°$ 时，可用近似公式计算：

$$\frac{\alpha}{2}\approx 28.7°\times\frac{D-d}{L}$$

或

$$\frac{\alpha}{2}\approx 28.7°\times C$$

二、圆锥加工方法

根据图样要求，圆锥加工采用转动小滑板法来加工，如图 1-78 所示。

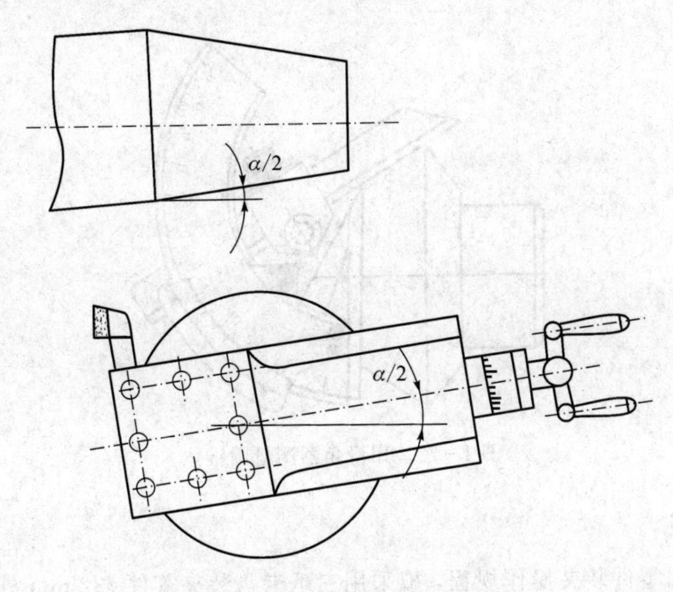

图 1-78　转动小滑板法车削圆锥体

转动小滑板法就是把小滑板按照工件的要求转过一个圆锥半角，采取用小滑板进给的方式，使车刀的运动轨迹与所要车削的圆锥素线平行即可。

★ 查阅资料：

转动小滑板加工圆锥的特点：

(1) 角度调整范围大，可以车削各种角度的内外圆锥。

(2) 操作简便，能保证一定的车削精度。

(3) 由于小滑板只能手动进给，故劳动强度大，表面粗糙度也较难控制；而且受小滑板的行程限制，只能车削锥面长度较短的圆锥，适用于加工圆锥半角较大且锥面不长的内外圆锥体工件。

三、圆锥检测

圆锥检测主要是指圆锥尺寸和圆锥角度的检测。

1. 圆锥尺寸的检测

一般精度圆锥的尺寸主要采用游标卡尺和外径千分尺检测。

2. 圆锥角度的检测

对于精度不高的圆锥表面，可以采用游标万能角度尺检测。方法为：根据工件角度调整万能角度尺的安装，万能角度尺基尺与工件端面通过中心靠平，直尺与工件斜线接触，利用透光法检查，人视线与检测线尽量等高，若合格即为一条均匀的白色光线。若检测线从小端到大端逐渐增宽，即锥度小，反之则大。在检测过程中，需要反复多次校准小滑板的转动角度。

图1－79为用量角器测量圆锥体示意图。

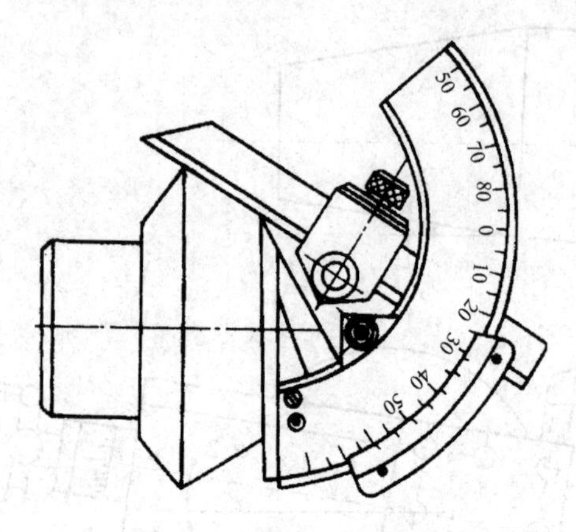

图1－79　用量角器测量圆锥体

任务实施

STEP1　根据零件装夹操作规程，拟采用三爪卡盘装夹零件 ϕ32 mm 外圆。为防止夹伤外圆表面，可采用薄铜皮包裹外圆表面再夹紧。装夹方法与轴类工件装夹一致，在此省略。

STEP2　圆锥尺寸计算。

通过图样可知，圆锥大端直径 D 为 36 mm，圆锥长度为 20 mm，锥度 C 为 1∶5。

根据 $C=\dfrac{D-d}{L}$，圆锥小端直径 d 为 32 mm；根据 $\tan\dfrac{\alpha}{2}=\dfrac{D-d}{2L}$，通过查表，圆锥半角约为 5°42′。

STEP3　刀具选择及装夹。

加工圆锥所用刀具、装夹与车外圆刀具基本一致，在此省略。注意在装夹过程中，车刀刀尖必须对准工件中心，否则会出现双曲线误差。

STEP4　加工外圆锥。

(1) 准备工作。

① 按工件图样车出圆锥大端直径和锥体部分的长度。

② 调整小滑板导轨间隙，用扳手将转盘螺母松开，把转盘按照圆锥素线方向转动至所需要的圆锥半角 $\alpha/2$ 的刻度线上。

③ 确定小滑板工作行程，使其大于圆锥加工长度。将小滑板后退，然后试移动一次，确定工作行程是否足够。

(2) 粗加工外圆锥。

① 移动中、小滑板，使刀尖与工件轴端轻轻接触。中滑板刻度置零位，床鞍位置不动，作为粗车的起始位置；小滑板后退 3～6 mm。

② 中滑板刻度进给，调整背吃刀量后开动机床，双手交替均匀转动小滑板手轮，加工结束后记下中滑板刻度。中滑板退刀，小滑板快退至原位。

③ 在中滑板原刻度的基础上调整背吃刀量，粗车至圆锥小径，直径留精车余量0.5～1 mm。

④ 用万能角度尺检查检查圆锥角度 $\alpha/2$，如发现圆锥大端有间隙，说明工件圆锥角度太小；如圆锥小端有间隙，说明工件圆锥角太大。

(3) 校正圆锥半角 $\alpha/2$。

① 松开小滑板转盘螺母，不要松的太多，以防角度发生变化。

② 用右手按角度调整方向轻轻敲动小滑板，微量调整角度，使角度朝着正确的方向作极微小的转动，紧固小滑板转盘螺母。

③ 进行试切削对刀，一般选择在圆锥的中间位置。方法是：移动中、小滑板，使刀尖处在圆锥长度的中间，并与圆锥表面轻轻接触；记下中滑板刻度后横向退出，小滑板退至圆锥小端面外，中滑板刻度进至刚记下的刻度值；缓慢均匀地用双手转动小滑板手柄作全程车削；当再次用万能角度尺检查时，左右两端间隙均等时，说明圆锥角度基本正确。

(4) 精车圆锥。

可通过提高车床主轴转速，双手缓慢均匀地转动小滑板手柄来精车，并控制圆锥尺寸精度。

用上述检验方法对圆锥进行检测，合格后结束加工。

STEP5　实习结束时，做好实习结束工作。

STEP6　根据任务完成情况，完成车削圆锥测试并达“优秀”等第，填写实习报告。

任务评价

任务完成后需填写“评价表”并完成考核与测评题。

评 价 表

<table>
<tr><td colspan="2">班级</td><td colspan="2"></td><td colspan="2">姓名</td><td colspan="3"></td></tr>
<tr><td colspan="2">任务名称</td><td colspan="2"></td><td colspan="2">起止时间</td><td colspan="3"></td></tr>
<tr><td>序号</td><td>考核项目</td><td colspan="2">考核要求</td><td>配分</td><td>评分标准</td><td>自评</td><td>互评</td><td>师评</td></tr>
<tr><td rowspan="3">1</td><td rowspan="3">知识与技能</td><td colspan="2">正确装夹零件及刀具</td><td>20</td><td>违反一项扣5分</td><td></td><td></td><td></td></tr>
<tr><td rowspan="2">圆锥</td><td>1∶5</td><td>20</td><td>超差不得分</td><td></td><td></td><td></td></tr>
<tr><td>20 mm</td><td>10</td><td>酌情考虑扣分</td><td></td><td></td><td></td></tr>
<tr><td rowspan="4">2</td><td rowspan="4">过程与方法</td><td colspan="2">学习态度及参与程度</td><td>5</td><td>酌情考虑扣分</td><td></td><td></td><td></td></tr>
<tr><td colspan="2">团队协作及合作意识</td><td>5</td><td>酌情考虑扣分</td><td></td><td></td><td></td></tr>
<tr><td colspan="2">责任与担当</td><td>5</td><td>酌情考虑扣分</td><td></td><td></td><td></td></tr>
<tr><td colspan="2">安全文明操作规程</td><td>5</td><td>违反一项全扣</td><td></td><td></td><td></td></tr>
<tr><td>3</td><td>成果展示</td><td colspan="2">考核与测评</td><td>30</td><td>见考核表</td><td></td><td></td><td></td></tr>
<tr><td colspan="2">教师签名</td><td colspan="3"></td><td>总分</td><td colspan="3"></td></tr>
</table>

考核与测评

一、填空题(60 分)

1. 圆锥锥度等于 ________。

2. 转动小滑板加工圆锥时，小滑板转动角度是 ________。采取 ________ 进给的方式，使车刀的运动轨迹与所要车削的圆锥素线 ________ 即可。

3. 对于精度要求不高的圆锥体来说，当 $\alpha/2<6°$时，可用近似公式 ________ 计算。

4. 圆锥检测主要是 ________ 和 ________ 的检测。对于精度不高的圆锥表面，角度可以采用 ________ 检查。

5. 加工圆锥时，注意车刀刀尖必须对准工件中心，否则会出现 ________。

二、简述题(40 分)

1. 简述转动小滑板法加工外圆锥的特点及方法。

2. 简述转动小滑板法加工外圆锥的操作步骤。

任务拓展

一、内圆锥的加工

车圆锥孔比圆锥体困难，因为车削工作在孔内进行，不易观察，所以要特别小心。为了便于测量，装夹工件时应使锥孔大端直径的位置在外端。车削内圆锥的方法主要是采用转动小滑板法。

内圆锥加工操作要领：

(1) 先用直径小于锥孔小端直径 1～2 mm 的钻头钻孔(或车孔)。

(2) 转动小滑板角度的方法与车外圆锥相同，但方向相反，应顺时针转过圆锥半角进行车削。当锥形塞规能塞进孔约 1/2 长时用涂色法检查，并找正锥度。

(3) 用反装刀法和主轴反转法车圆锥孔。针对内外圆锥配合件的加工，在实践生产中，可以先把外锥车好，然后不要变动小滑板角度，反装车刀(主轴正转)或用左内孔车刀(主轴反转)进行圆锥加工，如图 1－80 所示。

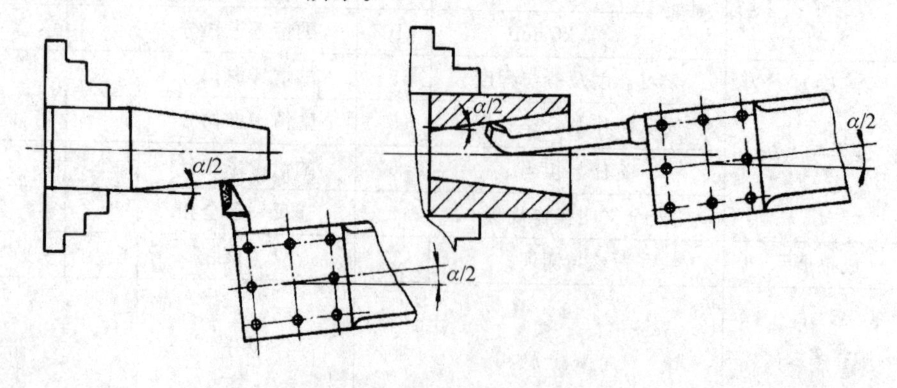

图 1－80　车内外圆锥面的方法

二、其他圆锥加工方法

1. 偏移尾座法车削圆锥

工件采用两顶尖装夹，把尾座横向偏移一段距离，使工件的回转轴线与车床主轴轴线相交成一个圆锥半角。因刀具是沿平行于主轴轴线的方向进给切削的，工件就车成了一个圆锥体，如图 1－81 所示。

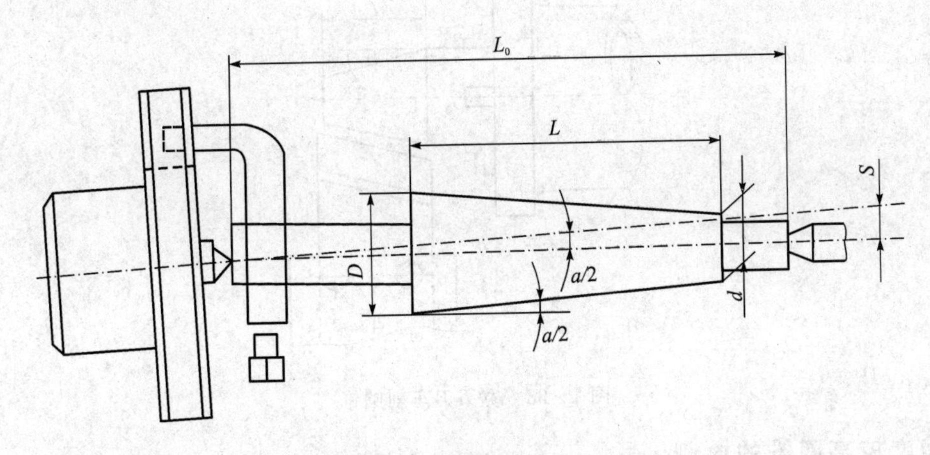

图 1－81　偏移尾座法车削圆锥

2. 仿形法(靠模法)

仿形法又称靠模法，是指刀具按仿形装置进给对工件进行车削加工的方法，如图 1－82 所示，特点如下：

(1) 调整锥度准确、方便，生产率高，因而适用于批量生产。

(2) 中心孔接触良好，又能自动进给，圆锥表面质量好。

(3) 靠模装置角度调整范围小，一般适用于车削圆锥半角小于 12°的工件。

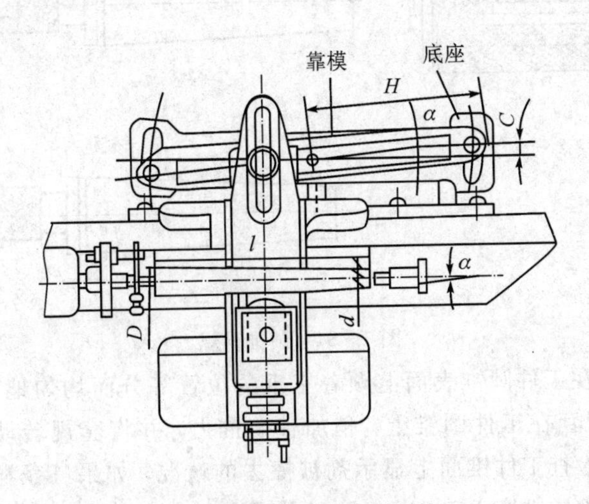

图 1－82　仿形法车削圆锥

3. 宽刃刀车削法

宽刃刀车削法就是用成形刀具(与工件加工表面形状相同的车刀)对工件进行加工，如图 1-83 所示。但切削刃必须平直，装刀后应保证刀具刀刃与车床主轴轴线的夹角等于工件的圆锥半角。使用此方法时，要求车床具有良好的刚性，否则易引起振动。宽刃刀车削法主要适用于车削较短的外圆锥。

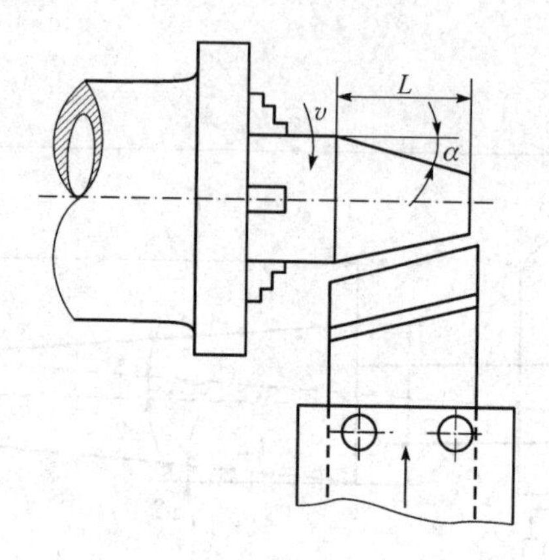

图 1-83 宽刃刀车削圆锥

三、精度较高圆锥的检测

1. 圆锥角度的检测

测量精度较高的圆锥工件时，可使用圆锥量规。圆锥量规分为圆锥套规和圆锥塞规两种，如图 1-84 所示。

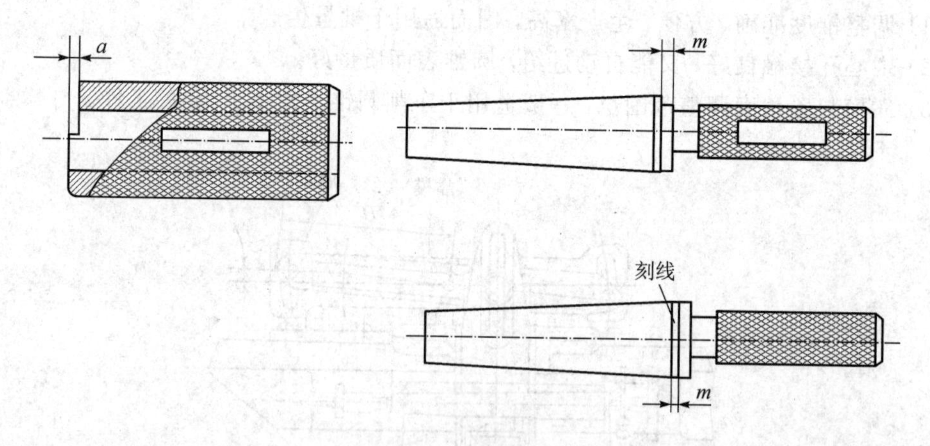

图 1-84 圆锥量规

测量外圆锥时，在工件圆锥表面上顺着三爪的位置等分而均匀地涂上三条显示剂(印油或红丹粉)，把套规套在工件圆锥上，稍加轴向推力，并将套规转动范围控制在半圈之内；然后取下套规，检查工件锥面上显示剂被擦去的情况，如果三条显示剂全部均匀被擦去，说明圆锥接触良好，锥度正确；若显示剂在圆锥大端被擦去，而小端上的未被擦去，表明圆锥半角小；反之，说明圆锥半角大了。根据显示剂擦去情况继续进行角度调整。

内圆锥的测量与上述方法相同，但是显示剂应涂在圆锥塞规上。

2. 圆锥尺寸的检测

圆锥尺寸采用圆锥量规来检测。圆锥量规除了有一个精确的锥形表面之外，在端面上还有一个台阶或具有两条刻线，台阶或刻线之间的距离就是圆锥大小端直径的公差范围。

用圆锥套规检验外圆锥时，圆锥小端端面在台阶外面或里面都不合格，小端端面在台阶之间才算合格，如图 1-85 所示。

用圆锥塞规检验内圆锥时，如果两条刻线都进入工件孔内，说明内圆锥太大；如果两条线都未进入，说明内圆锥太小；只有第一条线进入，第二条线未进入，内圆锥大端直径尺寸才算合格，如图 1-86 所示。

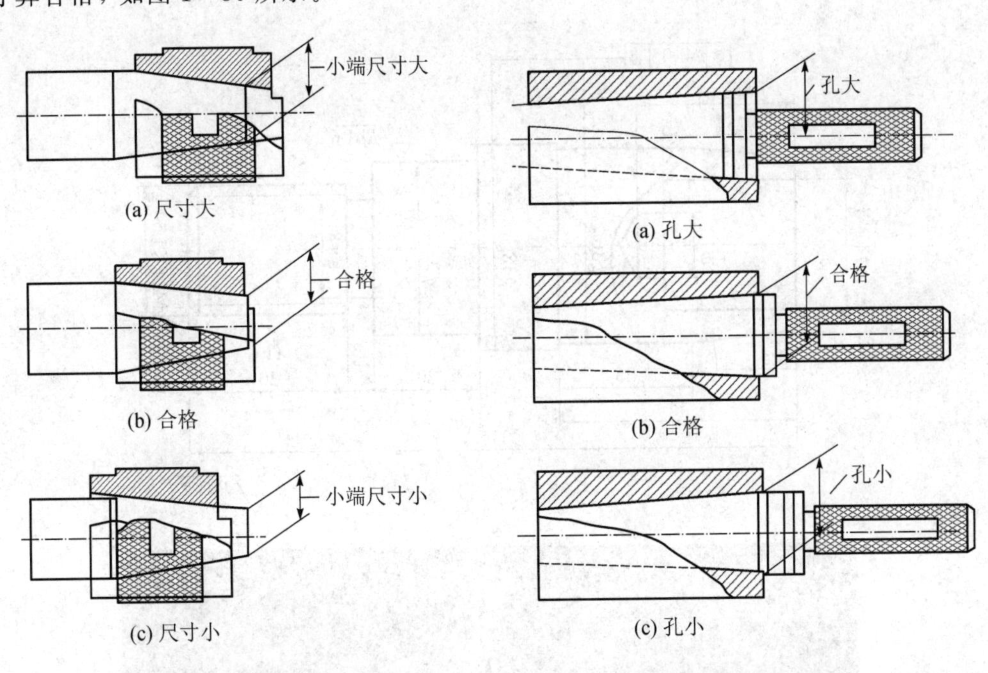

图 1-85　用套规测量外圆锥的几种情况

图 1-86　用塞规测量内圆锥的几种情况

项目五　螺纹加工

■ 项目描述：

螺纹加工是车工技术里面的专项技能之一。螺纹加工就是利用车床、车刀与工件之间的相对运动来完成螺纹螺旋线的加工，保证螺纹的各项技术要求。本项目中将要进行的螺纹台阶轴零件加工其图样如图 1-87 所示。

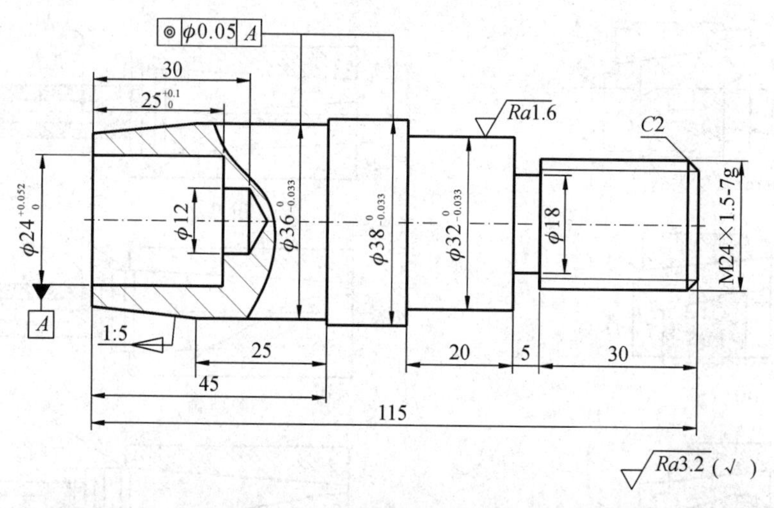

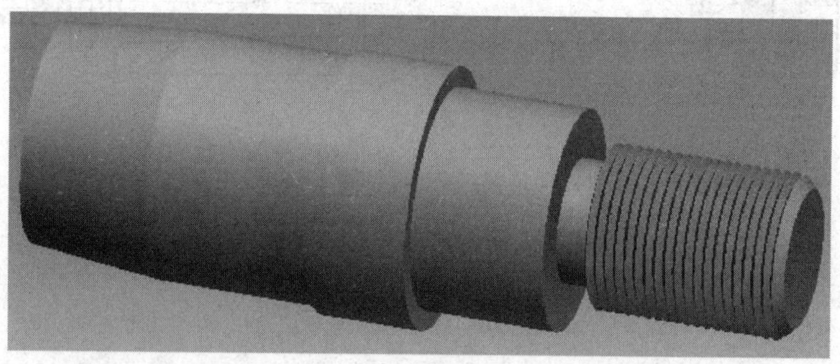

图 1-87　螺纹台阶轴零件图样

■ 材料阅读：

螺纹和其他类型的表面一样，也有一定的尺寸精度、形位精度和表面质量的要求，包括螺距、牙型角、螺纹中径、外螺纹大径、内螺纹小径等精度要求以及螺纹表面的粗糙度要求。

任务1　选择螺纹刀具

任务描述

本任务要求了解三角形螺纹的标记、基本要素、尺寸计算等，选择、刃磨并安装三角形螺纹车刀。

任务目标

(1) 了解螺纹代号、标记、参数及计算。
(2) 能正确选择并安装螺纹刀具。
(3) 能掌握生产过程中的安全文明操作要领。

知识储备

一、螺纹代号标记

螺纹代号的标注格式为：特征代号、公称直径×螺距(单线时)、旋向、导程(P 螺距)(多线时)、螺纹公差带代号和螺纹旋合长度。例如：

普通螺纹(三角形螺纹)的牙型代号为 M，有粗牙和细牙之分，粗牙螺纹的螺距可省略不注；中径和顶径的公差带代号相同时，只标注一次；右旋螺纹可不注旋向代号，左旋螺纹旋向代号为 LH；旋合长度为中型(N)时不注，长型用 L 表示，短型用 S 表示。例如，

M24×1.5－5g6g

其中：M——细牙普通螺纹；
24——公称直径；
1.5——螺距；
5g——中径公差带代号；
6g——大径公差带代号；
其他——右旋、中型旋合长度、单线三角形螺纹。

二、三角形螺纹基本要素

三角形螺纹如图 1－88 所示。三角形螺纹的基本要素如下：

1. 牙型角 α

牙型角是螺纹牙型上，相邻两牙侧间的夹角。

2. 牙型高度 h

牙型高度是螺纹牙型上，牙顶到牙底之间、垂直于螺纹轴线方向的距离。

3. 螺距 P

螺距是相邻两牙在中径线上对应两点间的轴向距离。

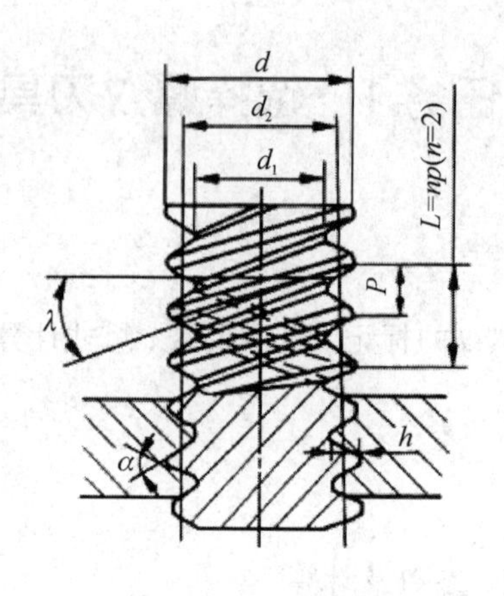

图 1-88　三角形螺纹

4. 导程 *L*

导程是同一条螺旋线上，相邻两牙在中径线上对应两点间的轴向距离。

5. 螺纹直径

(1) 大径(d，D)。

大径是指与外螺纹牙顶或内螺纹牙底相重合的圆柱面的直径。一般用螺纹大径的基本尺寸表示螺纹的公称直径。

(2) 小径(d_1，D_1)。

小径是指与外螺纹牙底或内螺纹牙顶相重合的圆柱面的直径。

(3) 中径(d_2、D_2)。

中径是指一个假想圆柱(中径圆柱)的直径，该圆柱的母线通过牙型上沟槽和凸起宽度相等的地方。

6. 螺纹升角 λ

螺纹升角是指中径圆柱上螺旋线的切线与垂直于螺纹轴线的平面之间的夹角。螺旋升角计算公式为

$$\mathrm{tg}\psi = \frac{nP}{nd_2}$$

式中：ψ——螺纹升角(°)；

P——螺距(mm)；

d_2——中径(mm)；

n——螺纹线数。

三、普通螺纹尺寸计算

普通螺纹的基本尺寸如图 1-89 所示。

螺纹的公称直径是指螺纹大径的基本尺寸。基本尺寸计算如下：

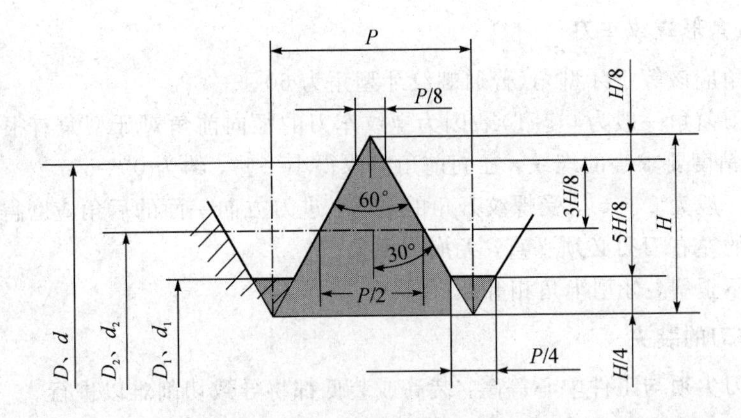

图 1-89　普通螺纹的基本尺寸

1. 中径(d_2, D_2)

$$d_2 = D_2 = d - 0.6495P$$

2. 原始三角形高度(H)

$$H = \frac{P}{2\cot(\alpha/2)}$$

3. 螺纹小径(d_1, D_1)

$$d_1 = D_1 = d - 1.0825P$$

4. 牙型高度(h_1)

$$h_1 = \frac{5}{8}H = 0.5413P$$

四、选择、装夹螺纹刀具

1. 螺纹车刀选择

要车好三角形螺纹，必须正确选择螺纹车刀。螺纹车刀按加工性质属于成型刀具，如图 1-90 所示，其切削部分的形状应当和螺纹牙形的轴向剖面形状相符合，即车刀的刀尖角应该等于牙型角。

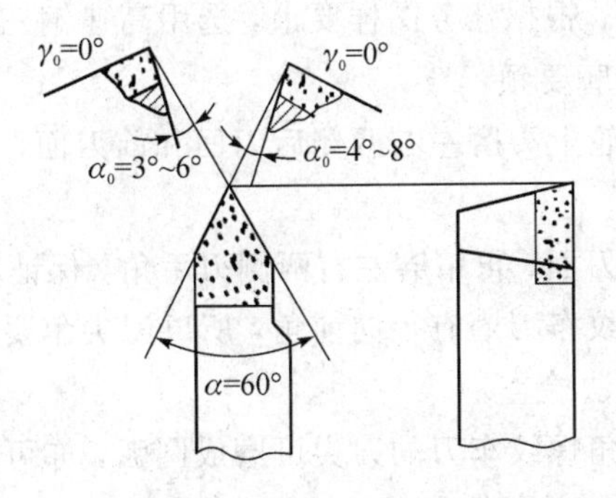

图 1-90　三角形螺纹车刀

2. 刃磨三角形螺纹车刀

(1) 刀尖角应该等于牙型角(普通螺纹牙型角为60°)。

(2) 粗车刀前角一般为0°～10°。因为螺纹车刀的径向前角对牙型角有很大影响，所以精车螺纹或对精度要求高的螺纹，径向前角应取得小一些，约为0°～5°。

(3) 后角一般为3°～5°。受螺纹升角的影响，进刀方向一面的后角应磨得稍大一些。

(4) 车刀的左右刀刃必须平直，无崩刃现象。

(5) 刀头不歪斜，牙型半角相等。

3. 螺纹车刀的装夹

(1) 刀具刀尖须与工件中心等高，装高或装低都将导致切削难以进行。

(2) 车刀对中后应保证刀尖角的中心线垂直于工件轴线，否则会使螺纹的牙形半角($\alpha/2$)不等，造成截形误差。装刀时可用样板来对刀，对刀方法如图1-91所示。如车刀歪斜，应轻轻松开车刀紧定螺钉，转动刀杆，使刀尖对准角度样板，符合要求后将车刀紧固；一般须复查一次。

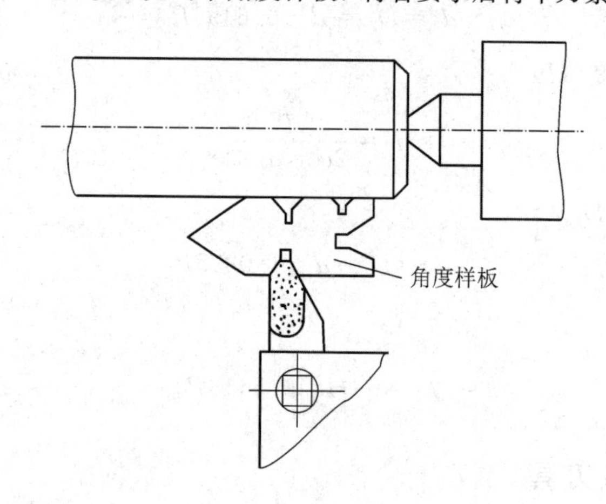

图1-91　对刀示意图

(3) 刀头伸出不要过长，一般为20～25 mm，约为刀杆厚度的1.5倍即可。

任务实施

STEP2　选择螺纹车刀：根据任务图样要求，选用高速钢三角形螺纹车刀。

STEP2　螺纹车刀的刃磨要领：

(1) 粗磨。在氧化铝砂轮上刃磨左右两侧后刀面和前刀面，并检查刀尖角。刃磨时注意两侧刃后角的大小。

(2) 精磨。首先精磨前刀面，再精磨左右两侧刃后角，保证相应角度。

(3) 检查刀尖角。因螺纹车刀磨有径向前角，所以刀尖角要修正。检查刀尖角时，可将螺纹样板水平放置，用透光法检查。

(4) 刃磨刀尖。普通三角螺纹车刀的刀尖可磨成圆弧，亦可磨成直线。刃磨时，顶刃宽度应小于槽底宽，并注意顶刃后角的大小，切不可磨得太大。

(5) 用油石修磨前后刀面。

★ **温馨提示：**

螺纹车刀对刀尖角要求高，为了得到准确的刀尖角，可用角度样板测量。测量时把刀尖角与角度样板贴合，对准光源，仔细观察两边贴合的间隙，并进行修磨，如图 1－92 所示。

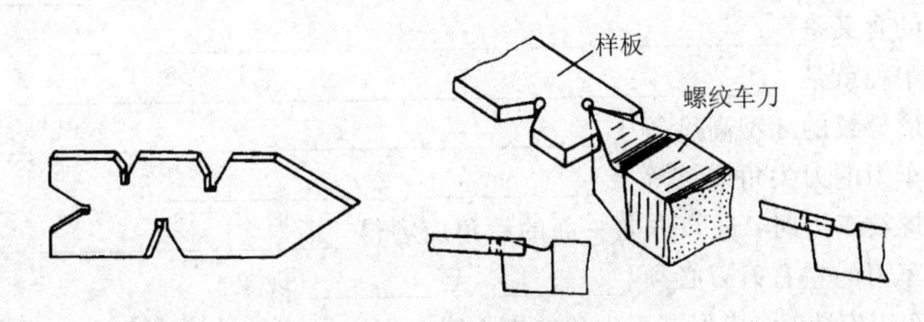

图 1－92　用样板测量刀尖角示意图

STEP3　装夹选择螺纹车刀。

螺纹车刀的装夹与外圆车刀装夹基本一致，特别要注意的是：

(1) 利用样板检查车刀对中情况，保证刀尖角的中心线垂直于工件轴线。

(2) 因螺纹加工切削力较大，刀具须装夹牢固。

STEP4　实习结束时，做好实习结束工作。

STEP5　根据任务完成情况，完成选择螺纹刀具测试并达“优秀”等第，填写实习报告。

任务评价

任务完成后需填写“评价表”并完成考核与测评题。

评　价　表

班级			姓名				
任务名称			起止时间				
序号	考核项目	考核要求	配分	评分标准	自评	互评	师评
1	知识与技能	正确理解螺纹标记	20	违反一项扣 5 分			
		正确刃磨螺纹刀具	20	超差不得分			
		正确安装螺纹刀具	10	酌情考虑扣分			
2	过程与方法	学习态度及参与程度	5	酌情考虑扣分			
		团队协作及合作意识	5	酌情考虑扣分			
		责任与担当	5	酌情考虑扣分			
		安全文明操作规程	5	违反一项全扣			
3	成果展示	考核与测评	30	见考核表			
教师签名			总分				

考核与测评

一、填空题(60)

1. 普通螺纹的代号为________。普通螺纹的公称直径就是________。
2. 螺距的含义是________________________________。
3. 螺纹中径就是________________________________。
4. 三角形螺纹的牙型高度等于________________________。
5. 螺纹车刀的刀尖角应该等于________________。
6. 刃磨螺纹车刀时，进刀方向一面的后角应磨得________________。
7. 螺纹车刀的左右刀刃必须________，无________现象。
8. 螺纹车刀安装时，应保证刀尖角的中心线________工件轴线，可用________来对刀。

二、简述题(40分)

1. 简述螺纹车刀的刃磨方法及步骤。
2. 简述螺纹车刀的装夹方法及注意事项。

任务拓展

在机械制造工业中，螺纹是零件上常见的表面之一。螺纹的应用非常广泛，它有多种形式。

1. 按用途不同

按用途不同，螺纹可分为联接螺纹和传动螺纹，如表1－11所示。

表1－11 不同用途的螺纹

螺纹类别			牙型示意图	特征代号
联接螺纹	普通螺纹			M
	非螺纹密封的管螺纹			G
	用螺纹密封的管螺纹	圆锥外螺纹		R
		圆锥内螺纹		Rc
传动螺纹	梯形螺纹			Tr
	锯齿形螺纹			B

2. 按旋向不同

螺纹有右旋和左旋之分，如图1－93所示。顺时针旋转时旋入的螺纹，称右旋螺纹；逆时针旋转时旋入的螺纹，称左旋螺纹。工程上常用右旋螺纹。

图 1 - 93　不同旋向的螺纹

3. 按螺纹线数分类

螺纹有单线和多线之分，如图 1 - 94 所示。沿一根螺旋线形成的螺纹称单线螺纹；沿两根以上螺旋线形成的螺纹称多线螺纹。连接螺纹大多为单线。

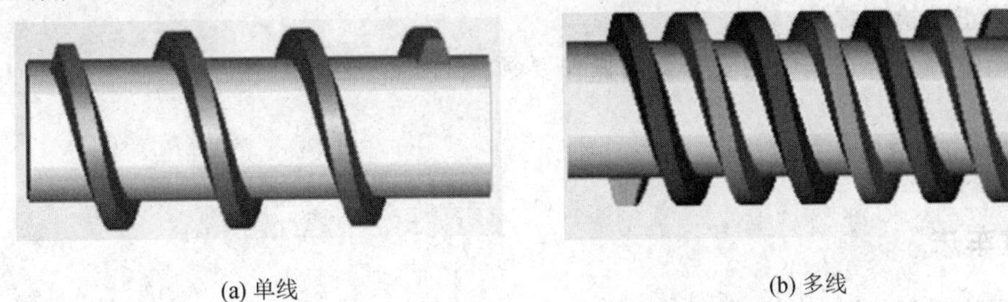

图 1 - 94　不同线数的螺纹

★ 查阅资料：

英 制 螺 纹

英制螺纹(见图 1 - 95)在我国应用较少，只有在进口设备中和维修旧设备时应用。它的牙型角为 55°。公称直径指螺纹的大径，用英寸(in)表示。螺距用一英寸长度内的牙数(n)换算，即

$$P = \frac{25.4}{n}\ \text{mm}$$

图 1 - 95　英制螺纹

任务 2　车削三角形外螺纹

任务描述

本任务要求利用车床完成前文中图 1-87 中 M 24×1.5—7 g 三角形外螺纹的车削加工。

任务目标

(1) 了解车削螺纹加工方法。

(2) 能独立车削三角形外螺纹。

(3) 能正确检测螺纹。

(4) 能掌握生产过程中的安全文明操作要领。

知识储备

一、调整车床

(1) 变换手柄位置：按工件螺距(p=1.5 mm)在进给箱铭牌上找到交换齿轮的齿数和手柄位置，并把手柄拨到所需的位置上。

(2) 调整滑板间隙：调整中、小滑板镶条时，不能太紧，也不能太松。太紧了，摇动滑板费力，操作不灵活；太松了，车螺纹时容易产生“扎刀”。顺时针方向旋转小滑板手柄，消除小滑板丝杠与螺母之间的间隙。

二、车螺纹的基本方法

1. 开合螺母法

开合螺母法(见图 1-96)只能在车床丝杠螺距与工件螺距成整倍数工况下使用，否则会使螺纹产生乱扣现象。操作方法如下：对照加工螺距调整车床，低速正转启动车床，移动床鞍，使刀尖距离工件螺纹轴端约 5～10 mm，中滑板进刀后右手合上开合螺母；开合螺母合上后，床鞍就迅速向左移动，此时右手仍须握住开合螺母手柄；当刀尖车至退刀位置时，左手迅速退出车刀，同时右手立即提起开合螺母使床鞍停止移动；移动床鞍，车刀回至起始位置。

2. 倒顺车法

当丝杠螺距与工件螺距不成整倍数比时，必须采用倒顺车进给法(见图 1-97)。操作方法如下：对照加工螺距调整车床，移动床鞍，使刀尖距离工件螺纹轴端约 5～10 mm，中滑板进刀后右手合上开合螺母；低速正转启动车床，床鞍迅速向左移动，当刀尖车至退刀位置时，左手迅速退出车刀，同时右手立即操作车床并使车床反转，床鞍自动向右移动；车床停转，车刀回至起始位置。

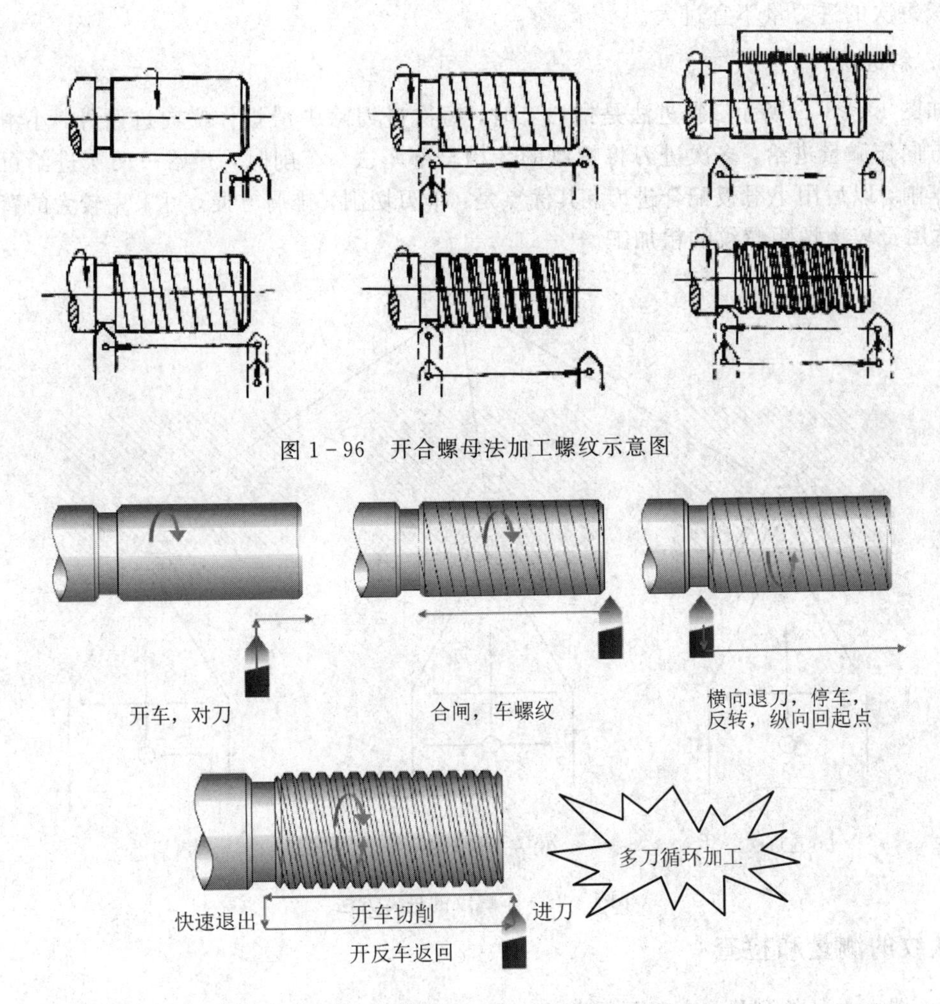

图 1-96 开合螺母法加工螺纹示意图

图 1-97 倒顺车法加工螺纹示意图

★ **交流讨论：**

请对比一下，两种螺纹加工方法有什么不同？

三、车螺纹进刀方法

车螺纹的进刀方法有直进法、左右借刀法、斜进法三种。

1. 直进法

如图 1-98(a)所示，直进法是指进刀时，利用中滑板作横向垂直进给，在几次进给中将螺纹的牙槽余量切去。其特点是可得到较正确的截形，但车刀的左右侧刃同时切削，不便排屑，螺纹不易车光；当背吃刀量较大时，容易产生扎刀现象，一般适用于精车螺距小于 2 mm 的螺纹。

2. 左右借刀法

如图 1-98(b)所示，左右借刀法是指在每次进给加工时，除了中滑板作横向进给外，同时小滑板配合中滑板作左或右的微量进给。这样多次进刀，可将螺纹的牙槽车出。注意小滑板每次的进刀量不宜过大。

3. 斜进法

如图 1－98(c)所示，斜进法是指加工时，每次进刀除中滑板作横向进给外，小滑板向同一方向作微量进给，多次进刀将螺纹的牙槽全部车去。车削时，开始一两次进给可用直进法车削，以后用小滑板配合进刀。其优点是：单刃切削，排屑方便，可采用较大的背吃刀量，适用于较大螺距螺纹的粗加工。

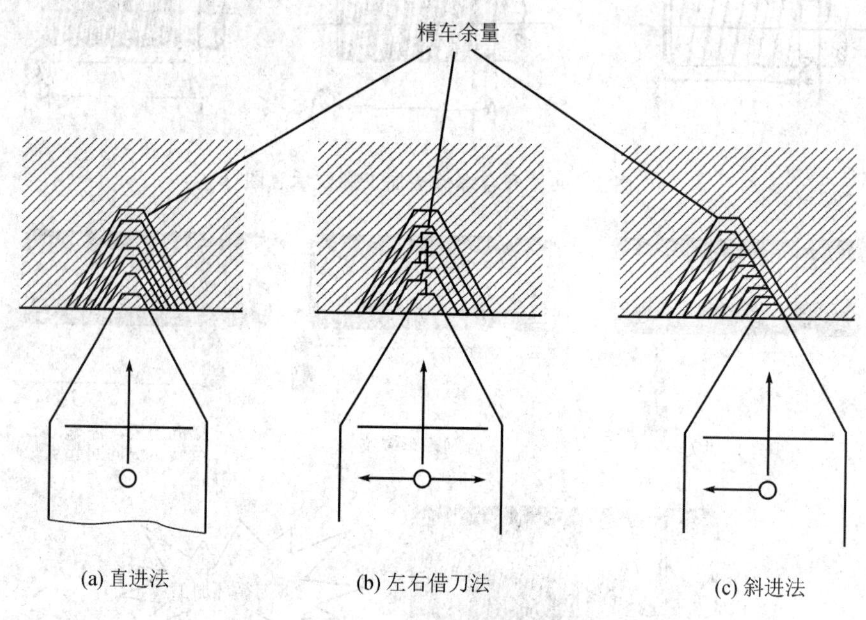

图 1－98　车螺纹的进刀方法

四、螺纹的测量和检查

(1) 螺纹大径的测量：一般可用游标卡尺或千分尺直接测量。

(2) 螺距的测量：螺距一般用游标卡尺测量。在测量时，根据螺距的大小，最好量取 2～10 个螺距的长度，然后除以 2～10，就得出一个螺距的尺寸。如果螺距太小，则用螺距规测量。测量时把螺距规平行于工件轴线方向嵌入牙中，如果完全符合，则螺距是正确的。

(3) 螺纹中径的测量：精度较高的三角螺纹可用螺纹千分尺测量，所测得的千分尺读数就是该螺纹中径实际尺寸；也可采用三针测量法测量螺纹中径，如图 1－99 所示。

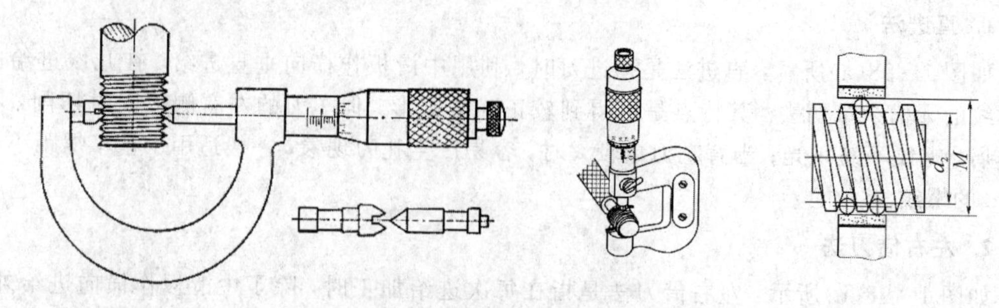

图 1－99　用螺纹千分尺或三针测量法检测螺纹中径

(4) 综合测量：用螺纹环规或塞规(见图 1-100)综合检查三角形螺纹。首先应对螺纹的直径、螺距、牙型和粗糙度进行检查，然后再测量螺纹的加工精度。如果通端可拧进去，而止端拧不进去，说明螺纹精度合格。

图 1-100　螺纹环规和塞规

★ **查阅资料：**

螺纹的加工与检测方法还有哪些？请通过查阅参考资料和动手实践，了解这些加工方法的特点和区别。

任务实施

STEP1　选择并正确安装高速钢三角形螺纹车刀。

STEP2　粗精车螺纹外圆及长度、倒角。

(1) 按螺纹规格车螺纹外圆及长度，并按要求车螺纹退刀槽。螺纹大径一般应比其基本尺寸小 0.2～0.3 mm(约为 $0.1p$)，保证车好螺纹后牙顶处有 $0.125p$ 的宽度(p 代表工件螺距)。

(2) 倒角至略小于螺纹小径。

(3) 调整主轴转速，选取合适的切削速度 v_c，一般粗车时取 0.3 m/s 左右，精车时取 0.1 m/s。

(4) 计算切削深度。车螺纹时，切削深度应该就是牙型高度，即 $h_1=0.5413p$，但在实际加工中多采用 $h_1=0.6495p$ 的切削深度。因为牙底形状应该是削平的梯形，而螺纹刀前端是刀尖圆弧。在加工时刀具一定要向下切，因此切削深度稍微增大。

STEP3　车削三角形螺纹。

根据图样要求，考虑采用倒顺车法加工此螺纹。

(1) 粗加工。

① 启动车床，移动中滑板，使螺纹车刀刀尖轻轻与工件接触，以确定背吃刀量的起始位置；再将中滑板刻度调整至零位，在刻度盘上做好螺纹总背吃刀量调整范围的记号。

② 合上开合螺母，启动车床(选用低速)，加注冷却液。用车刀刀尖在外径上轻轻车出一道螺旋线，然后用钢直尺或游标卡尺检查螺距是否正确。测量时，为减少误差，应多量几牙，如检查螺距 1.5 mm 的螺纹，可测量 10 牙，即为 15 mm(见图 1-101)；也可用螺距规检查螺距(见图 1-102)。若螺距不正确，则应根据进给标牌检查挂轮及进给手柄位置是否正确。

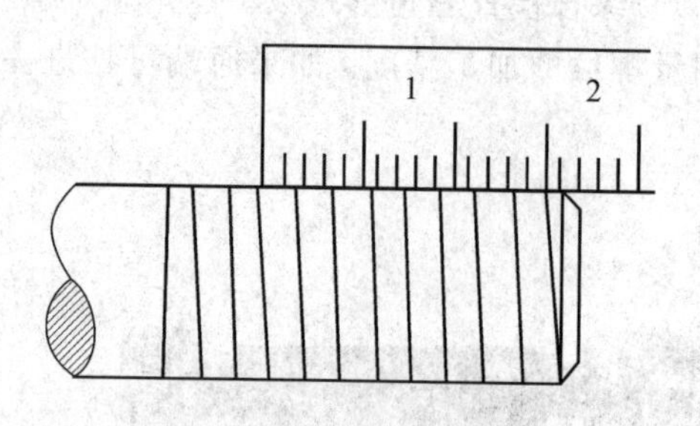

图 1-101　用游标卡尺检查螺距方法

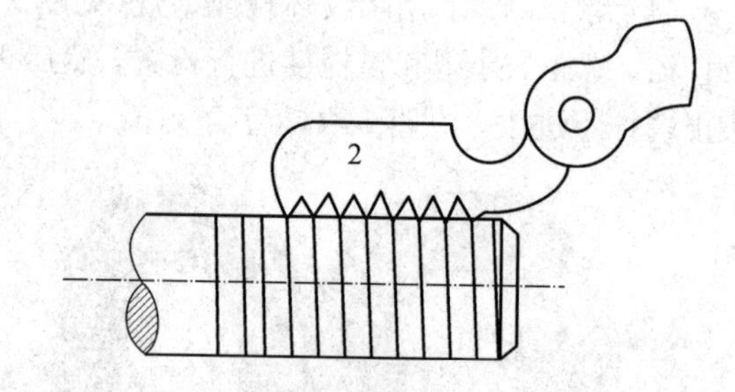

图 1-102　用螺距规检查螺距方法

③ 采用直进法粗加工螺纹，加注冷却液，合理分配背吃刀量。根据车螺纹总的背吃刀量 a_p，第一次背吃刀量 $a_{p1} \approx a_p/4$，第二次背吃刀量 $a_{p2} \approx a_p/5$，以后逐渐递减，最后留 0.2 mm 余量，以便精车光刀。

(2) 精加工。

精加工小螺距($p<3$ mm)螺纹时，可以采用同一把螺纹车刀进行精加工，加注充分冷却液。具体步骤如下：

① 调整车床转速，根据螺纹加工精度适度降低车床转速。

② 根据粗加工所留加工余量，调整背吃刀量，加工方法与粗加工方法基本相同。

③ 精加工完成后，用螺纹环规检测，测量时如通端通过而止端拧不进，说明螺纹加工符合要求(见图 1-103)。

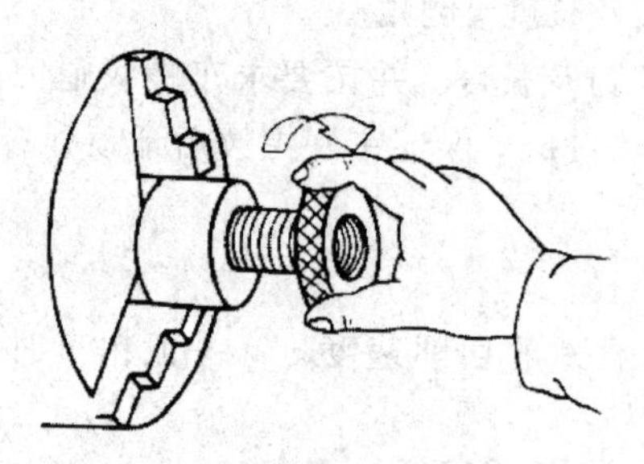

图 1-103　用螺纹环规检测外螺纹

★ 温馨提示：

(1) 车螺纹时，开合螺母必须闸到位。如感到未闸好，应立即起闸，重新进行。

(2) 车螺纹时应注意不能用手去摸正在旋转的工件，更不能用棉纱去擦正在旋转的工件。

(3) 车完螺纹后应立即提起开合螺母，并把手柄拨到纵向进刀位置，以免开车时撞车。

STEP4　实习结束时，做好实习结束工作。

STEP5　根据任务完成情况，完成车削三角形外螺纹测试并填写实习报告。

任务评价

任务完成后需填写“评价表”并完成考核与测评题。

评　价　表

班级			姓名				
任务名称			起止时间				
序号	考核项目	考核要求	配分	评分标准	自评	互评	师评
1	知识与技能	正确车削三角形外螺纹	10	违反一项扣5分			
		M24×1.5－7 g	30	超差不得分			
		正确检测三角形外螺纹	10	酌情考虑扣分			
2	过程与方法	学习态度及参与程度	5	酌情考虑扣分			
		团队协作及合作意识	5	酌情考虑扣分			
		责任与担当	5	酌情考虑扣分			
		安全文明操作规程	5	违反一项全扣			
3	成果展示	考核与测评	30	见考核表			
教师签名			总分				

考核与测评

一、填空题(60)

1. 利用开合螺母法车螺纹，一般是在 ________ 工况下使用，否则会使螺纹产生 ________ 现象。

2. 车螺纹时，当丝杠螺距与工件螺距 ________ 时，必须采用倒顺车进给法。

3. 螺纹大径一般可用 ________ 直接测量。

4. 精度较高的三角螺纹的中径可用螺纹千分尺测量，所测得的千分尺读数就是该螺纹中径实际尺寸，也可采用三针测量法测量螺纹中径。

5. 螺纹综合测量主要采用 ________ 检查三角形螺纹。如果通端 ________，而止端 ________，则说明螺纹精度合格。

6. 车螺纹时，螺纹大径一般应比其基本尺寸小 ________。

7. 车螺纹时，牙型高度为 ________，但在实际加工中，一般采用 ________ 的切削深度。

8. 螺纹加工方法主要有 ________ 和 ________ 两种。

9. 螺纹加工过程中进刀方法主要有 ________、________ 两种。

10. 采用倒顺车法加工螺纹，退刀操作必须精力集中，眼看刀尖，动作果断，先 ________ 后 ________，车刀 ________。

11. 车完螺纹后应立即提起 ________，以免开车时撞车。

二、简述题(40分)

1. 简述螺纹加工的方法及异同点。

2. 简述螺纹加工的操作步骤。

3. 简述螺纹检测方法。

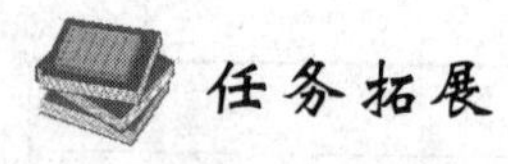

任务拓展

一、车削过程中的对刀

车螺纹过程中，刀具磨损或折断后，需拆下修磨或换刀重新装刀车削时，出现刀具位置不在原螺纹牙槽中的情况，如继续车削会乱扣。这时，须将刀尖调整到原来的牙槽中方能继续车削，这一过程称为对刀。

对刀方法为：主轴慢速正转，并合上开合螺母，转动中滑扳手柄，待车刀接近螺纹表面时慢慢停车；主轴不可反转，待机床停稳后，移动中、小滑板，目测将车刀刀尖移至牙槽中间；然后记下中小滑板刻度后退出，调整好车刀背吃刀量的起始位置即可，如图 1-104 所示。

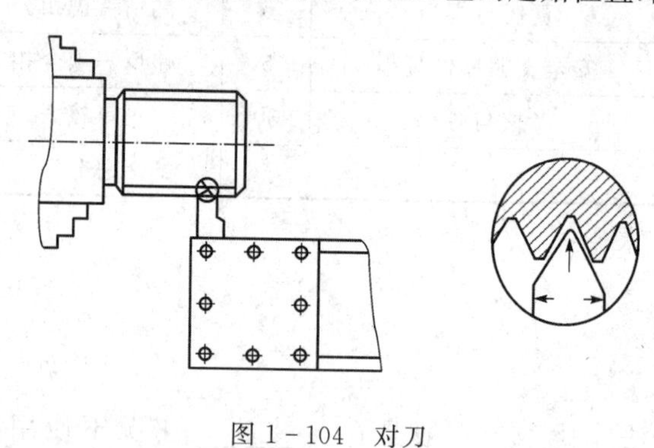

图 1-104 对刀

二、车内螺纹

如图 1-105 所示，车内螺纹的加工方法与车外螺纹类似，但要注意以下几个方面：

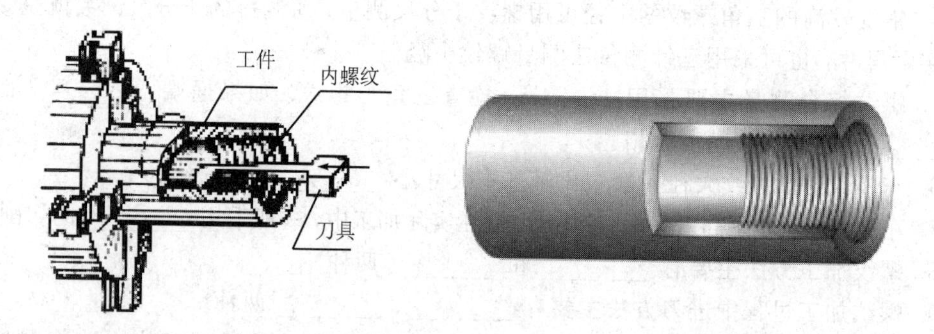

图 1-105 车削内螺纹

(1) 对于车内螺纹前的孔加工，必须先钻孔和车孔，保证孔径 $D_{孔}=d-1.05P$。

(2) 车内螺纹的方法及步骤：

① 先加工内螺纹孔径，车平面，倒角。

② 安装螺纹车刀，反复练习进退刀动作，注意进退刀方向与车外螺纹相反。

③ 按加工外螺纹方法加工内螺纹。

项目六　单元综合实训

■ **项目描述：**

本项目综合台阶加工、套类加工、圆锥加工、螺纹加工等知识与技能，通过刀具选择、车床操作、加工工艺、质量检测、工时定额、安全文明生产等方面的实际训练全面考查学生知识与技能的掌握情况。任务名称与任务图等见表1-12。

表1-12　本项目的任务信息

任务	轴套类零件(冲头)			工时	120分钟
材　料	45钢	毛　坯	$\phi40\times118$ mm		
姓　名		学　号		得　分	
任务图	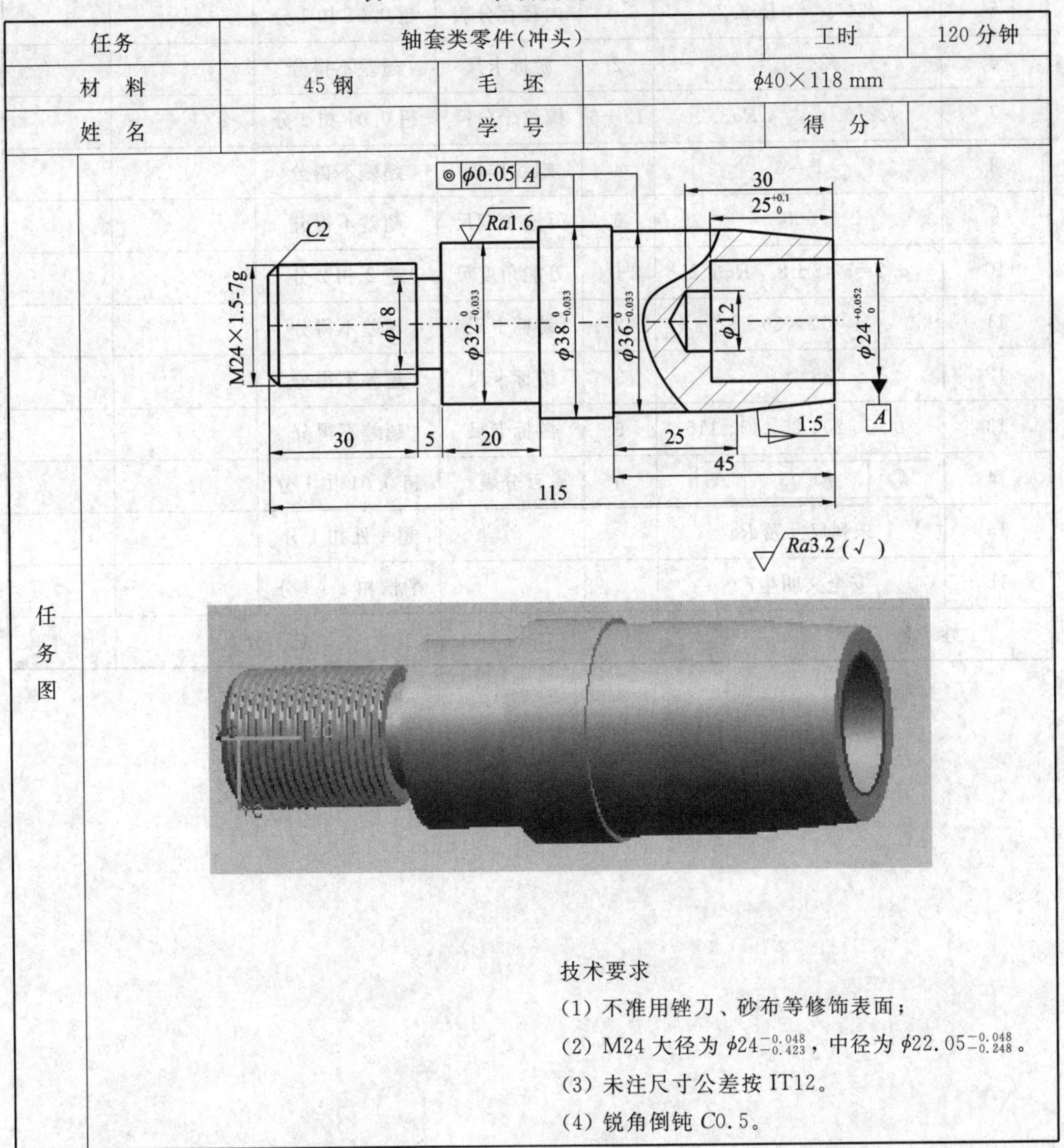				

技术要求

(1) 不准用锉刀、砂布等修饰表面；

(2) M24大径为$\phi24^{-0.048}_{-0.423}$，中径为$\phi22.05^{-0.048}_{-0.248}$。

(3) 未注尺寸公差按IT12。

(4) 锐角倒钝C0.5。

实训完毕，需根据考核要求与评分标准完成下表。

考核评分标准

序号	考核要求	配分	检测量具	评分标准	检测结果	得分
1	$\phi38_{-0.033}^{0}$，$Ra3.2$	6+2	外径千分尺	超 0.01 扣 2 分		
2	$\phi36_{-0.033}^{0}$，$Ra3.2$	6+2	外径千分尺	超 0.01 扣 2 分		
3	$\phi32_{-0.033}^{0}$，$Ra1.6$	6+4	外径千分尺	超 0.01 扣 2 分		
4	$\phi18$，$Ra3.2$	1+1	游标卡尺	超差不得分		
5	$\phi24_{0}^{+0.052}$，$Ra3.2$	6+4	内径百分表	超 0.01 扣 1 分		
6	$\phi24_{-0.423}^{-0.048}$	2	游标卡尺	超差不得分		
7	$\phi22.05_{-0.248}^{-0.0480}$，$Ra3.2$	12+6	螺纹千分尺	超 0.01 扣 2 分		
8	$P=3$	4	螺纹样板	超差不得分		
9	600	6	万能角度尺	超差不得分		
10	$a/2=5°42'\pm8'$，$Ra3.2$	8+4	万能角度尺	超 2′扣 2 分		
11	$\phi12\times30$	2	游标卡尺	超差不得分		
12	$25_{0}^{+0.10}$	3	游标卡尺	超差不得分		
13	30、5、20、25、45、115	6	游标卡尺	超差不得分		
14	◎ $\phi0.05$ A	6	百分表	超 0.01 扣 1 分		
15	未列尺寸及 Ra			超一处扣 1 分		
16	安全文明生产			酌情扣 1～5 分		
姓　名				总　分		

模块二

铣工实训

项目一 平面铣削加工

■ **项目描述：**

铣削加工是以铣刀旋转作主运动、工件或铣刀作进给运动的切削加工方法。在铣床上，使用不同的铣刀可加工平面、台阶面、沟槽、角度面和成形面等。此外，使用分度装置还可以加工需周向等分的花键、齿轮等多面体零件，也可以进行钻孔、镗孔或铰孔，如图 2-1 所示。铣削加工的精度范围在 IT11～IT8 之间，表面粗糙度 Ra 值在 12.5～0.4 μm 之间。

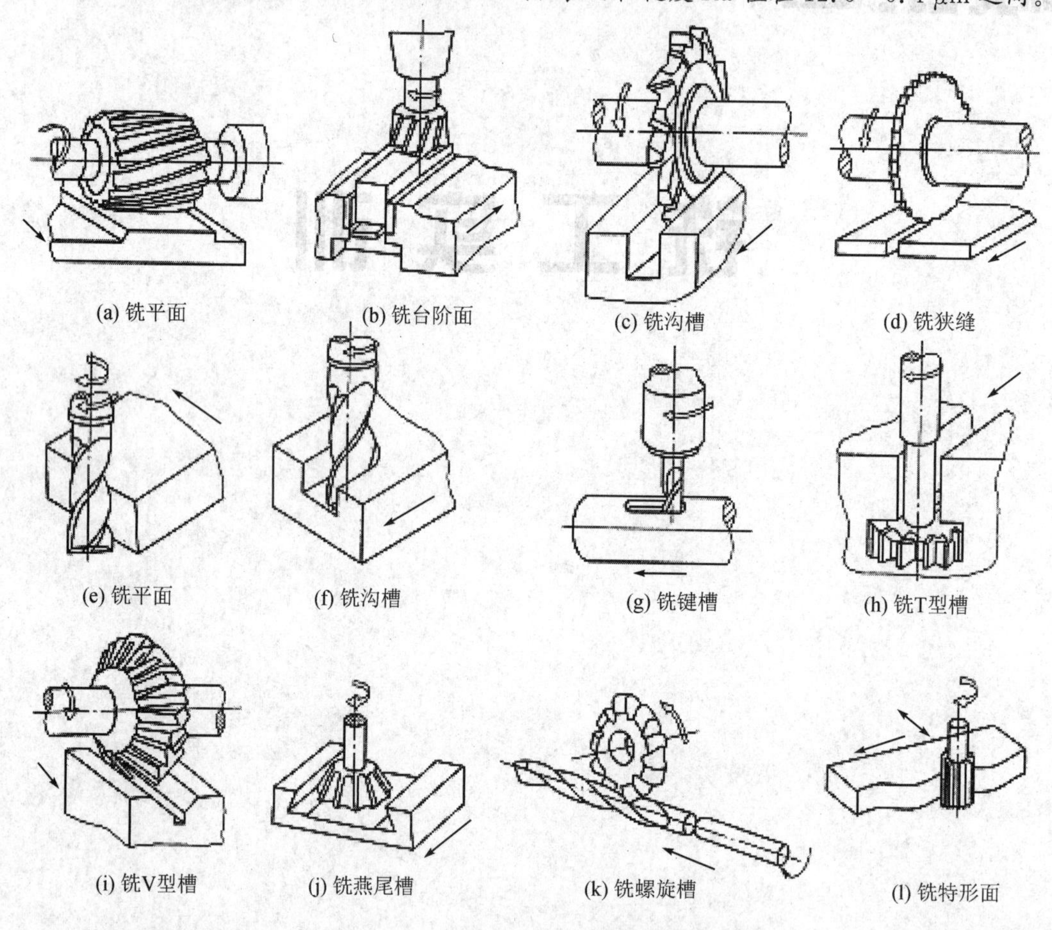

图 2-1 铣床的加工内容

任务 1 了解铣床及铣削加工

任务描述

铣床操作是铣削加工的基础技能。如图 2-2 所示，本任务要求以 X6132 型铣床为例，进行铣床操作训练。

图 2-2 X6132 型卧式铣床

任务目标

(1) 掌握铣床操作规程，能正确启动、关闭铣床。

(2) 能根据生产实际需要，正确进行主轴变速、进给变速，掌握工作台手动、机动横向或升降进给、快动等操作要领。

(3) 熟悉铣床维护与保养操作规程，能根据生产实际需要，按要求对铣床进行维护与保养。

(4) 安全文明操作机床。

知识储备

一、卧式铣车的主要部件及其功用

图 2-3 所示为 X6132 型卧式升降台铣床的外形，其主要部件如下：

(1) 床身：用来安装和连接铣床其他部件。床身正面有垂直导轨，可引导升降台上、下移动；床身顶部有燕尾形水平导轨，用以安装横梁并按需要引导横梁水平移动；床身内部装有主轴和主轴变速机构。

(2) 主轴：是一根空心轴，前端有锥度为 7∶24 的圆锥孔，用以插入铣刀杆。电动机输出的回转运动和动力经主轴变速机构驱动主轴连同铣刀一起回转，实现主运动。

(3) 横梁：可沿床身顶面燕尾形导轨移动，按需要调节其伸出长度，其上可安装挂架。

(4) 挂架：用以支承铣刀杆的另一端，增强铣刀杆的刚性。

(5) 工作台：用以安装需要的铣床夹具和工件。工作台可沿转台上的导轨纵向移动，带动台面上的工件实现纵向进给运动。

(6) 转台：可在横向溜板上转动，以便工作台在水平面内斜置一个角度(－45°～＋45°)。

(7) 横向溜板：位于升降台上水平导轨上，可带动工作台横向移动，实现横向进给。

(8) 升降台：可沿床身导轨上、下移动，用来调整工作台在垂直方向的位置。升降台内部装有进给电动机和进给变速机构。

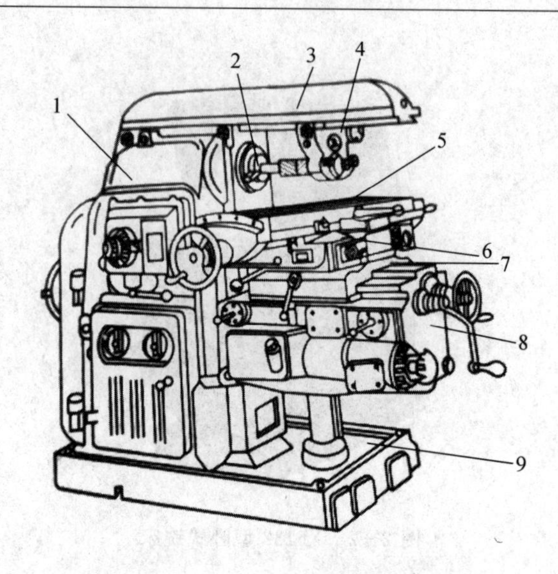

图 2-3　X6132 型卧式铣床的结构

(9) 底座：是整部机床的支承部件，具有足够的刚性和强度。底座四角有机床安装孔，可用螺钉将铣床安装在固定位置。底座本身是箱体结构，箱体内盛装冷却润滑液，供切削时冷却润滑。

如果将横梁移至床身正面以内(退离工作台上方)，再在床身导轨上安装立铣头，卧式铣床可当作立式铣床使用。

二、铣刀概述

铣刀属于多齿刀具。由于同时参加切削的齿数较多，参加切削的切削刃总长度较长，并能采用高速切削，所以铣削生产效率高。常见铣刀的种类有：

1. 加工平面的铣刀

(1) 端铣刀：有整体式、镶齿式和可转位式三种，主要用于立式铣床上加工平面。刀齿采用硬质合金制成，生产效率高，加工表面质量也高。内燃机缸体、缸盖等零件的平面多用该铣刀进行切削，如图 2-4(a)所示。

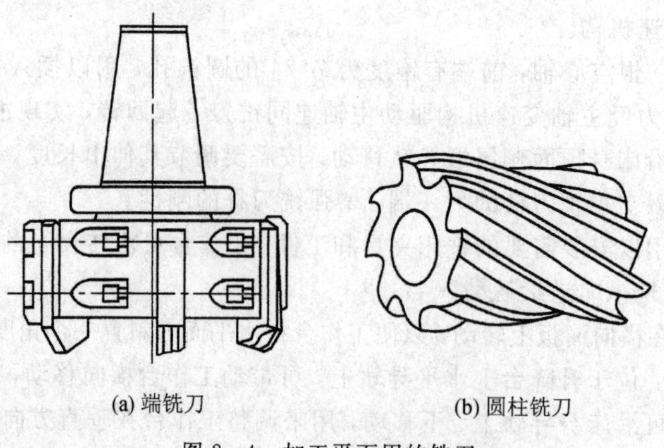

(a) 端铣刀　　　　(b) 圆柱铣刀

图 2-4　加工平面用的铣刀

（2）圆柱铣刀：分粗齿与细齿两种，主要用于铣床上加工平面，由高速钢制造。圆柱铣刀采用螺旋形刀齿，可提高切削工作平稳性，如图 2－4(b)所示。

2. 加工成形面铣刀

根据特形面的形状而专门设计的成形铣刀称为特形铣刀。如图 2－5 所示，图(a)为凸半圆形铣刀，用于铣削凹半圆特形面；图(b)为凹半圆形铣刀，用于铣削凸半圆特形面。

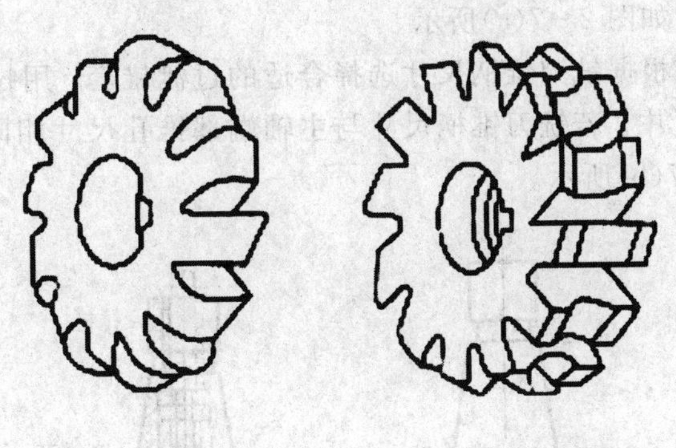

(a) 凸半圆成形铣刀　(b) 凹半圆成形铣刀

图 2－5　加工特形面的铣刀

3. 加工沟槽用的铣刀

图 2－6 所示为加工沟槽用的铣刀，分为立铣刀、三面刃铣刀、键槽铣刀、锯片铣刀、T形槽铣刀、燕尾槽铣刀、角度铣刀等 7 种。

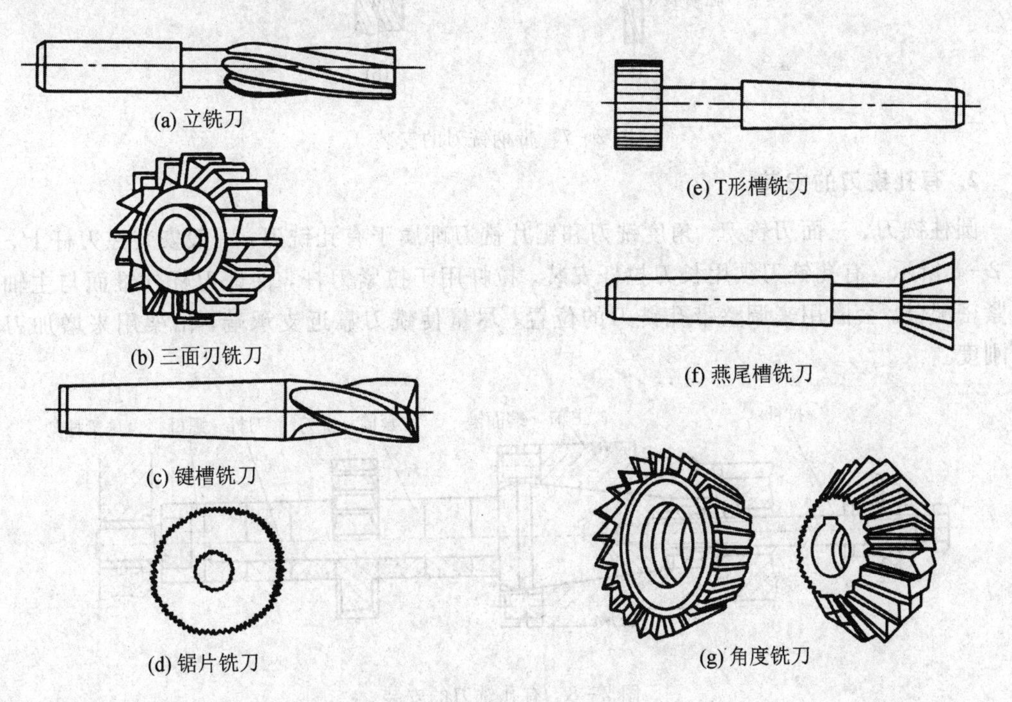

(a) 立铣刀　(b) 三面刃铣刀　(c) 键槽铣刀　(d) 锯片铣刀　(e) T形槽铣刀　(f) 燕尾槽铣刀　(g) 角度铣刀

图 2－6　加工沟槽用的铣刀

三、铣刀安装

1. 直柄铣刀的安装

(1) 直柄铣刀须用弹簧夹头安装。弹簧夹头沿轴向有3个开口槽，当收紧螺母时，随之压紧弹簧夹头端面，使其外锥面受压收小孔径，夹紧铣刀。不同孔径的弹簧夹头可以安装不同直径的直柄铣刀，如图2-7(a)所示。

(2) 锥柄铣刀应该根据铣刀锥柄尺寸选择合适的过渡锥套，用拉杆将铣刀及过渡锥套拉紧在主轴端部的锥孔中。若铣刀锥柄尺寸与主轴端部锥孔尺寸相同，则可直接装入主轴锥孔后拉紧，如图2-7(b)所示。

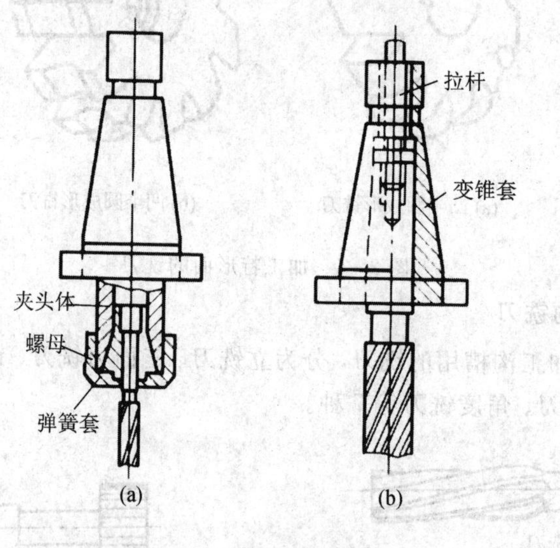

图2-7　带柄铣刀的安装

2. 有孔铣刀的安装

圆柱铣刀、三面刃铣刀、角度铣刀和锯片铣刀都属于有孔铣刀，一般安装在刀杆上，如图2-8所示。有孔铣刀须用长刀拉杆安装，拉杆用于拉紧刀杆，保证刀杆外锥面与主轴锥孔紧密配合。套圈用来调整带孔铣刀的位置，尽量使铣刀靠近支承端，吊架用来增加刀杆的刚度。

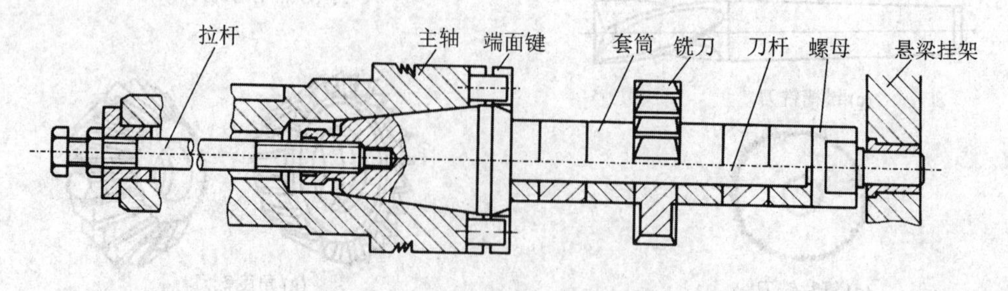

图2-8　有孔铣刀的安装

四、X6132 铣床操作训练

X6132 卧式铣床操纵系统如图 2 - 9 所示。

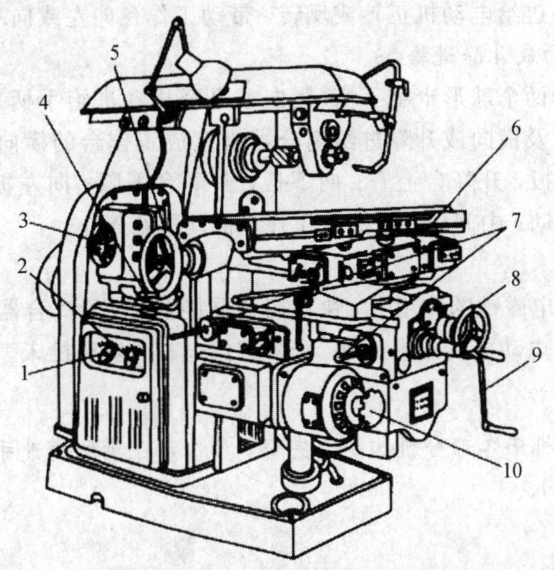

1—机床总电源开关；2—机床冷却油泵开关；3—主轴变速转盘；4—主轴变速手柄；
5—纵向手动进给手柄；6—纵向机动进给手柄；7—横向和升降机动进给手柄；
8—横向手动进给手轮；9—升降手动进给手柄；10—进给变速转盘手柄

图 2 - 9　铣床操纵系统

1. 停车练习

1）变换主轴转速

通过操纵床身左侧壁上的主轴变速手柄 4 和主轴变速转盘 3 来实现主轴转速的变换。变换时，先将主轴变速手柄 4 压下向左转动，碰撞冲动开关，主电动机瞬时启动，使其内部孔盘式变速机构重新对准位置；然后转动主轴变速转盘 3，使所需的转速对准指针；最后把主轴变速手柄 4 再转到原来位置，从而改变主轴的转速。转动主轴变速转盘 3 的位置，可使主轴获得 18 种不同的转速。

2）调整进给量

通过操纵升降台左下侧的进给变速转盘手柄 10 来实现进给量的调整。调整时，向外拉出进给变速转盘手柄 10，再转动它，使所需要的进给量对准指针；最后把进给变速转盘手柄 10 推回原位，即可得到不同的进给量。

3）手动纵向、横向、升降移动工作台

顺时针转动纵向手动进给手轮 5，工作台向右纵向移动，反之向左移动。顺时针转动横向手动进给手轮 8，工作台向里横向移动，反之向外移动。顺时针转动升降手动进给手柄 9，工作台上升，反之下降。

2. 开机练习

1）工作台机动纵向进给

通过操纵机动进给手柄 6 来实现工作台机动纵向进给。手柄 6 有 3 个位置：手柄 6 向左扳，工作台向左运动；手柄 6 向右扳，工作台向右运动；手柄 6 处于中间位置，工作台不动。当手柄 6 处于中间位置时，纵向进给离合器脱开，没有拨动行程开关，进给电动机停止转动，工作台不动；当手柄 6 向左或向右扳时，通过操纵机构使纵向进给离合器接通，可分别拨动两个行程开关使进给电动机正转或反转，带动工作台向左或向右移动。

2）工作台机动横向或升降进给

操纵机床左侧面的两个球形十字手柄（横向或升降机动进给手柄）7 中的任一个，即可控制进给电机的转向以及横向或升降进给离合器来完成工作台的横向或升降进给。手柄 7 有 5 个工作位置，向上扳，升降台上升；向下扳，升降台下降；向左扳，工作台向左移动；向右扳，工作台向右移动；中间位置，横向和升降机动进给停止。

3）快动

按下快动电钮，在电磁铁的作用下，快动离合器接合，进给离合器脱开，使运动不经过进给变速机构而直接由电动机传给纵、横、升降进给丝杠，实现机床工作台的快速运动。

★ 温馨提示：

铣床启动前，检查机床各部分机构是否完好，各传动手柄和变速手柄位置是否正确（主轴变速手柄调至低速档）。

五、铣床维护与保养

（1）平时要注意铣床的润滑。应根据铣床说明书的要求，定期加油和调换润滑油。对于手拉、手揿油泵和注油孔等部位，每天应按要求加注润滑油。

（2）开铣床前，应先检查各部件，如操纵手柄、按钮等是否在正常位置和其灵敏度情况。

（3）合理选用铣削用量、铣削方法等，不能让铣床超负荷工作。安装夹具及工件时应轻放，工作台面不应乱放工具、工件等。

（4）在工作中应时刻观察铣削情况，如发现异常情况应立即停车检查。

（5）工作完毕应清除铣床上及周围的切屑等杂物，关闭电源；擦净铣床，在滑动部位加注润滑油；整理工具、夹具、计量器具，做好交接班工作。

（6）铣床在运转 500 h 后，应进行一级保养。保养工作以操作人员为主，维修人员为辅。一级保养的内容和要求见表 2－1。

表 2－1　铣床一级保养的内容和要求

序号	保养部位	保养内容和要求
1	外保养	1. 机床外表清洁，各罩盖保持内外清洁，无锈蚀； 2. 清洗机床附件，并涂油防蚀； 3. 清洗各部丝杠
2	传动	1. 修光导轨面毛刺，调整镶条； 2. 调整丝杠螺母间隙，丝杠轴向不得窜动；调整离合器摩擦片间隙； 3. 适当调整 V 形带

续表

序号	保养部位	保养内容和要求
3	冷却	1. 清洗过滤网、切削液槽，做到无沉淀物，无切屑； 2. 根据情况更换切削液
4	润滑	1. 油路畅通无阻，油毛毡清洁，无切屑，油窗明亮； 2. 检查手揿油泵，内外清洁无油污； 3. 检查油质，应保持良好
5	附件	清洗附件，做到清洁、整齐、无锈迹
6	电器	1. 清扫电器箱、电动机； 2. 检查限位装置，应安全可靠

★ 查阅资料：

铣床的维护与保养可通过查阅相关保养手册及实践操作，具体了解铣床的维护与保养方式与内容。

任务实施

STEP1　实际查看 X6132 型卧式铣床，根据操作规程实践操作车床各手柄，实现车床启动、关闭、主轴变速、进给变速、升降台手动及机动操作等动作，要求反应灵活，动作准确，安全可靠。

STEP2　合理使用工具完成铣刀的安装。

STEP3　熟悉铣床维护与保养操作规程，对铣床进行日常保养及一级保养工作。

STEP4　实习结束时，能根据所学铣床操作规程，做好实习结束工作。

STEP5　根据任务完成情况，完成了解铣床及铣削加工测试，填写实习报告。

任务评价

任务完成后需填写“评价表”并完成考核与测评题。

评　价　表

班级			姓名				
任务名称			起止时间				
序号	考核项目	考核要求	配分	评分标准	自评	互评	师评
1	知识与技能	正确启动、关闭铣床	10	动作错一个扣 2 分			
		正确进行主轴变速	10	动作错一个扣 2 分			
		正确进行手动、机动进给运动操作	10	动作错一个扣 2 分			
		正确进行铣刀的安装操作	10	动作错一个扣 2 分			
		正确进行铣床维护与保养	10	动作错一个扣 2 分			

续表

序号	考核项目	考核要求	配分	评分标准	自评	互评	师评
2	过程与方法	学习态度及参与程度	5	酌情考虑扣分			
		团队协作及合作意识	5	酌情考虑扣分			
		责任与担当	5	酌情考虑扣分			
		安全文明生产	5	违反一项全扣			
3	成果展示	考核与测评	30	见考核表			
教师签字				总分			

考核与测评

一、选择题(50分)

1. 铣床的一级保养是在机床运转(　　)h 以后进行的。

A. 200　　B. 500　　C. 1000　　D. 1500

2. 卧式升降台铣床的主要特征是铣床主轴轴线与工作台台面(　　)。

A. 垂直　　B. 平行　　C. 在一个平面内

3. (　　)的主要作用是减少后刀面与切削表面之间的摩擦。

A. 前角　　B. 后角　　C. 螺旋角　　D. 刃倾角

4. 铣刀在一次进给中所切掉工件表层的厚度称为(　　)。

A. 铣削宽度　　B. 铣削深度　　C. 进给量

5. 工件在装夹时，必须使余量层(　　)钳口。

A. 稍低于　　B. 等于　　C. 稍高于　　D. 大量高出

二、判断题(50分)

1. 卧式铣床的横梁上附有一挂架，其作用是支持铣刀刀轴的外端。(　　)

2. 在夹具上能使工件紧靠定位元件的装置，称为夹紧装置。(　　)

3. 在装夹工件时，为了不使工件产生位移，夹(或压)紧力应尽量大，越大越好、越牢。(　　)

4. 铣床在运转 500 h 后，应进行一级保养。保养工作以维修人员为主，操作人员为辅。(　　)

5. 在工作中应时刻观察铣削情况，如发现异常情况应立即停车检查。(　　)

任务拓展

铣床安全操作规程与文明生产

1. 安全操作规程

1) 防护用品的穿戴

(1) 穿好工作服、工作鞋，女生戴好工作帽。

(2) 不准穿背心、拖鞋、凉鞋和裙子进入车间。

(3) 严禁戴手套操作。

(4) 高速铣削或刃磨刀具时应戴防护镜。

2) 操作前的检查

(1) 对机床各润滑部分注润滑油。

(2) 检查机床各手柄是否放在规定位置上。

(3) 检查各进给方向自动停止挡铁是否紧固在最大行程以内。

(4) 起动机床检查主轴和进给系统工作是否正常、油路是否畅通。

(5) 检查夹具、工件是否装夹牢固。

3) 必须停机的操作

装卸工件、更换铣刀、擦拭机床时必须停机，并防止被铣刀切削刃割伤。

4) 主轴转速和进给量的变换

不得在机床运转时变换主轴转速和进给量。

5) 其他操作规程

(1) 在进给中不准触摸工件加工表面。机动进给完毕后应先停止进给，再停止铣刀旋转。

(2) 主轴未停稳时禁止测量工件。

(3) 铣削时，铣削层深度不能过大，毛坯工件应从最高部分逐步切削。

(4) 要用专用工具清除切屑，不准用嘴吹或用手抓。

(5) 工作时要集中思想，专心操作，不擅自离开机床；离开机床要关闭电源。

(6) 操作中如发生事故，应立即停机并切断电源，保持现场。

(7) 工作台面和各导轨面上不能直接放工具或量具。

(8) 工作结束，应擦洗机床并加润滑油。

(9) 电器部分不准随意拆开和摆弄，发现电器故障应请电工修理。

2. 文明生产

(1) 机床应做到每天一小擦，每周一大擦，按时一级保养；保持机床整齐清洁。

(2) 操作者应保持周围场地整洁，地面无油污、积水。

(3) 操作时，工具与量具应分类整齐地安放在工具架上，不要随便乱放在工作台上或与切屑等混在一起。

(4) 高速铣削或冲注切削液时应加挡板，以防切屑飞出及切削液外溢。

(5) 工件加工完毕，应安放整齐，不乱丢乱放，以免碰伤工件表面。

(6) 保持图样或工艺文件的清洁完整。

★ 思考探究：

联系铣削加工生产车间，结合车工加工查看“6S”管理细则及执行情况有无遗漏，积极思考，提出合理化意见。

任务2　平面铣削

任务描述

本任务要求以图 2-10 所示加工零件图为例进行平面铣削，该零件的毛坯为 55×60×70 mm 的锻件，材料为 20 钢，其尺寸精度、表面粗糙度和平面度均为铣床的经济加工精度。根据工件的表面要求，应分粗、精铣铣削。

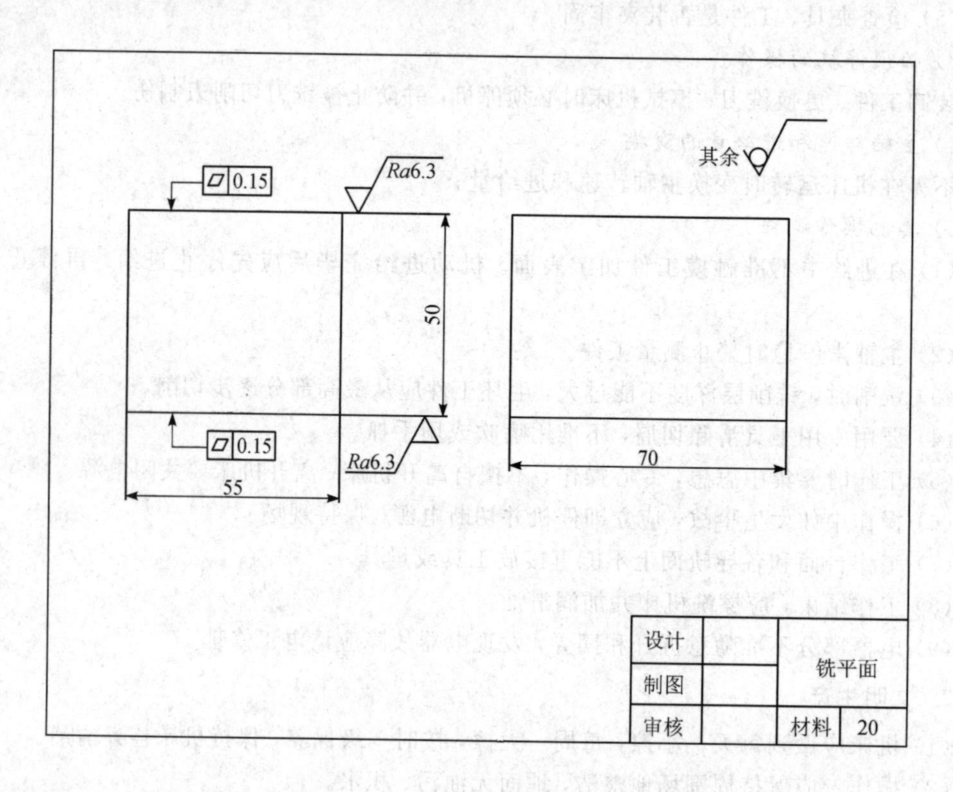

图 2-10　铣平面零件图

任务目标

(1) 了解铣床附件及其应用。
(2) 了解铣削相关知识。
(3) 掌握工件的安装方法。
(4) 掌握平面铣削的加工方法。

知识储备

一、铣削相关知识

在铣床上用铣刀加工工件的工艺过程叫做铣削加工。铣削加工是金属切削加工中常用的方法之一。铣削时，铣刀作旋转主运动，工件作缓慢直线的进给运动。

1. 铣削加工的特点

1）效率高

由于铣刀是多刃的，相对而言，单位时间内铣削量(即切下的切屑)较多。特别是随着科学技术的发展，先进的刀具材料和铣削加工设备不断地制造出来，铣削效率得到了大幅度的提高。

2）加工范围广

铣削加工范围非常广，可以铣削平面、台阶、沟槽、成形面、特型沟槽、螺旋槽、齿轮以及切断和孔加工等，如图 2－11 所示。

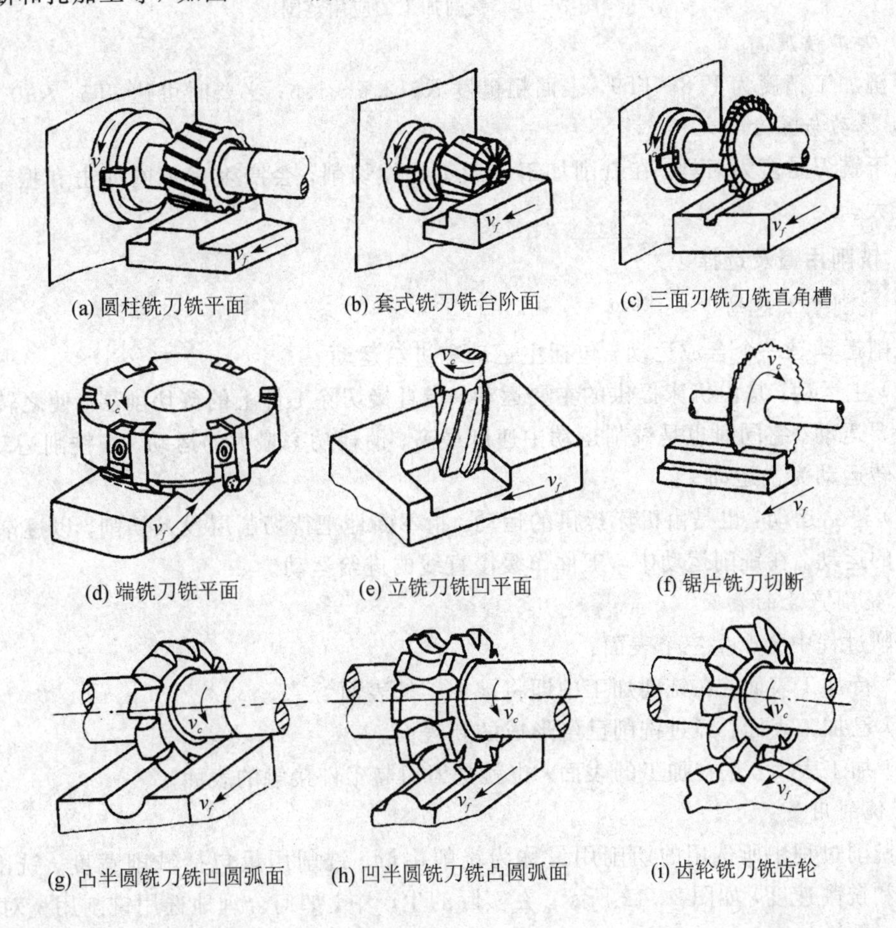

(a) 圆柱铣刀铣平面　(b) 套式铣刀铣台阶面　(c) 三面刃铣刀铣直角槽

(d) 端铣刀铣平面　(e) 立铣刀铣凹平面　(f) 锯片铣刀切断

(g) 凸半圆铣刀铣凹圆弧面　(h) 凹半圆铣刀铣凸圆弧面　(i) 齿轮铣刀铣齿轮

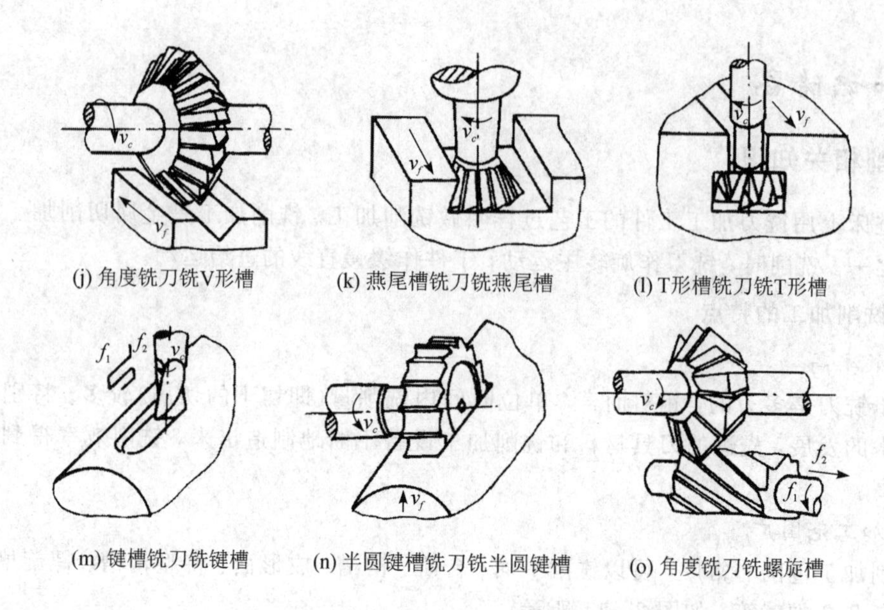

图 2－11　铣削加工的应用范围

3）加工精度高

经济加工精度为IT8～IT9，表面粗糙度 Ra12.5～1.6；必要时可达IT5、Ra0.2。

4）振动与噪音较大

由于铣刀是多刃刀具，在铣削加工中属不连续切削，会产生一定的冲击和振动，因此噪音较大。

2．铣削用量及选择

1）铣削基本运动

铣削运动是一个合成运动，包括主运动和进给运动。

(1) 主运动：是由机床提供的主要运动，指直接切除工件上的待切削层，使之转变为切削的主要运动。它同时也是铣削运动中速度最高、消耗功率最大的运动。在铣削运动中，铣刀的旋转运动为主运动。

(2) 进给运动：也是由机床提供的运动，指不断地把待切削层投入切削，以逐渐切出整个工件的运动。在铣削运动中，工件作缓慢直线的进给运动。

2）铣削产生的表面

铣削过程中会产生三个表面：

(1) 待加工表面：在铣削加工中即将被加工的表面。

(2) 已加工表面：经过铣削已经形成的新表面。

(3) 加工表面：正在加工的表面，也就是刀刃与工件接触的表面。

3）铣削用量

在铣削过程中所选用的切削用量称为铣削用量。铣削用量包括铣削宽度、铣削深度、进给量和铣削速度，如图2－12所示。在实际的生产中，如何合理地选用铣削用量对提高生产效率、改善工件表面粗糙度和加工精度都非常重要。

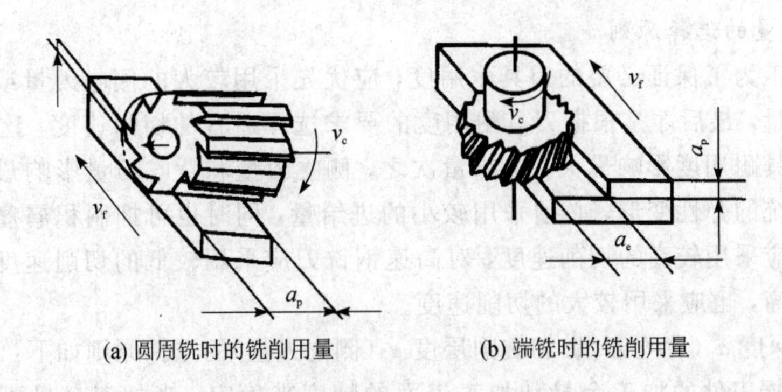

(a) 圆周铣时的铣削用量 (b) 端铣时的铣削用量

图 2-12 铣削运运及铣削用量

(1) 铣削宽度：又称侧吃刀量，指垂直于铣刀轴线测量的被切削层尺寸，用符号 a_e 表示，单位 mm。

(2) 铣削深度：又称背吃刀量，指平行于铣刀轴线测量的被切削层尺寸，用符号 a_p 表示，单位 mm。

(3) 进给量：铣刀在进给方向上相对工件的位移量称为进给量。进给量根据具体情况有 3 种表述和度量方法：

① 每齿进给量：在铣刀转过一个齿(即后一个齿转到前一刀齿位置)的时间内，工件沿进给方向移动的距离称为每齿进给量，用符号 f_z 表示，单位 mm/z。

② 每转进给量：在铣刀转过一转的时间内，工件沿进给方向所移动的距离称为每转进给量，用符号 f 表示，单位 mm/r。

③ 每分钟进给量：在 1 分钟时间内，工件沿进给方向所移动的距离，用符号 v_f 表示，单位 mm/min。

(4) 铣削速度：主运动的线速度叫做铣削速度，也就是铣刀刀刃上离旋转中心最远的一点在单位时间内所转过的长度，用符号 v_c 表示，单位 m/min。其计算公式为

$$v_c = \frac{\pi d n}{1000}$$

式中：d——铣刀直径，单位为 mm；

n——铣刀转速，单位为 r/min。

从公式中可以看出，直径、转速和铣削速度成正比，也就是 d、n 越大，v_c 也越大。

在实际加工中，对刀具耐用度影响最大的是铣削速度，而不是转速。因此，我们往往是根据刀具和被加工工件的材料等因素先选好合适的铣削速度，然后再根据铣刀直径和铣削速度来计算并选择合适的转速。

转换公式为

$$n = \frac{1000 v_c}{\pi d}$$

从以上公式可以看出：在两个变量 v_c、d 中，v_c、n 变大时，d 变大，n 变小。

4）铣削用量的选择原则

通常粗加工为了保证必要的刀具耐用度，应优先采用较大的侧吃刀量或背吃刀量，其次是加大进给量，最后才是根据刀具耐用度的要求选择适宜的切削速度。这样选择是因为切削速度对刀具耐用度影响最大，进给量次之，侧吃刀量和背吃刀量影响最小。精加工时为减小工艺系统的弹性变形，必须采用较小的进给量，同时也可抑制积屑瘤的产生。对于硬质合金铣刀应采用较高的切削速度，对高速钢铣刀应采用较低的切削速度。如铣削过程中不产生积屑瘤，也应采用较大的切削速度。

(1) 铣削深度 a_p（背吃刀量）和铣削层度 a_e（侧吃刀量）的选择原则如下：

a_p 主要根据工件的加工余量和加工表面的精度来确定。当加工余量不大时，应尽量一次铣完。只有当工件的加工精度要求较高或表面粗糙度小于 $Ra6.3$ 时，才分粗、精铣两次进给。a_p 选择如表 2-2 所示。

表 2-2　铣削深度 a_p 的推荐值　　单位：mm

工件材料	高速钢		硬质合金	
	粗铣	精铣	粗铣	精铣
铸铁	5～2	0.5～1	10～18	1～2
软钢	<5	0.5～1	<12	1～2
中硬钢	<4	0.5～1	<7	1～2
硬钢	<3	0.5～1	<4	1～2

在铣削过程中，a_e（铣削宽度）一般可根据加工面宽度决定，尽量一次铣出。

(2) 每齿进给量的选择分粗铣与精铣两种情况，如下所述：

粗铣时，限制进给量提高的主要因素是切削进给量，主要根据铣床进给机构的强度、刀轴尺寸、刀齿强度以及机床夹具等工艺系统的刚性来确定。在强度，刚度许可的条件下，进给量应尽量取得大些。

精铣时，限制进给量提高的主要因素是表面粗糙度。为了减少工艺系统的弹性变形，减少已加工表面的残留面积高度，一般采取较小的进给量。每齿进给量推荐值如表 2-3 所示。

表 2-3　每齿进给量 f_z 的推荐值　　单位：mm/z

工件材料	硬度(HB)	硬质合金	高速钢
低碳钢	<200	0.15～0.4	0.1～0.3
中高碳钢	120～300	0.07～0.5	0.05～0.25
灰铸铁	150～300	0.15～0.5	0.03～0.3

(3) 铣削速度的选择应遵循如下原则：

粗铣时取小值，精铣时取大值；工件材料强度和硬度高时取小值，反之取大值；刀具材料耐热性好时取大值，反之取小值。铣削速度 v_c 的推荐值如表 2-4 所示。

表 2-4　铣削速度 v_c 的推荐值　　　　　单位：m/min

工件材料	铣削速度	
	高速钢铣刀	硬质合金铣刀
20	15～40	150～190
45	20～35	120～150
40Cr	15～25	60～90
HT150	14～22	70～100
黄铜	30～60	120～200
铝合金	112～300	400～600
不锈钢	16～25	50～100

3. 铣削方式

1）周铣和端铣

用刀齿分布在圆周表面的铣刀进行铣削的方式叫做周铣（见图 2-12(a)）；用刀齿分布在圆柱端面上的铣刀进行铣削的方式叫做端铣（见图 2-12(b)）。与周铣相比，端铣铣平面时较为有利，因为：

(1) 端铣刀的副切削刃对已加工表面有修光作用，能使粗糙度降低；周铣的工件表面则有波纹状残留面积。

(2) 同时参加切削的端铣刀齿数较多，切削力的变化程度较小，因此工作时振动较周铣减小。

(3) 端铣刀的主切削刃刚接触工件时，切屑厚度不等于零，刀刃不易磨损。

(4) 端铣刀的刀杆伸出较短，刚性好，刀杆不易变形，可选用较大的切削用量。

由此可见，端铣法的加工质量较好，生产率较高，所以铣削平面时大多采用端铣。但是，周铣对加工各种形面的适应性较广，有些形面（如成形面等）不能用端铣。

2）顺铣和逆铣

(1) 顺铣。

以周铣为例，如图 2-13 所示。

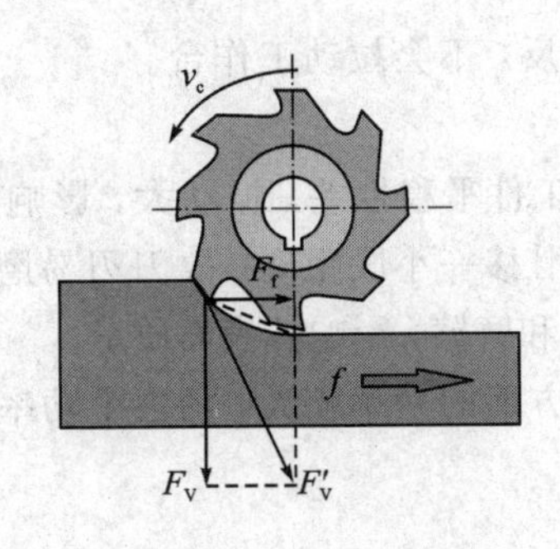

图 2-13　顺铣

顺铣是指铣刀的切削速度方向与工件的进给方向相同的铣削，即铣刀各刀齿作用在工件上的合力在进给方向的水平分力与工件的进给方向相同。

(2) 逆铣。

如图 2 - 14 所示，逆铣是指铣刀的切削速度方向与工件的进给方向相反的铣削，即铣刀各刀齿作用在工件上的合力在进给方向的水平分力与工件的进给方向相反时。

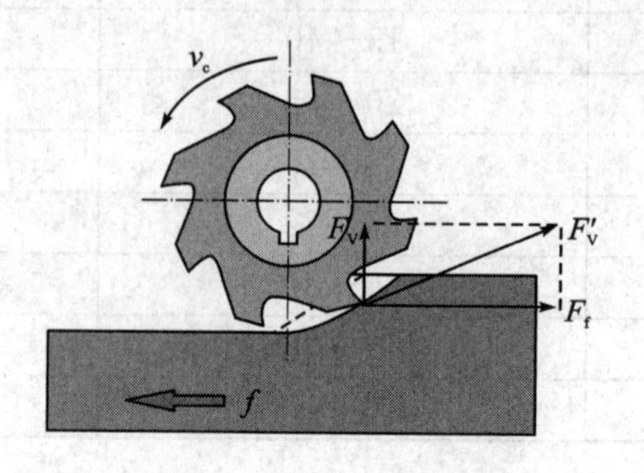

图 2 - 14　逆铣

(3) 顺铣的优点和缺点：

① 优点：

a. 垂直分量始终向下，有压紧工件的作用，铣削平稳，对加工不易夹紧的细长或薄板形的工件更为适宜。

b. 刀刃从厚到薄切入工件，易切入，对工件的挤压摩擦小，故刀刃耐用度高，加工出的工件表面质量高。

c. 顺铣时消耗在进给方向的功率较小，约占全功率的 6%。

② 缺点：

a. 刀刃从外表面切入，有硬皮或杂质时，刀具易损坏。

b. 由于进给方向与水平分力方向相同，易引起工作台窜动，造成每齿进给量突然增大，使刀齿拆断或刀轴折弯，造成工件报废或机床损坏。

(4) 逆铣的优点和缺点：

① 优点：

a. 当铣刀中心进入工件端面后，刀刃不再从工件的外表面切入，故加工表面有硬皮的毛坯件时对刀刃影响不大。

b. 水平分量与进给方向相反，不会拉动工作台。

② 缺点：

a. 受向上垂直分力作用，工件平稳性差，振动大，影响加工表面的粗糙度。

b. 由于刀刃切入工件时要滑移一小段距离，故刀刃易磨损，并使已加工表面受到冷挤压和磨擦，影响其表面质量。

c. 逆铣时消耗在进给运动方面的功率较大，约占全功率的 20%。

(5) 端铣时的顺铣、逆铣。

① 对称铣削。如图 2 - 15 所示，铣刀轴线位于铣削弧长的对称中心位置，铣刀每个刀齿切入和切离工件时切削厚度相等，称为对称铣削。对称铣削具有最大的平均切削厚度，

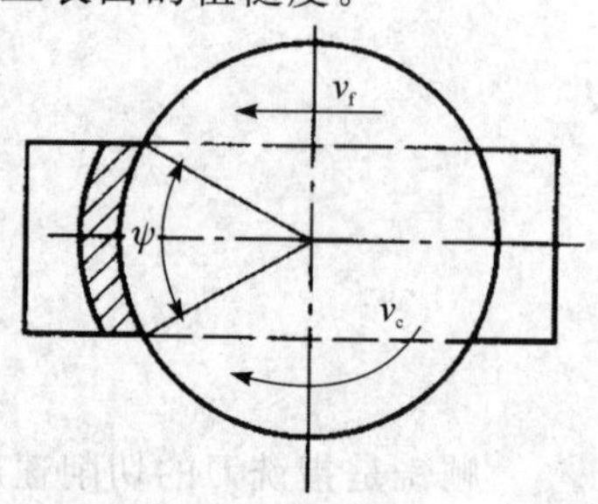

图 2 - 15　对称铣削

可避免铣刀切入时对工件表面的挤压、滑行，铣刀耐用度高。对称铣削适用于工件宽度接近面铣刀直径、且铣刀刀齿较多的情况。

② 非对称铣削。工件的铣削层宽度偏在铣刀一边时的铣削，称为非对称铣削。如图 2－16(a)为非对称铣削时的逆铣，图 2－16(b)为非对称铣削时的顺铣。

a. 逆铣部分占的比例大时，不会拉动工作台，且从薄处切入，冲击小，振动小；又因为垂直分力与铣削方式无关，故端铣时应采用非对称铣削。

b. 顺铣部分占的比例大时易拉动工作台，垂直分力又不因顺铣而向下，因此，端铣时一般不采用非对称顺铣。

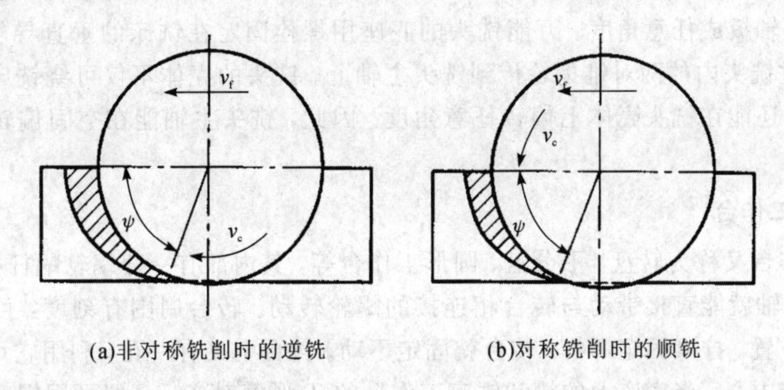

图 2－16　非对称铣削

二、铣床附件及其应用

铣床的主要附件有分度头、平口钳、万能铣头和回转工作台，如图 2－17 所示。

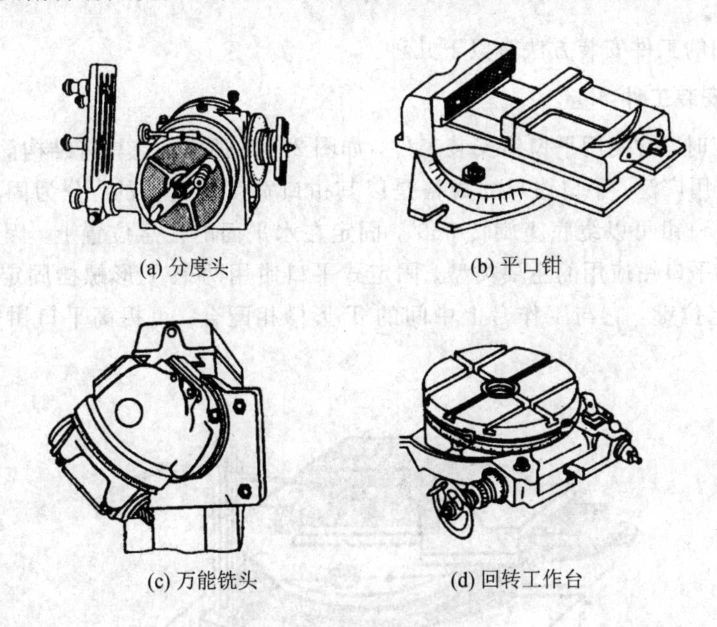

图 2－17　常用铣床附件

1. 分度头

在铣削加工中，常会遇到铣六方、齿轮、花键和刻线等工作，这时就需要利用分度头分度。因此，分度头是万能铣床上的重要附件。

2. 平口钳

平口钳是一种通用夹具，经常用其安装小型工件。

3. 万能铣头

在卧式铣床上装上万能铣头，不仅能完成各种立铣的工作，而且还可以根据铣削的需要，把铣头主轴扳成任意角度。万能铣头的底座用螺栓固定在铣床的垂直导轨上。铣床主轴的运动通过铣头内的两对锥齿轮传到铣头主轴上。铣头的壳体不仅可绕铣床主轴轴线偏转任意角度，还能在铣头壳体上偏转任意角度。因此，铣头主轴能在空间偏转成所需要的任意角度。

4. 回转工作台

回转工作台又称为转盘、平分盘、圆形工作台等，其内部有一套蜗轮蜗杆机构。摇动手轮，通过蜗杆轴就能直接带动与转台相连接的蜗轮转动。转台周围有刻度，可以用来观察和确定转台位置。拧紧固定螺钉，转台就固定不动。转台中央有一孔，利用它可以方便地确定工件的回转中心。当底座上的槽和铣床工作台的T形槽对齐后，即可用螺栓把回转工作台固定在铣床工作台上。铣圆弧槽时，工件安装在回转工作台上，铣刀旋转，用手均匀缓慢地摇动回转工作台而使工件铣出圆弧槽。

三、工件的安装

铣床上常用的工件安装方法有以下几种：

1. 平口钳安装工件

在铣削加工时，常使用平口钳安装工件，如图2-18所示。它具有结构简单、夹紧牢靠等特点，所以使用广泛。平口钳尺寸规格是以其钳口宽度来区分的，分为固定式和回转式两种。回转式平口钳可以绕底座旋转360°，固定在水平面的任意位置上，因而扩大了其工作范围，是目前平口钳应用的主要类型。固定式平口钳用两个T形螺栓固定在铣床上，底座上还有一个定位键，它与工作台上中间的T形槽相配合，可提高平口钳安装时的定位精度。

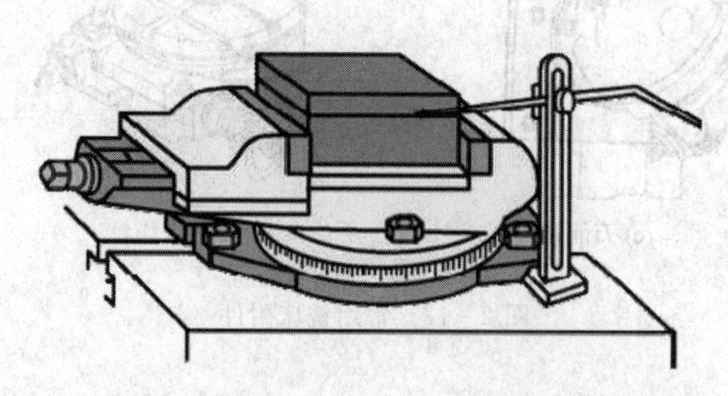

图2-18 用平口钳安装工件并用划针盘校正

2. 用压板、螺栓安装工件

对于大型工件或平口钳难以安装的工件，可用压板、螺栓和垫铁将工件直接固定在工作台上，如图 2-19(a)所示。

3. 用分度头安装工件

分度头安装工件一般用在等分工作中，即可以利用分度头卡盘(或顶尖)与尾架顶尖一起使用安装轴类零件，如图 2-19(b)所示；也可以只使用分度头卡盘安装工件，又由于分度头的主轴可以在垂直平面内转动，因此可以利用分度头在水平、垂直及倾斜位置安装工件，如图 2-19(c)、(d)所示。

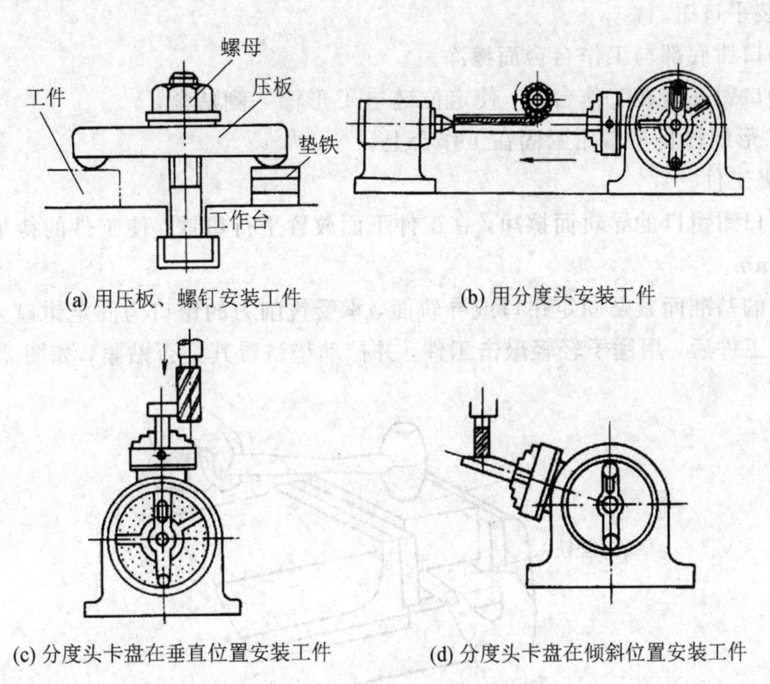

(a) 用压板、螺钉安装工件　　(b) 用分度头安装工件

(c) 分度头卡盘在垂直位置安装工件　　(d) 分度头卡盘在倾斜位置安装工件

图 2-19　工件在铣床上常用的安装方法

当零件的生产批量较大时，可采用专用夹具或组合夹具装夹工件，这样既能提高生产效率，又能保证产品质量。

★ 温馨提示：

(1) 压板的位置要安排得当，压力作用点要靠近切削面，压力大小要适合。粗加工时，压紧力要大，防止切削过程中工件移位；精加工时，压紧力要合适，防止工件发生变形。

(2) 工件如果放在垫铁上，要检查工件与垫铁是否贴紧。若没有贴紧，必须垫上铜皮或纸，直到贴紧为止。

(3) 压板必须压在垫铁处，以免工件因受压紧力而发生变形。

(4) 安装薄壁工件，在其空心位置处可用活动支撑(千斤顶等)增加刚度。

(5) 工件压紧后，要用划针盘复查加工线是否仍然与工作台平行，避免工件在压紧过程中变形或走动。

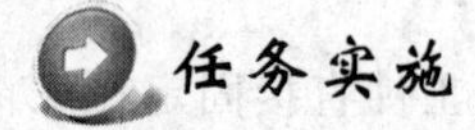

任务实施

STEP1 阅读任务。根据工件宽度(50 mm)，铣削时选用外径 $D=80$ mm、长度 $L=45$ mm、内径 $d=27$ mm、齿数 $z=10$ 的套式端铣刀。

STEP2 安装铣刀。根据铣刀的规格，用凸缘端面上带有键的刀杆安装铣刀。端铣刀一般中间带有圆孔。通常先将铣刀装在短刀轴上，再将刀轴装入机床的主轴上，并用拉杆螺丝拉紧。

STEP3 装夹工件。根据工件的形状，选用平口钳装夹工件，装夹过程如下：

(1) 安装平口钳。

① 将平口钳底部与工作台台面擦净。

② 将平口钳安装在工作台上，使定位键与T形槽一侧贴紧。

③ 用T形螺栓将平口钳紧固在工作台上。

(2) 装夹工件。

① 将平口钳钳口的导轨面擦净，在工件下面放置平行垫铁，使工件的待加工表面高出钳口5～10 mm。

② 零件的基准面紧贴固定钳口或导轨面，承受铣削力的钳口为固定钳口。

③ 夹紧工件后，用锤子轻轻敲击工件，并拉动垫铁看其是否贴紧，如图2-20所示。

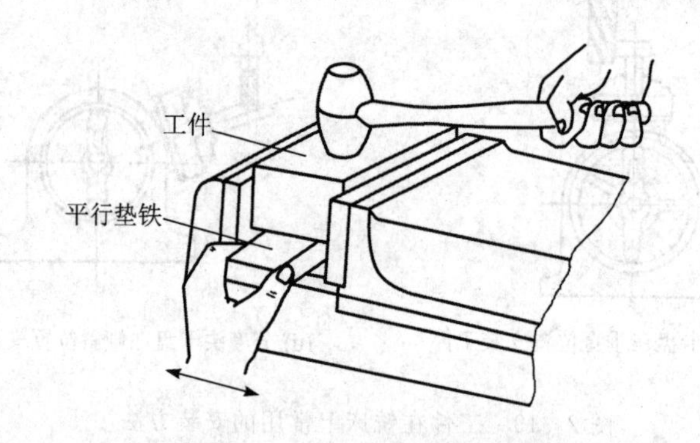

图2-20 用平行垫铁装夹工件

④ 装夹的工件为毛坯面时，应选一个大而平整的面作粗基准，将此面靠在固定钳口上，在钳口和毛坯之间垫铜皮，防止损伤钳口。

STEP4 选择铣削用量。

(1) 铣削宽度 a_e 和铣削深度 a_p。

粗铣时，若加工余量不大，可一次切除；精铣时的铣削深度以0.5～1 mm为宜。端铣刀的直径应按铣削宽度来选择，一般铣刀直径 D 应等于铣削层宽度 B 的1.2～1.5倍。

根据毛坯余量，铣削宽度和铣削深度分别取：

粗铣时：$a_e=60$ mm，$a_p=2$ mm

精铣时：$a_e=60$ mm，$a_p=0.5$ mm

(2) 铣削速度。

用高速工具钢铣刀铣削时，铣削速度一般取 $v_c=16\sim35$ m/min。粗铣时应取较小值，精铣时应取较大值。采用硬质合金端铣刀进行高速铣削时，一般取 $v_c=80\sim120$ m/min。

根据材料(20 钢)，取铣削速度 $v_c=20$ m/min，则主轴的转速为

$$n=\frac{1000\times15}{3.14\times80}\ \text{r/min}=59.7\ \text{r/min}$$

实际调整铣床主轴转速为 60 r/min。

(3) 进给量。

每齿进给量一般取 $f_z=0.02\sim0.3$ mm/z；粗铣时可取得大些，精铣时则应采用较小的进给量。

STEP5　选择切削液。粗加工时可加注乳化液，精加工时中用矿物油进行润滑。

STEP6　对刀。

★ 实例示范：

在工件表层贴一张薄纸，摇动纵向、横向手柄，使工件处于铣刀下方的中间位置。开动机床，铣刀旋转后，再缓缓升高工作台，使铣刀正好擦去纸片，如图 2-21 所示。在垂向高度刻度盘上做好记号，降下工作台，摇动纵向手柄，退出工件。

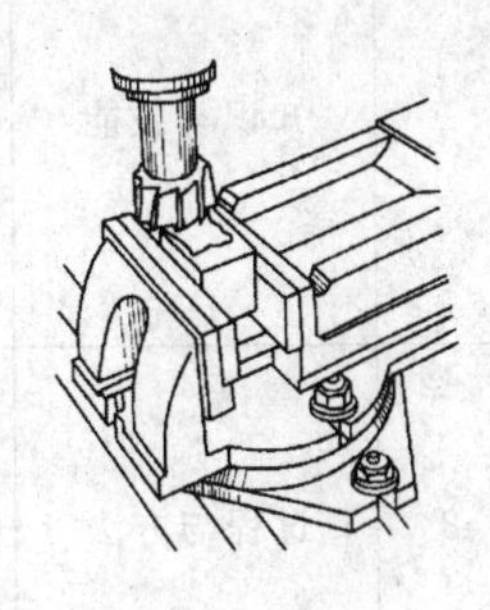

图 2-21　端铣刀铣平面对刀

STEP7　铣削加工。根据垂向刻度盘记号，工作台上升 2 mm，调整铣床主轴转速为 60r/mim，进给速度为 60 mm/mim，采用非对称逆铣方式粗铣第一面；铣毕后降下工作台，摇动纵向手柄，退出工件，然后再上升 0.5 mm，精铣第一面；停机后，取下工件，检查毛坯余量，重新装夹对刀后粗、精铣第二面，使工件尺寸符合图纸要求。

STEP8　检测。卸下工件，先用锉刀去除毛刺，然后进行检测。主要检测内容为：

(1) 尺寸的检测：用游标卡尺或千分尺测量工件尺寸。

(2) 平面度的检测：用刀口尺检测平面度。

(3) 检测加工表面粗糙度：用粗糙度标准样板比较测定或根据经验目测。

★ 温馨提示：

(1) 用平口钳装夹工件完毕后，应取下平口钳扳手才能进行铣削。

(2) 调整铣削宽度，若手柄摇过头，应注意消除丝杠与螺母间的间隙，以免尺寸出错。

(3) 铣削中不准用手摸工件和铣刀，不准测量工件，不准变换进给速度。

(4) 铣削中不准停止铣刀旋转和工作台自动进给，以免损坏刀具，啃伤工件。若因故必须停机时，应先降落工作台，使工件与铣刀脱离，再停止工作台自动进给和铣刀旋转。

(5) 进给结束后，工件不能立即在旋转的铣刀下退回，应先降落工作台后再退出。

(6) 铣削时不使用的进给机构应紧固，工作完毕再松开。

(7) 铣削过程中每次重新装夹工件前，应及时用锉刀修整工件上的锐边和去除毛刺，但不应锉伤工件的已加工表面。

(8) 铣削时一般先粗铣，然后再精铣，以提高工件表面的加工质量。

(9) 用铜锤、木锤轻击工件时，不要砸伤工件已加工表面。

(10) 避免工件在压紧过程中变形或走动。

STEP9 实习结束时，做好实习结束工作。

STEP10 根据任务完成情况，填写实习报告。

任务评价

任务完成后需填写“评价表”并完成考核与测评题。

评 价 表

班级				姓名			
任务名称				起止时间			
序号	考核项目	考核要求	配分	评分标准	自评	互评	师评
1	知识与技能	55	6	尺寸超差不得分			
		50	6	尺寸超差不得分			
		70	6	尺寸超差不得分			
		平行度要求	6	超差不得分			
		$Ra6.3$	6	降级不得分			
2	过程与方法	学习态度及参与程度	5	酌情考虑扣分			
		团队协作及合作意识	5	酌情考虑扣分			
		责任与担当	5	酌情考虑扣分			
		安全文明生产	5	违反一项全扣			
3	成果展示	考核与测评	30	见考核表			
教师签字				总分			

考核与测评

一、选择题(50分)

1. 铣削加工的缺点是(　　)。

A. 效率高　　B. 加工范围广　　C. 加工精度高　　D. 振动与噪音较大

2. 切削用量中，对切削刀具磨损影响最大的是(　　)。

A. 工件硬度　　B. 切削深度　　C. 进给量　　D. 切削速度

3. (　　)对刀具耐用度影响最大。

A. 切削速度　　B. 进给量　　C. 侧吃刀量　　D. 背吃刀量

4. (　　)是经过铣削已经形成的新表面。

A. 待加工表面　　B. 已加工表现　　C. 加工表面

5. (　　)是指铣刀的切削速度方向与工件的进给方向相反的铣削。

A. 逆铣　　B. 顺铣　　C. 周铣　　D. 端铣

二、判断题(50分)

1. 在铣削运动中，铣刀的旋转运动为主运动。　　(　　)

2. 铣削速度的选择，粗铣时取小值，精铣时取大值。（　）

3. 铣削中待加工表面是在铣削加工中即将被加工的表面。（　）

4. 用刀齿分布在圆周表面的铣刀而进行铣削的方式叫做端铣。（　）

5. 顺铣是指铣刀的切削速度方向与工件的进给方向相同时的铣削。（　）

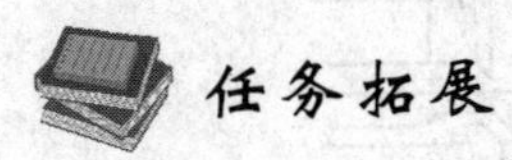

任务拓展

铣削垂直面和平行面

铣削垂直面和平行面时，应使工件的基准平面处在工作台正确的位置上，如表 2-5 所示。

表 2-5　垂直面、平行面铣削时工件基准平面的位置

类别	卧式铣床加工		立式铣床加工	
	圆周铣	端铣	圆周铣	端铣
平行面	平行于台面	垂直于台面及主轴	垂直于台面并平行于进给方向	平行于台面
垂直面	垂直于台面	平行于台面并平行于主轴	平行于台面	垂直于台面

1. 铣垂直面的方法

铣削相互垂直的平面时，常用虎钳或角铁安装。在虎钳上安装工件时，必须使工件基准面与固定钳口贴紧，以保证铣削面与基准面垂直。安装工件时常在活动钳口和工件之间垫一根圆棒或窄平铁，如图 2-22(a)所示，否则在基准面的对面为毛坯面(或不平行)时，便会出现图 2-22(b)、(c)所示的情况，影响加工面的垂直度。

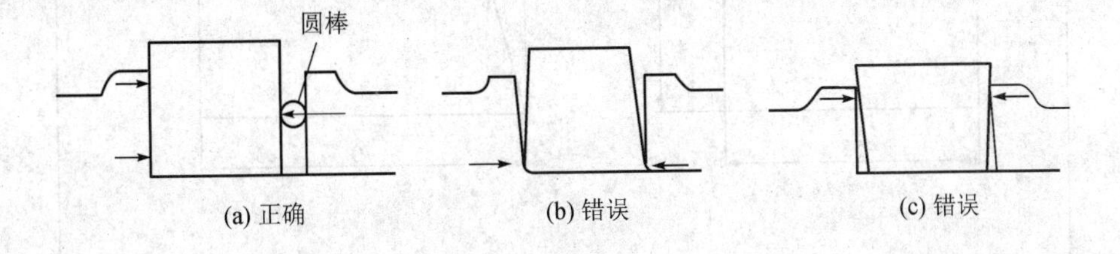

图 2-22　在虎钳上的安装

2. 铣平行面的方法

平行面可以在卧式铣床上用圆柱铣刀铣削，也可以在立式铣床上用端铣刀铣削。铣削时，应使工件的基准面与工作台台面平行或直接贴合，其安装方法有：

(1) 利用平行垫铁。在工件基准面下垫平行垫铁，垫铁应与虎钳导轨顶面贴紧，如图 2-23 所示。安装时，如发现垫铁有松动现象，可用铜锤轻轻敲击，直到无松动为止。如果工件厚度较大，可将基准面直接放在虎钳导轨顶面上。

(2) 利用划针和百分表校正基准面。该方法适合加工长度稍大于钳口长度的工件。校正时，先把划针调整到距工件基准面只有很小间隙的位置，然后移动划针盘，检查基准面四角与划针间的间隙是否一致。对于平行度要求很高的工件应采用百分表校正基准面，如图 2-24 所示。

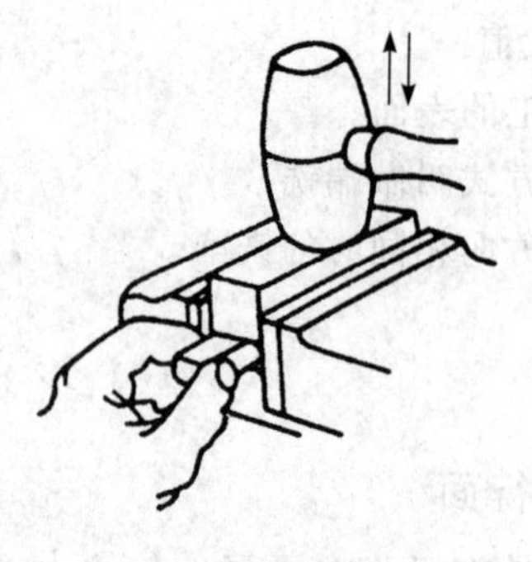

图 2-23　用平行垫铁安装工件

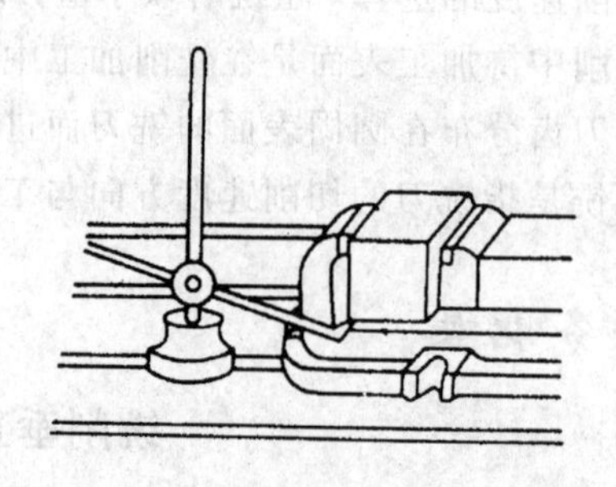

图 2-24　用划针盘校正工件基准面

任务3　斜面铣削

任务描述

本任务要求完成零件毛坯的斜面的加工并保证角度尺寸，如图 2-25 所示。

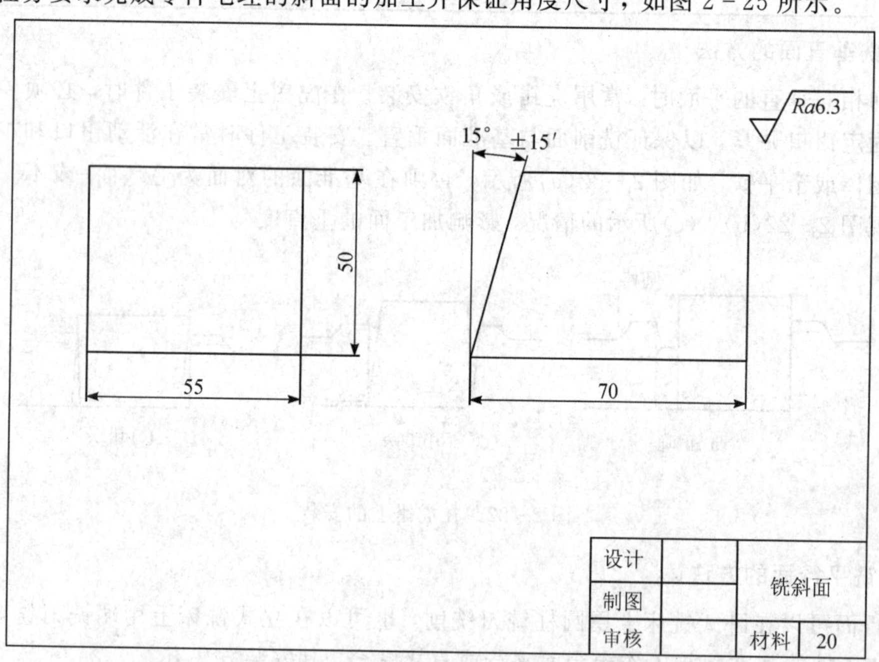

图 2-25　斜面铣削零件图

本任务确定选用毛坯材料为 20 钢，毛坯规格为 55×50×70 mm。

任务目标

(1) 了解斜面装夹的方法及特点。

(2) 能利用三爪卡盘正确装夹轴类零件。

(3) 能正确选择铣削斜面方法并熟练掌握。

(4) 能掌握生产过程中的安全文明操作要领。

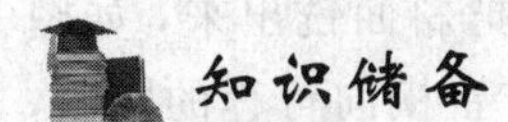

知识储备

一、斜面加工相关知识

斜面是指工件上与基准面倾斜的平面，它与基准面可以相交成任意角度。铣削斜面通常采用转动工件、转动立铣头和角度铣刀等三种铣削方法。

1. 转动工件铣削法

转动工件铣削法在卧式铣床和立式铣床上都能使用，安装工件有以下三种方法：

1) 根据划线安装

铣削前，按图纸要求在工件表面划出斜面的轮廓线，打好样冲眼，然后把工件安装在虎钳或角铁上(钳口或角铁最好与进给方向垂直)，用划针盘校正斜面轮廓线，如图 2-26 所示。按划线安装工件需用较长时间，适用于单件小批量生产。

2) 在万能虎钳上安装

如图 2-27 所示，万能虎钳除可绕垂直轴转动外，还可绕水平轴转动，转角大小由刻度读出。这种方法简单方便，但由于虎钳刚性较差，只适于加工较小的工件。

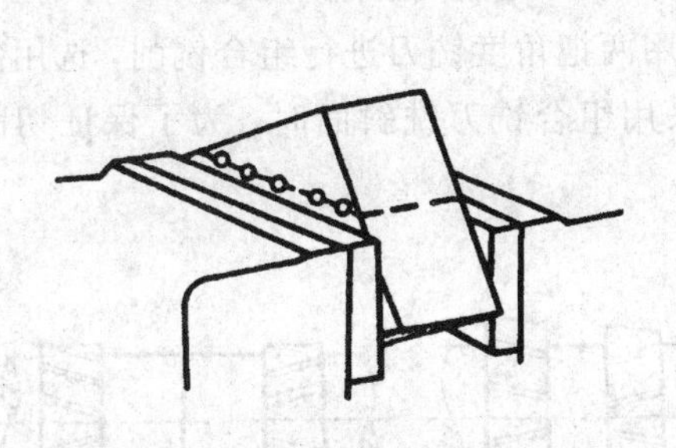

图 2-26　按划线安装工件

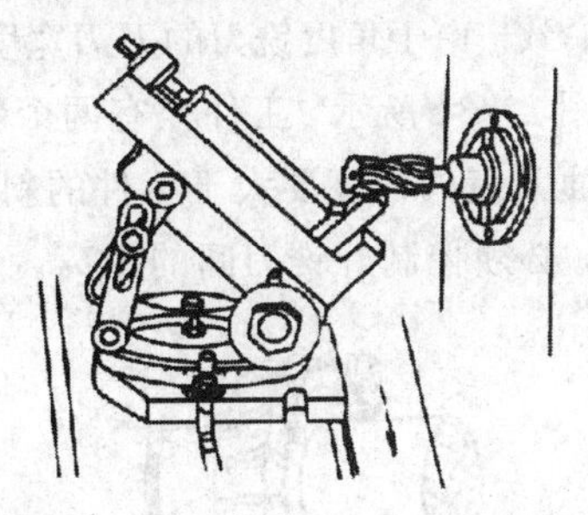

图 2-27　用万能虎钳安装工件

3) 用斜垫铁安装

如图 2-28 所示，将工件放在倾斜角与工件斜角相同的斜垫铁上，再用虎钳或压板夹紧，便可铣出符合所要求斜角的斜面。

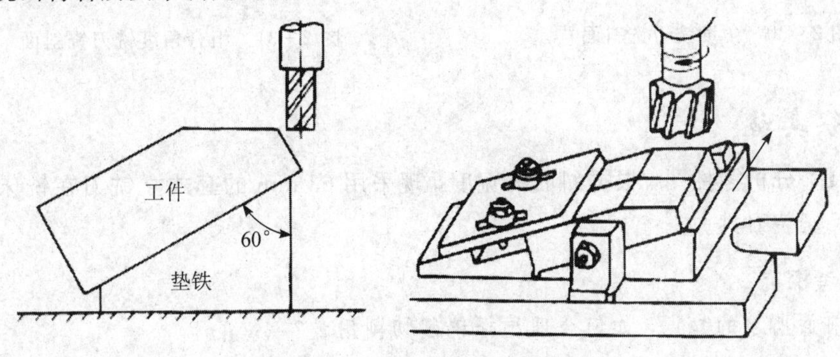

图 2-28　使用斜垫铁铣斜面

2. 转动立铣头铣削法

在立式铣床上根据工件的斜度要求，将立铣头转动到相应角度，把斜面铣出来，如图2-29所示。用这种方法铣削时，工作台必须横向进给，且因受到工作台横向行程的限制，铣削斜面的尺寸不能过长。若斜面尺寸过长，可利用立铣头来进行铣削，因为工作台可以作纵向进给了。

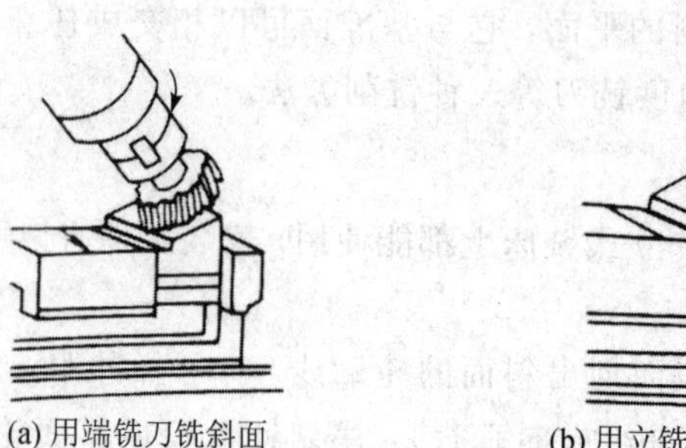

(a) 用端铣刀铣斜面　　(b) 用立铣刀圆柱刀刃铣斜面

图2-29　转动立铣头铣斜面

3. 角度铣刀铣斜面

如图2-30所示，可直接用带角度的铣刀来铣削斜面，它所选用的铣刀角度要和工件的斜度相一致。由于角度铣刀的刀刃宽度有一定限制，所以这种方法适用于较小尺寸的工件。

如图2-31所示，工件上有两个斜面时，可用两把角度铣刀进行组合铣削，选用的角度铣刀锥面刀齿的长度要大于工件的斜面宽度。采用组合铣刀铣斜面时，为了保证切削位置的准确，必须控制好铣刀间的距离。

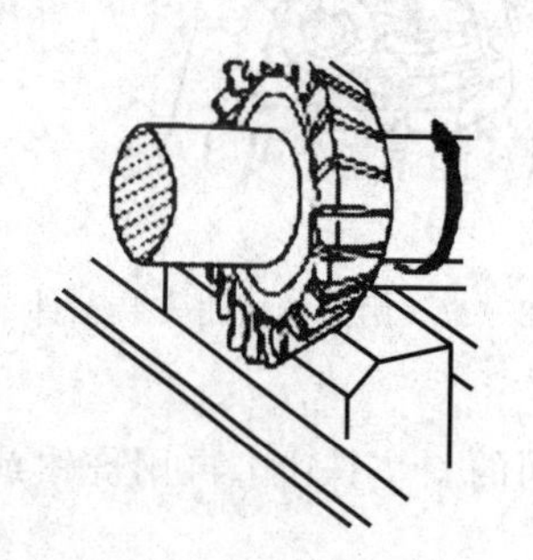

图2-30　角度铣刀铣斜面

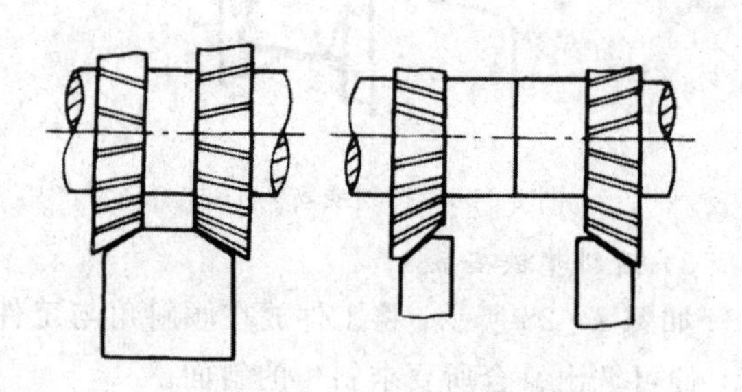

图2-31　组合角度铣刀铣斜面

任务实施

STEP1　分析零件图，根据斜面的宽度，现采用63 mm的套式立铣刀在铣床上采用端铣法加工，安装刀具。

★ 思考探究：

根据前面所学的知识，如何合理选择铣削切削用量？

STEP2　工件装夹与找正。选用平口钳，将工件竖直装夹在钳口中，使工件的底面与平口钳导轨面平行。

STEP3 主轴转角调整。调整时，将主轴回转盘上15°刻线与固定盘上的基准线对准后紧固，如图2-32所示。

图2-32 立铣头扳转15°铣斜面

STEP4 对刀。操纵相关手柄，改变工作台及工件位置；目测套式立铣刀，使之处于工件的中间位置后，紧固纵向工作台；开动机床后并横向、垂向移动工作台，使铣刀端齿与工件的最高点相接触；在垂向刻度盘上做好记号，然后下降工作台，退出工件。

STEP5 粗铣斜面。根据刻度盘上的记号，分两次升高垂向工作台进行粗铣加工，每次约4.5 mm，留精铣余量1 mm。

STEP6 精铣斜面。一般在粗铣后，须经测量确定精加工的实际余量，然后精铣斜面，使工件符合图纸要求。

★ 温馨提示：

(1) 铣削时应注意铣刀的旋转方法是否正确。

(2) 选用粗齿铣刀端铣时，开车前检查刀齿是否会与工件相撞，以免碰坏铣刀。

(3) 切削力应指向平口虎钳的固定钳口。

(4) 用端铣刀或立铣刀端面刃铣削时，应注意顺铣和逆铣，注意走刀方向，以免因顺铣或走刀方向搞错而造成打刀或损坏工件。

(5) 铣削工件时，不使用的进给机构应紧固，工作完毕再松开。

(6) 装夹工件时不要夹伤工件的已加工表面。

STEP7 测量。用万能角度尺测量角度值(应为15°±15′)，如图2-33所示。

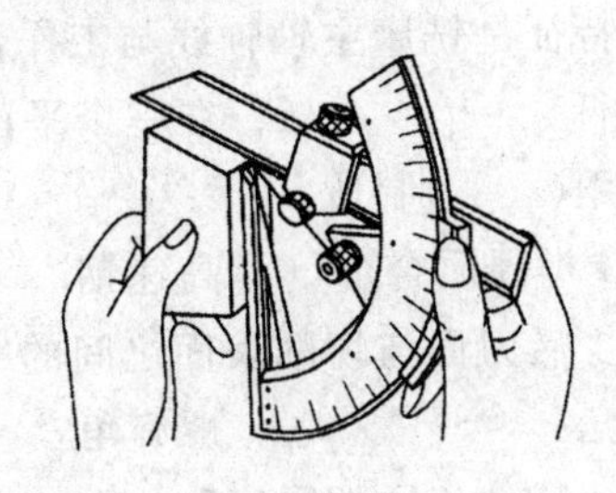

图2-33 万能角度尺测量角度

STEP8 实习结束时，做好实习结束工作。

STEP9 根据任务完成情况，完成斜面铣削选择测试并填写实习报告。

任务评价

任务完成后需填写“评价表”并完成考核与测评题。

评 价 表

班级				姓名			
任务名称				起止时间			
序号	考核项目	考核要求	配分	评分标准	自评	互评	师评
1	知识与技能	正确装夹斜面	10	错一个扣 2 分			
		正确选择铣刀	10	错一个扣 2 分			
		正确铣削斜面	10	错一个扣 2 分			
		50	5	超差不得分			
		55	5	超差不得分			
		70	5	超差不得分			
		$15°\pm15'$	5	超差不得分			
2	过程与方法	学习态度及参与程度	5	酌情考虑扣分			
		团队协作及合作意识	5	酌情考虑扣分			
		责任与担当	5	酌情考虑扣分			
		安全文明操作规程	5	违反一项全扣			
3	成果展示	考核与测评	30	见考核表			
教师签名				总分			

考核与测评

一、选择题(50 分)

1. 卧式升降台铣床的主要特征是铣床主轴轴线与工作台台面(　　)。

A. 垂直　　B. 平行　　C. 在一个平面内

2. 整体三面刃铣刀一般采用(　　)制造。

A. YT 类硬质合金　B. YG 类硬质合金　C. 高速钢

3. (　　)的主要作用是减少后刀面与切削表面之间的摩擦。

A. 前角　　B. 后角　　C. 螺旋角　　D. 刃倾角

4. 铣刀在一次进给中所切掉工件表层的厚度称为(　　)。

A. 铣削宽度　　B. 铣削深度　　C. 进给量

5. X6132 型铣床的工作台最大回转角度是(　　)。

A. 25°　　B. 30°　　C. 45°　　D. ±30°　　E. ±45°

二、判断题(25分)

1. YG类硬质合金中含钴量较高的牌号耐磨性较好，硬度较高。　(　　)
2. 在夹具上能使工件紧靠定位元件的装置，称为夹紧装置。　(　　)
3. 铣削用量选择的次序是铣削速度、每齿进给量、铣削层宽度和铣削层深度。　(　　)
4. 在卧式铣床上加工表面有硬皮的毛坯零件时，应采用逆铣切削。　(　　)
5. 半圆键槽一般都在卧式铣床上加工。　(　　)

三、简答题(25分)

简述零件装夹的操作步骤。

任务4　台阶面铣削

任务描述

本任务要求在如图2-34所示的长方体零件上铣出15×36台阶。

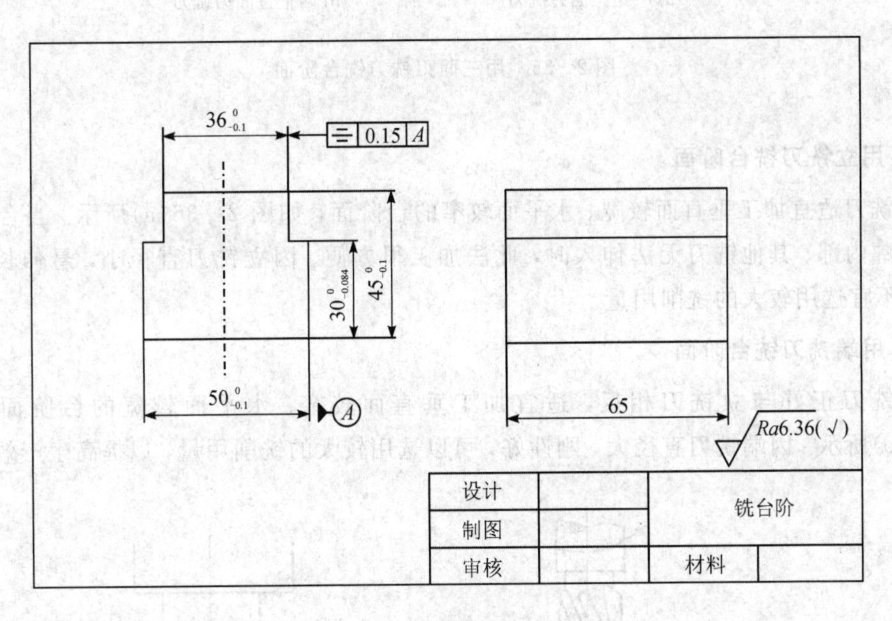

图2-34　台阶面铣削零件图

任务目标

(1) 掌握台阶铣削的方法。

(2) 掌握铣削加工尺寸精度的控制。

(3) 能掌握生产过程中的安全文明操作要领。

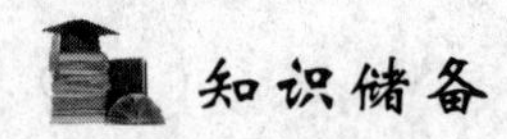

知识储备

1. 用三面刃铣刀铣台阶面

用一把三面刃铣刀铣台阶面时，如图 2－35(a)所示，铣刀单边受力会出现“让刀”现象，故应选用有足够宽度的铣刀，以提高刚性。对于零件两侧的对称台阶面，可以用两把三面刃铣刀联合加工，两把铣刀的直径必须相等，如图 2－35(b)所示。装刀时，两把铣刀的刀齿应错开半齿，以减小振动。

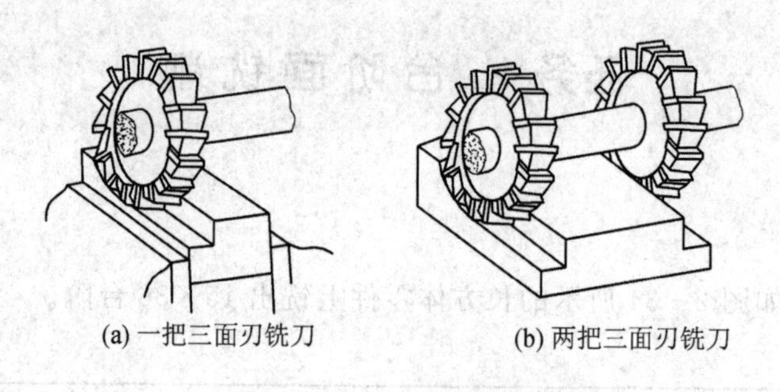

(a) 一把三面刃铣刀　　(b) 两把三面刃铣刀

图 2－35　用三面刃铣刀铣台阶面

2. 用立铣刀铣台阶面

立铣刀适宜加工垂直面较宽、水平面较窄的台阶面，如图 2－36(a)所示。当台阶处于工件轮廓内部、其他铣刀无法伸入时，此法加工很方便。因立铣刀直径小，悬伸长，刚性差，故不宜选用较大的铣削用量。

3. 用端铣刀铣台阶面

端铣刀正好与立铣刀相反，适宜加工垂直面较窄、水平面较宽的台阶面，如图 2－36(b)所示。因端铣刀直径大，刚性好，可以选用较大的铣削用量，以提高生产效率。

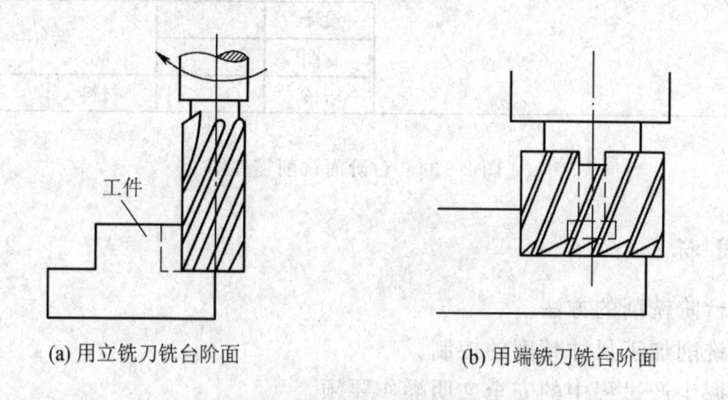

(a) 用立铣刀铣台阶面　　(b) 用端铣刀铣台阶面

图 2－36　铣刀铣削台阶面

★ 交流讨论：

台阶面铣削加工步骤：

(1) 横向移动工作台，使铣刀在外；再上升工作台，使工件表面比铣刀刀刃高。

(2) 找正平口钳，装夹工件。

(3) 开动机床，使铣刀旋转，并移动横向工作台，使工件侧面渐渐靠近铣刀。

(4) 把横向工作台的刻度盘调整到零线位置，下降工作台，摇动手柄，使工作台横向移动，并把横向固定手柄扳紧。

(5) 调整铣削层深度，先渐渐上升工作台，一直到工件顶面与铣刀刚好接触；纵向退出工件，再上升，并把垂直移动的固定手柄扳紧；接着即可开动切削液泵和机床，进行切削。

(6) 在铣另一边的台阶时，铣削层深度可采取原来的深度，不必再重新调整。

任务实施

STEP1　分析零件图，要求在长方体上铣出 15×36 台阶，台阶与外形尺寸 50 中心线的对称度公差为 0.15 mm。根据台阶的宽度和深度尺寸，选用外径 D=80 mm、内径 d=27 mm、厚度为 8 mm、齿数为 16 的直齿三面刃铣刀在 X6132 型万能升降台铣床上加工。

STEP2　安装铣刀。将三面刃铣刀安装在 ϕ27 mm 的长刀杆上中间位置，紧固紧刀螺母。

STEP3　工件的装夹与找正。将工件竖直装夹在钳口中，使工件的底面与主轴轴线垂直，将工件的基准侧面靠向固定钳口，工件的底面靠向钳口导轨面，铣削的台阶面应高出钳口的上平面，以免铣削中铣刀铣到钳口。

STEP4　对刀。

(1) 工件装夹后校正后，手摇各进给手柄，使工件处于铣刀正下方；开动机床，使铣刀圆柱面刀刃擦着工件表面的贴纸，如图 2-37(a)所示，在垂向刻度盘上做好记号；停机后下降工作台，纵向退出工件，然后上升垂向工作台，较垂向刻度盘上的记号升高 14.5 mm，留 0.5 mm 精铣余量。

(2) 开动机床，移动横向工作台，使旋转的铣刀侧面刃刚擦着台阶侧面的贴纸，如图 2-37(b)所示，在横向刻度盘上做记号；然后纵向退出工件，使工件按切削余量横向移动 6 mm，并紧固横向工作台，留 1 mm 精铣余量。

STEP5　粗铣台阶 a 面。开动机床，纵向移动进给，粗铣台阶面；用千分尺测量工件的一侧面至铣出台阶的实际尺寸为 44 mm，有深度游标卡尺测量深度为 14.5 mm，如图 2-37(c)所示。

STEP6　精铣台阶 a 面。根据实测尺寸与对称度要求，横向移动工作台约 1 mm 后紧固，垂向工作台升高约 0.5 mm，精铣 a 面。铣完后，实测工件尺寸符合 $30_{-0.084}^{\ 0}$ 的要求。

STEP7　粗、精铣另一台阶面。粗、精铣另一台阶面，使其达到 $b=50_{-0.1}^{\ 0}$ mm 的图纸要求，如图 2-37(d)所示。

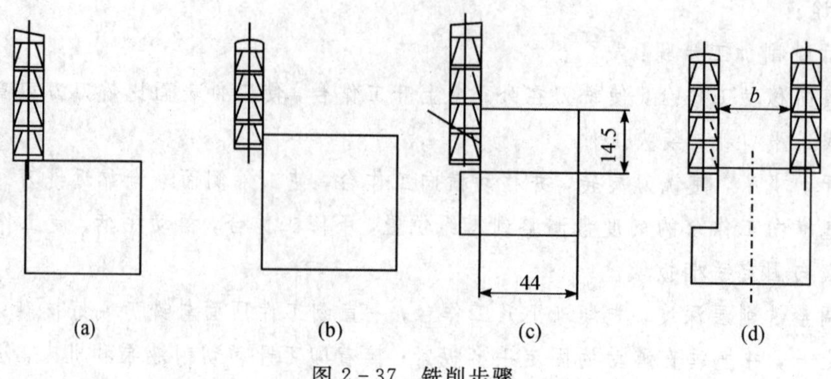

图 2-37 铣削步骤

★ **温馨提示：**

(1) 开车前应检查铣刀及工件安装位置是否正确，装夹是否牢固。

(2) 开车后应检查铣刀的旋转方向是否正确，并对刀和调整吃刀深度。

(3) 加工时采用先粗铣后精铣的方法，以提高工件的加工精度和表面质量。

(4) 切削力应压向平口虎钳的固定钳口，人应避开切屑飞出的方向，并利用小毛刷清除切屑。

(5) 铣削时应尽量采用逆铣，注意进给方向，以免顺铣造成打刀或损坏工件。

(6) 选用直径较小的立铣刀加工工件时，工作台进给不能过大，以免产生严重的“让刀”现象而造成废品。

STEP8 实习结束时，能根据所学安全文明生产知识，做好实习结束工作。

STEP9 根据任务完成情况，完成安台阶面铣削测试并填写实习报告。

任务评价

任务完成后需填写“评价表”并完成考核与测评题。

评 价 表

班级				姓名			
任务名称				起止时间			
序号	考核项目	考核要求	配分	评分标准	自评	互评	师评
1	知识与技能	着装	5	违反一项扣 2 分			
		物品摆放	5	违反一项扣 2 分			
		安全文明操作规程	10	违反一项扣 2 分			
		车间卫生环境	5	违反一项扣 2 分			
2	过程与方法	学习态度及参与程度	5	酌情考虑扣分			
		团队协作及合作意识	5	酌情考虑扣分			
		责任与担当	5	酌情考虑扣分			

续表

序号	考核项目	考核要求	配分	评分标准	自评	互评	师评
3	成果展示	考核与测评	30	见考核表			
4	尺寸要求	$36^{0}_{-0.1}$	5	超差 0.01 扣两分			
		$50^{0}_{-0.1}$	5	超差 0.01 扣两分			
		$45^{0}_{-0.1}$	5	超差 0.01 扣两分			
		$30^{0}_{-0.084}$	5	超差 0.01 扣两分			
		65	5	超差不得分			
		对称度要求	5	超差不得分			
教师签字				总分			

考核与测评

简述题(100 分)

1. 台阶铣削加工用刀具有哪些？各有哪些特点？
2. 简述台阶面铣削的加工步骤。

项目二　沟槽及等分零件铣削加工

■ **项目描述：**

零件中常见的沟槽有直角沟槽、V形槽、燕尾槽、T形槽和各种键槽等，如正多面体、花键、离合器、齿轮、螺旋槽和凸轮等等分零件。在本项目中我们主要学习如何铣削沟槽和等分零件的加工。

■ **材料阅读：**

常见轴的加工要求主要有以下几点：

(1) 尺寸精度：主要包括定位尺寸和相应轮廓尺寸，定位尺寸精度一般为IT7～IT9级，精度较高；轮廓尺寸精度一般为IT8～IT10级。

(2) 表面粗糙度：表面粗糙度一般为Ra0.63～0.16 μm。

(3) 形位公差：沟槽及等分零件的形位公差主要是平面度、位置度、对称度、平行度、垂直度等。

任务1　沟槽铣削加工

任务描述

本任务要求完成零件键槽的加工，如图2－38所示。

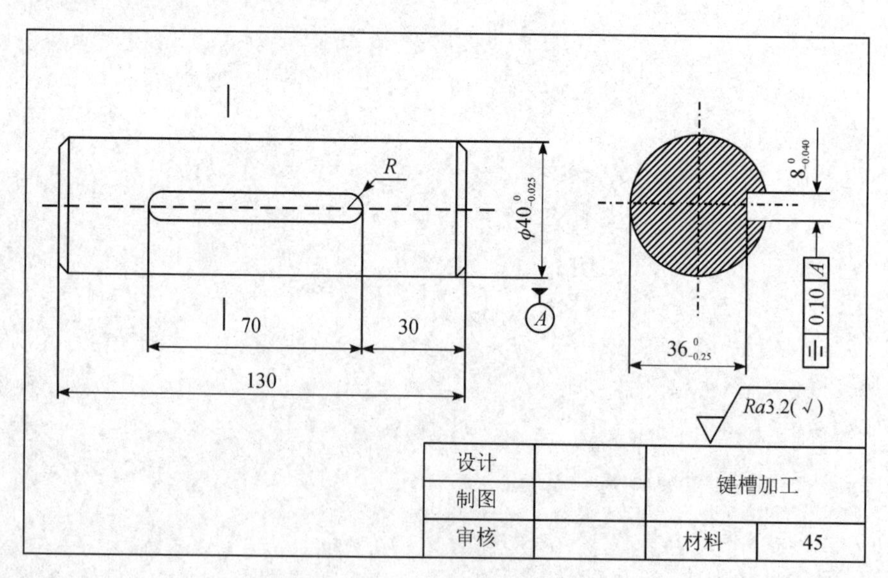

图2－38　键槽加工图

零件图样中外圆经精车或磨削加工后，键槽宽度尺寸精度为IT9，表面粗糙度为Ra3.2。键槽对轴线的对称度也有较高的要求。

本任务确定选用毛坯材料为 45 钢，毛坯规格为 $\phi40\times130$ mm。

任务目标

(1) 了解沟槽铣削方法及特点。

(2) 能根据加工内容正确选择刀具，安装刀具。

(3) 掌握工件装夹方法及找正，掌握铣削加工时的尺寸控制方法及测量。

(4) 能掌握生产过程中的安全文明操作要领。

知识储备

铣床能加工的沟槽种类很多，如直槽、T 形槽、V 形槽、燕尾槽和键槽等。

1. 铣直槽

直槽分为通槽、半通槽和不通槽，如图 2-39 所示。较宽的通槽常用三面刃铣刀加工，较窄的通槽常用锯片铣刀加工，但在加工前，要先钻略小于铣刀直径的工艺孔。对于较长的不通槽也可先用三面刃铣刀铣削中间部分，再用立铣刀铣削两端圆弧。

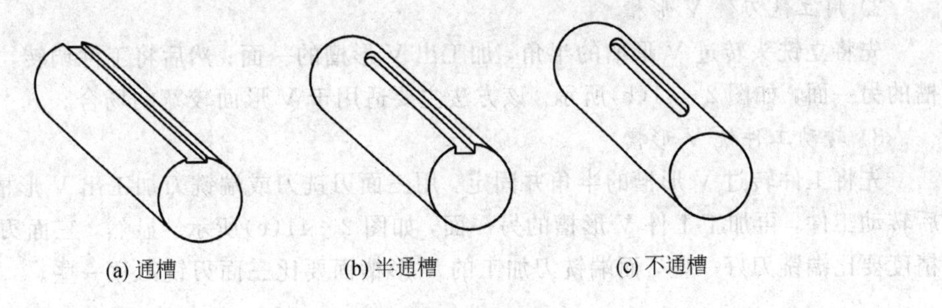

图 2-39 直槽的种类

铣直槽时，工件的装夹可以用平口钳、V 形铁和压板、分度头和尾座顶尖或专用夹具等，根据工件的加工精度和生产批量等具体情况而定。

2. 铣 T 形槽

T 形槽应用很多，如铣床和刨床的工作台上用来安放紧固螺栓的槽就是 T 形槽。要加工 T 形槽，必须首先选用立铣刀或三面刃铣刀铣出直角槽，然后在立铣上用 T 形槽铣刀铣削成形，加工步骤如图 2-40 所示。但由于 T 形槽铣刀工作时排屑困难，因此切削用量应选得小些，同时应充分加注冷却液，最后再用角度铣刀铣出倒角。

3. 铣 V 形槽

生产中用得较多的是 90°V 形槽。加工时，通常先用锯片铣刀加工出窄槽，然后再用角度铣刀、立铣刀、三面刃铣刀等加工成 V 形槽。

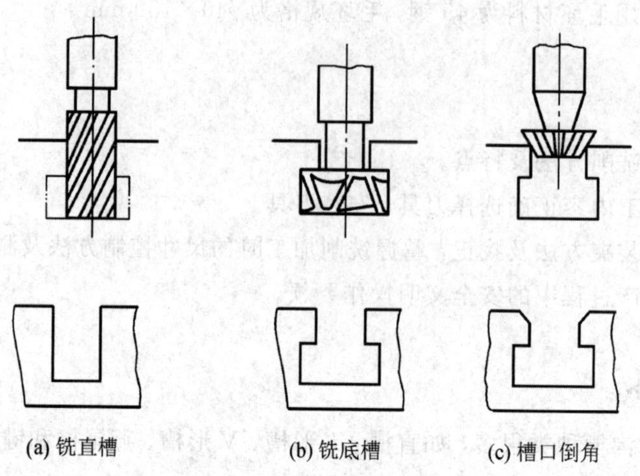

图 2-40 T 形槽的铣削方法

1）用角度铣刀铣 V 形槽

根据 V 形槽的角度，选用相应的双角度铣刀。对刀时，将双角度铣刀的刀尖对准窄槽的中间，分次切割，就可以加工出所对应的 V 形槽，如图 2-41(a)所示。

2）用立铣刀铣 V 形槽

先将立铣头转过 V 形槽的半角，加工出 V 形槽的一面；然后将工件调转，再加工 V 形槽的另一面，如图 2-41(b)所示。该方法主要适用于 V 形面较宽的场合。

3）转动工件铣 V 形槽

先将工件转过 V 形槽的半角并固定，用三面刃铣刀或端铣刀加工出 V 形槽的一面；然后转动工件，再加工工件 V 形槽的另一面，如图 2-41(c)所示。显然，三面刃铣刀的加工精度要比端铣刀好一些，而端铣刀加工的 V 形槽面要比三面刃铣刀宽一些。

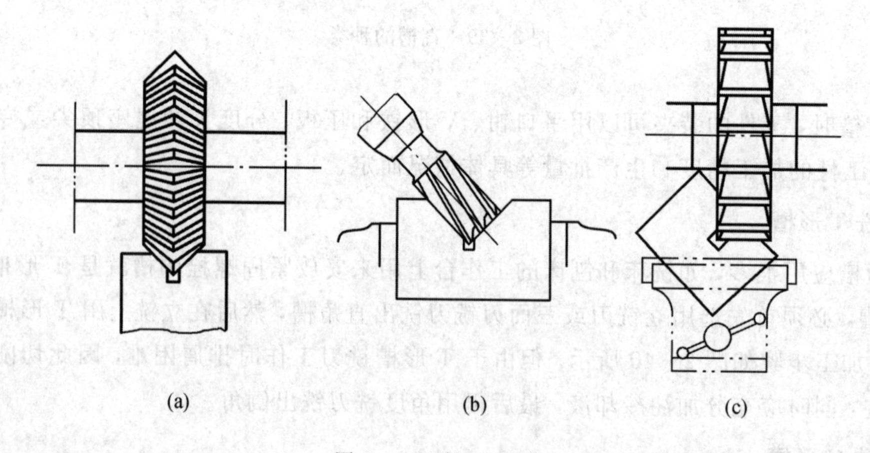

图 2-41 铣 V 形槽

4. 铣燕尾槽

燕尾槽的铣削与 T 形槽铣削基本相同，先用立铣刀或端铣刀铣出直槽，再用燕尾槽铣刀铣燕尾槽或燕尾块，如图 2-42 所示。

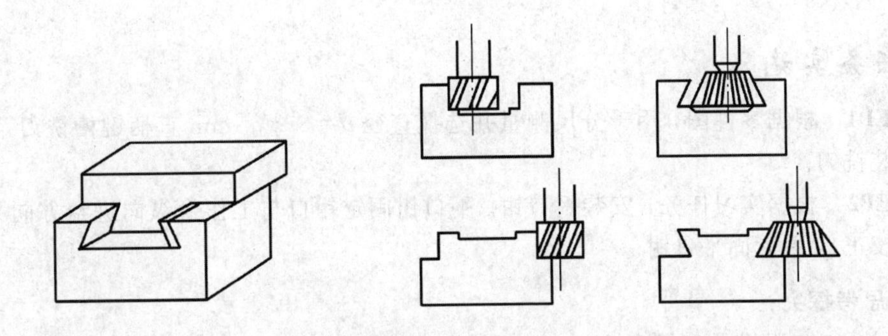

图 2－42　燕尾槽的铣削方法

5. 铣键槽

键槽的加工与铣直槽基本一样，常见的键槽有封闭式和敞开式两种。在轴上铣封闭式键槽时，一般选用键槽铣刀加工，如图 2－43(a)所示。键槽铣刀一次轴向进给不能太大，切削时要注意逐层切下。敞开式键槽多在卧式铣床上用三面刃铣刀进行加工，如图 2－43(b)所示。注意在铣削键槽前，做好对刀工作，以保证键槽的对称度。

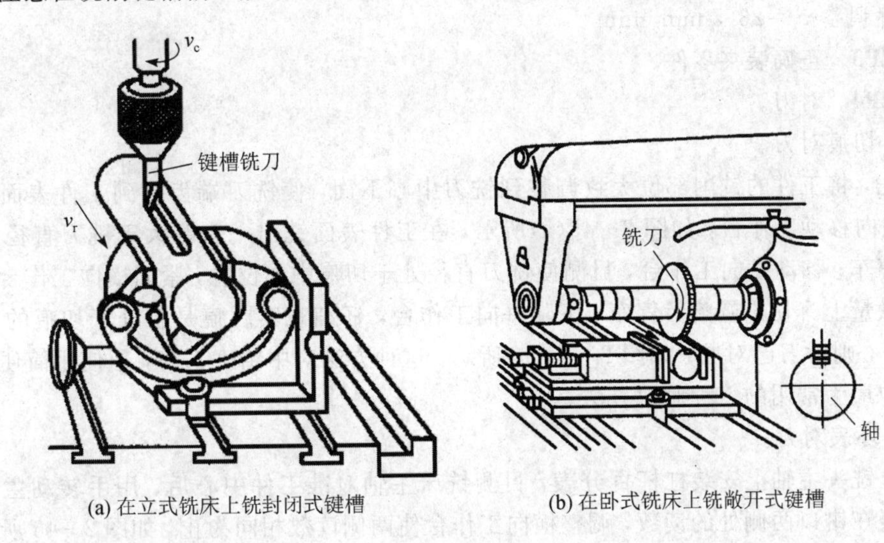

(a) 在立式铣床上铣封闭式键槽　　(b) 在卧式铣床上铣敞开式键槽

图 2－43　铣键槽

若用立铣刀加工，则由于立铣刀中央无切削刃，不能向下进刀，因此必须预先在槽的一端钻一个落刀孔，才能用立铣刀铣键槽。对于直径为 3～20 mm 的直柄立铣刀，可用弹簧夹头装夹，弹簧夹头可装入机床主轴孔中；对于直径为 10～50 mm 的锥柄铣刀，可利用变径套装入铣床主轴锥孔中。对于敞开式键槽，可在卧式铣床上进行，一般采用三面刃铣刀加工即可。

半圆键槽的加工需用半圆键槽铣刀来铣削，如图 2－44 所示。

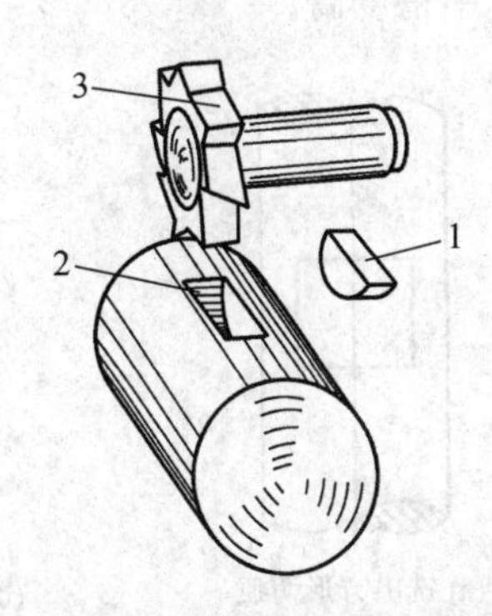

1—半圆键；2—半圆键槽；3—半圆键槽铣刀

图 2－44　半圆键槽的铣削

任务实施

STEP1　根据零件图，用千分尺测量并选择直径 $d=8^{-0.025}_{-0.047}$ mm 直柄键槽铣刀，并用钻夹头安装铣刀。

STEP2　根据实习任务，安装平口钳。平口钳固定钳口与工作台纵向进给方向平行(用百分表校正)，并紧固平口钳。

★ 思考探究：

铣削加工切削用量如何选择？

取铣削速度 $v_c=15$ m/min，则主轴转速为

$$n=\frac{1000\times15}{3.14\times8}\ \text{r/min}=597\ \text{r/min}$$

实际调整铣床主轴转速为 600 r/min。

一般取每齿进给量 $f_z=0.02$ mm/z，则每分钟进给量为

$$v_f=f_z zn=0.02\times2\times600\ \text{mm/min}=24\ \text{mm/mim}$$

实际调整 $v_f=23.5$ mm/mim

STEP3　正确装夹零件。

STEP4　对刀。

(1) 切痕对刀。

首先，将工件的铣削部位大致调整到铣刀中心下面，使铣刀端齿插到工件表面；启动铣床，横向移动工作台，如图 2－45(a)所示，在工件表面铣出一个略大于铣刀直径的方形切痕后停车；移动横向工作台，目测使铣刀直径处于切痕中心位置，紧固横向工作台，垂向工作台微量上升切出圆痕后停车；下降垂向工作台，仔细观察圆痕是否处于切痕的中间位置，若是，则对刀已对准，如图 2－45(b)所示。这种方法对中精度不高，但使用简便，是实际生产中最为常用的一种对刀方法。

(2) 环表对刀。

在立铣头主轴上安装杠杆百分表，目测铣床主轴对准工件中心后，用手转动主轴，观察百分表在钳口两侧处的读数，调整横向工作台使两侧读数相同为止，如图 2－46 所示。这种方法对中精度高。

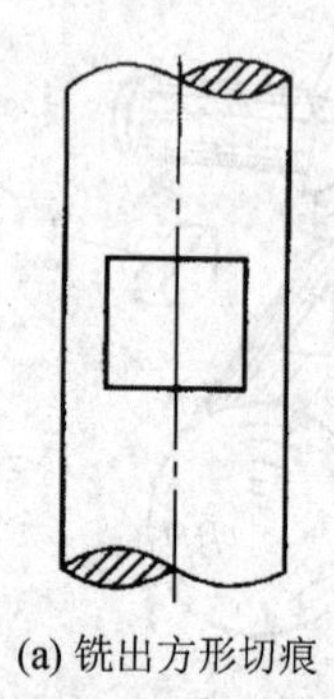

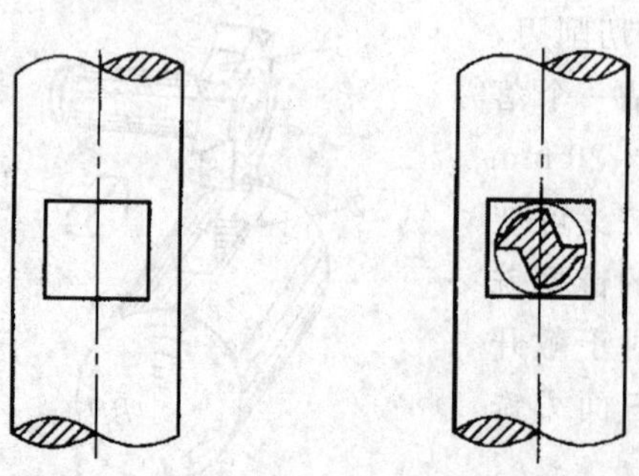

(a) 铣出方形切痕

(b) 观察切痕中间位置

图 2－45　切痕对刀

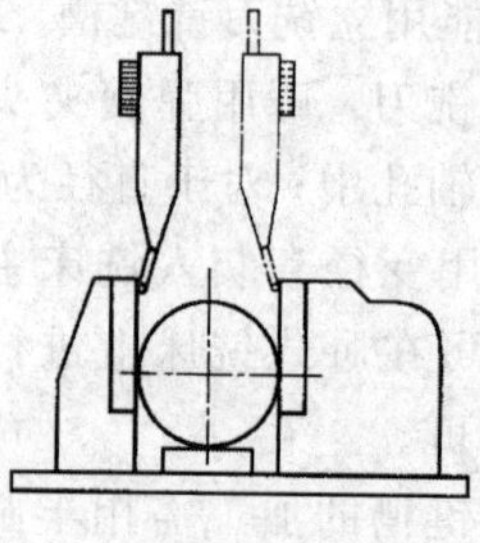

图 2－46　环表对刀

STEP5　铣削。将工件调整到键槽起铣位置，根据键槽长度，调整好自动停止挡铁后进行铣削。铣削时，每次的进给深度为 0.5～1 mm。

★ 温馨提示：

(1) 加工键槽前，应认真检查铣刀尺寸，试铣合格后再加工工件。

(2) 铣削用量要合适，避免产生“让刀”现象，以免将槽铣宽。

(3) 铣削时不准测量工件，不准手摸铣刀和工件。

STEP6　利用测量工具进行检验。

STEP7　实习结束时，做好实习结束工作。

STEP8　根据任务完成情况，完成沟槽铣削加工测试并填写实习报告。

任务评价

任务完成后需填写“评价表”并完成考核与测评题。

评 价 表

班级			姓名				
任务名称			起止时间				
序号	考核项目	考核要求	配分	评分标准	自评	互评	师评
1	知识与技能	正确装夹零件	5	错一个扣 2 分			
		正确选择铣刀	5	错一个扣 2 分			
		正确安装铣刀	5	错一个扣 2 分			
2	过程与方法	学习态度及参与程度	5	酌情考虑扣分			
		团队协作及合作意识	5	酌情考虑扣分			
		责任与担当	5	酌情考虑扣分			
		安全文明操作规程	5	违反一项全扣			
3	成果展示	考核与测评	30	见考核表			
4	尺寸要求	30	5	超差不得分			
		70	5	超差不得分			
		130	5	超差不得分			
		$\phi 40_{-0.025}^{0}$	5	超差 0.01 扣 2 分			
		$36_{-0.025}^{0}$	5	超差 0.01 扣 2 分			
		$8_{-0.049}^{0}$	5	超差 0.01 扣 2 分			
		÷ 0.10 A	5	超差不得分			
教师签名			总分				

考核与测评

简答题(100 分)

1. 简述沟槽的铣削方法及特点。
2. 铣削沟槽时，如何正确选择、安装铣刀？
3. 简述键槽铣削加工步骤。

任务 2　等分零件加工

任务描述

如图 2-47 所示，本任务毛坯为规格为 M12 的六角螺母，材料为 Q235A。现要求在端面铣出 6 条宽为 3.5 mm、深为 5 mm 的等分槽，表面粗糙度为 *Ra*3.2，槽对轴线的对称度也有较高的要求。

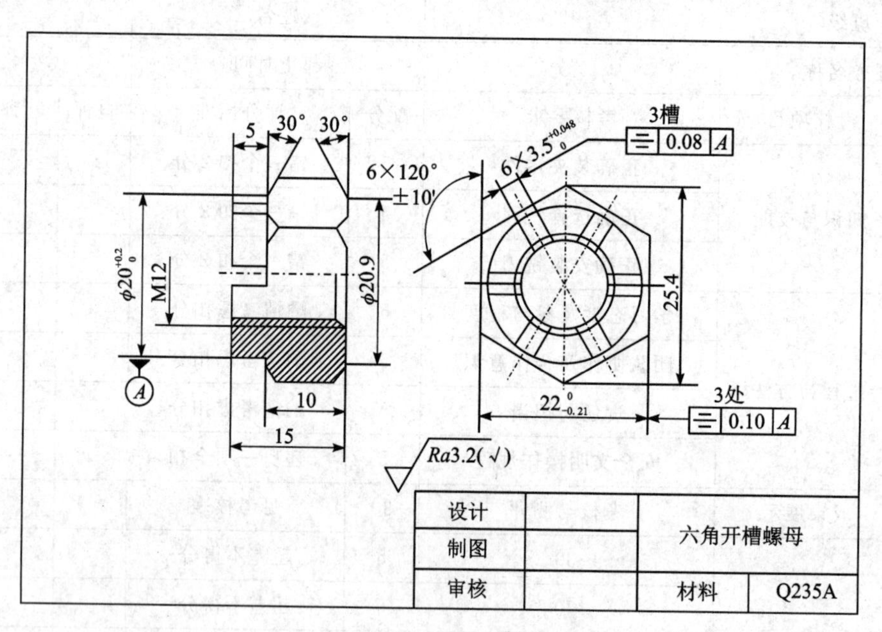

图 2-47　等分零件加工图

任务目标

(1) 理解分度头的基本原理，掌握分度头的使用方法。

(2) 掌握零件等分加工的操作方法。

知识储备

在铣削加工中，常会遇到铣六方、齿轮、花键和刻线等工作。这时，就需要利用分度头分度。因此，分度头是万能铣床上的重要附件。

一、分度头的作用

(1) 能使工件实现绕自身的轴线周期地转动一定的角度(即进行分度)。

(2) 利用分度头主轴上的卡盘夹持工件，使被加工工件的轴线相对于铣床工作台在向上 90°和向下 10°的范围内倾斜成需要的角度，以加工各种位置的沟槽、平面等(如铣圆锥齿轮)。

(3) 与工作台纵向进给运动配合，通过配换挂轮，能使工件连续转动，以加工螺旋沟槽、斜齿轮等。

万能分度头由于具有广泛的用途，在单件小批量生产中应用较多。

二、分度头的结构

分度头的主轴是空心的，两端均为锥孔，前锥孔可装入顶尖(莫氏 4 号)，后锥孔可装入心轴，以便在差动分度时挂轮把主轴的运动传给侧轴，带动分度盘旋转。主轴前端外部有螺纹，用来安装三爪卡盘，如图 2-48 所示。

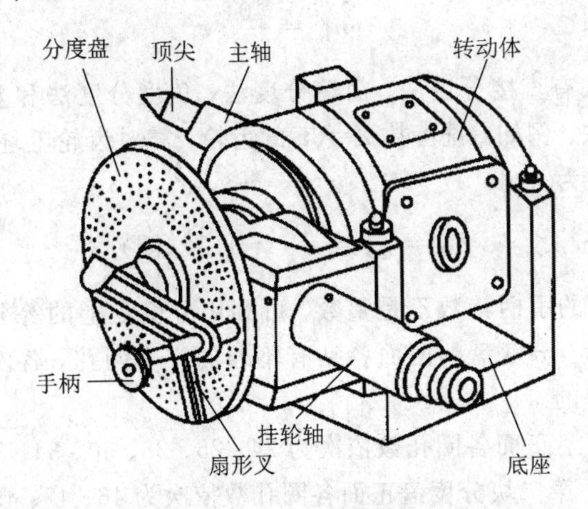

图 2-48 万能分度头外形结构

松开壳体上部的两个螺钉，主轴可以随回转体在壳体的环形导轨内转动，因此主轴除安装成水平外，还能扳成倾斜位置。当主轴调整到所需的位置上后，应拧紧螺钉。主轴倾斜的角度可以从刻度上看出。

在壳体下面，固定有两个定位块，以便与铣床工台面的 T 形槽相配合，用来保证主轴轴线准确地平行于工作台的纵向进给方向。

手柄用于紧固或松开主轴，分度时松开，分度后紧固，以防在铣削时主轴松动。

三、分度方法

分度头内部的传动系统如图 2-49 所示，可转动分度手柄，通过传动机构(传动比为 1:1 的一对齿轮和 1:40 的蜗轮蜗杆)，使分度头主轴带动工件转动一定角度。手柄转一圈，主轴带动工件转 1/40 圈。

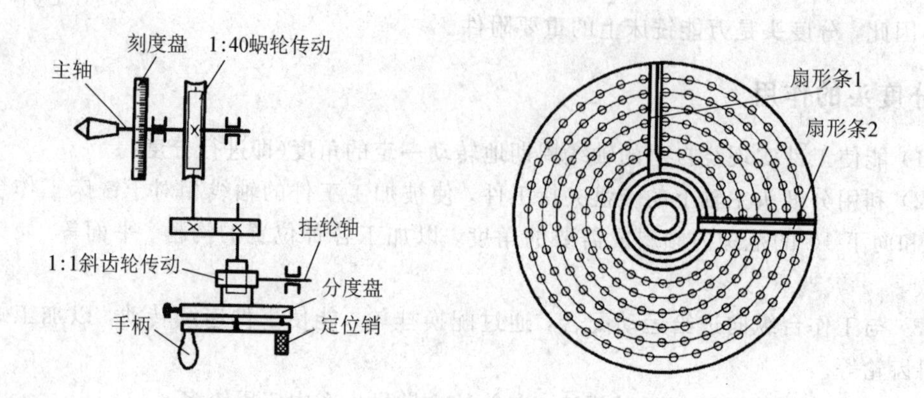

图 2-49　分度头的传动机构

如果要将工件的圆周等分为 Z 等分，则每次分度工件应转过 $1/Z$ 圈。设每次分度手柄的转数为 $n_{转}$，则手柄转数 $n_{转}$ 与工件等分数 Z 之间有如下关系

$$1:40=\frac{1}{Z}:n_{转}$$

$$n_{转}=\frac{40}{Z}$$

分度头分度的方法有直接分度法、简单分度法、角度分度法和差动分度法等，这里仅介绍常用的简单分度法。例如，铣齿数 $Z=35$ 的齿轮，需对齿轮毛坯的圆周作 35 等分。每一次分度时，手柄转数为

$$n_{转}=\frac{40}{Z}=\frac{40}{35}=1\frac{1}{7}\text{（圈）}$$

分度时，如果求出的手柄转数不是整数，可利用分度盘上的等分孔距来确定。分度头上一般备有两块分度盘。分度盘的两面各钻有不通的许多圈孔，各圈孔数均不相等，但同一孔圈上的孔距是相等的。

分度头第一块分度盘正面各圈孔数依次为 24、25、28、30、34、37，反面各圈孔数依次为 38、39、41、42、43；第二块分度盘正面各圈孔数依次为 46、47、49、51、53、54，反面各圈孔数依次为 57、58、59、62、66。

按上例计算结果，每分一齿，手柄需转过 $1\frac{1}{7}$ 圈，其中 1/7 圈需通过分度盘来控制。用简单分度法需先将分度盘固定，再将分度手柄上的定位销调整到孔数为 7 的倍数（如 28）的孔圈上，此时分度手柄转过 1 整圈后，再沿孔数为 28 的孔圈转过 4 个孔距，即

$$n_{转}=1\frac{1}{7}=1\frac{4}{28}$$

为了确保手柄转过的孔距数可靠，可调整分度盘上的扇形条 1、2 间的夹角，使之正好等于分子的孔距数，这样依次进行分度时就可准确无误。

任务实施

STEP1　根据零件图样分析，选择 125×3.5×27 mm 的锯片铣刀，安装刀具。

STEP2　安装分度头，将分度头下面的定位键嵌入工作台的 T 形槽内，使分度头主轴轴线与工作台纵向进给方向平行。

STEP3　安装找正工件，利用分度头卡盘垂直安装工件，如图 2-50 所示。使 ϕ20 外圆的圆跳动公差控制在 0.3 mm 以内。

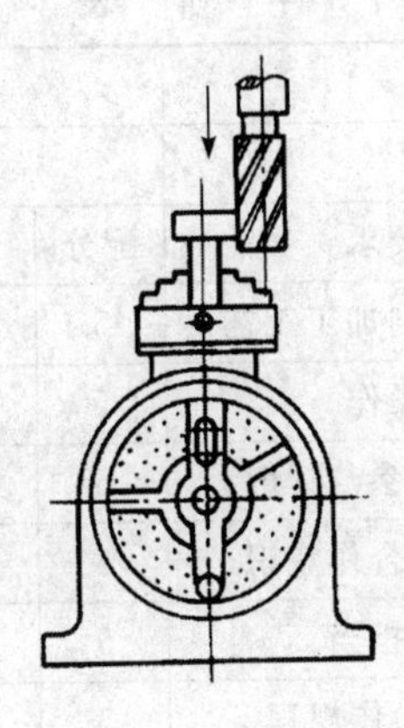

图 2-50　分度头卡盘在垂直位置安装工件

STEP4　对刀。用侧面对刀法或划线对刀法对刀试铣，并检测对称度。

STEP5　铣削。

(1) 直接分度法。

让分度头上面的零线对准主轴前端的刻度盘零度线，锁紧主轴，铣第一个槽；松开主轴，摇动分度手柄使之转过 60°，再铣第二个槽；依次铣出其余各槽。

(2) 简单分度法。

铣完一槽后，分度手柄在 66 孔圈上转过 6 圈又 44 个孔距，依次铣完各槽。

★ 温馨提示：

(1) 计算分度头手柄转数，将 $z=6$ 代入公式 $n_{转}\frac{40}{z}$ 得 $n_{转}=\frac{40}{z}=\frac{40}{6}=6\frac{2}{3}$，即 $6\frac{44}{66}$（转）。

(2) 分度头蜗杆和蜗轮的啮合间隙应在 0.02～0.04 mm 范围内，不宜过大或过小，以免影响分度精度。

(3) 在分度头上夹持工件时，应先锁紧主轴，后装卸工件。在紧固工件时，不准用加力杆施力。

(4) 分度时，先松开主轴手柄，分度结束后再锁紧。

(5) 分度时，分度手柄定位销应缓慢插入分度盘内，以免损坏孔眼。当分度手柄摇过预定孔眼时，要退回半圈左右再摇到预定孔位。

(6) 要经常保持分度头的清洁，按规定加润滑油，搬动时应避免碰撞，严禁超载使用。

STEP6　检测等分槽各部分尺寸及相关对称度要求。

STEP7　实习结束时，做好实习结束工作。

STEP8　根据任务完成情况，完成分度零件铣削测试并填写实习报告。

任务评价

任务完成后需填写“评价表”并完成考核与测评题。

评　价　表

班级				姓名			
任务名称				起止时间			
序号	考核项目	考核要求	配分	评分标准	自评	互评	师评
1	知识与技能	正确拟定铣削加工工艺	5	酌情考虑扣分			
		规范操作	5	酌情考虑扣分			
2	过程与方法	学习态度及参与程度	5	酌情考虑扣分			
		团队协作及合作意识	5	酌情考虑扣分			
		责任与担当	5	酌情考虑扣分			
		安全文明操作规程	5	违反一项全扣			
3	成果展示	考核与测评	30	见考核表			
4	尺寸要求	5	3	超差不得分			
		10	3	超差不得分			
		15	3	超差不得分			
		25.4	3	超差不得分			
		$\phi20.9$	4	超差不得分			
		$22_{-0.21}^{0}$	4	超差0.01扣2分			
		$\phi20_{0}^{+0.2}$	4	超差0.01扣2分			
		$6\times3.5_{0}^{+0.048}$	4	超差0.01扣2分			
		M12	4	超差不得分			
		30°	4	超差不得分			
		6×120°±12′	4	超差不得分			
教师签名				总分			

考核与测评

一、选择题(50分)

1. 在卧式铣床上作周铣，垂直铣削力的方向逆铣时为(　　)，顺铣时为始终向下。

A. 始终向下　　B. 始终向上　　C. 有时向上，有时向下

2. 键槽铣刀用钝后，为了能保持其外径尺寸不变，应修磨(　　)。

A. 周刃　　B. 端刃　　C. 周刃和端刃

3. 两端封闭并已有孔的，底部穿通的，槽宽精度较低的直角沟槽，最好采用(　　)加工。

A. 立铣刀　　B. 三面刃铣刀　　C. 键槽铣刀

4. 铣削多头螺旋槽(螺旋线的头数 z)时，当铣完一条槽后．要脱开工件和纵向丝杠之间的传动链，使工件转(　　)转，再铣下一条槽。

A. z　　B. $2z$　　C. $1/z$　　D. $z\tan\beta$

5. 卧式升降台铣床的主要特征是铣床主轴轴线与工作台台面(　　)。

A. 垂直　　B. 平行　　C. 在一个平面内

二、判断题(50 分)

1. 铣螺旋槽时，分度头的定位键应安装在铣床工作台中间的 T 形槽内。　(　　)

2. 若要求工作台移动一个正确的尺寸，则在铣床上，这个尺寸的正确性是依靠丝杠的精度和刻度盘来保证的。　(　　)

3. 在高温下，刀具切削部分必须具有足够的硬度，这种在高温下仍具有硬度的性质称为红硬性。　(　　)

4. 由一套预制的标准元件及部件，按照工件的加工要求拼装组合而成的夹具，称为组合夹具。　(　　)

5. 粗加工时，限制进给量提高的主要因素是切削力；精加工时，限制进给量提高的主要因素是表面粗糙度。　(　　)

项目三　铣工综合技能训练

■ **项目描述：**

综合运用前面学过的知识进行零件的加工，初步掌握加工中等复杂零件的工艺方法，灵活选择运用各种铣削方法，掌握切削用量的选择。

任务1　镶块加工

任务描述

如图2-51所示，本任务要求根据图样要求，在正六面体上加工出台阶和斜面。材料为45钢，毛坯尺寸为60×50×45 mm。

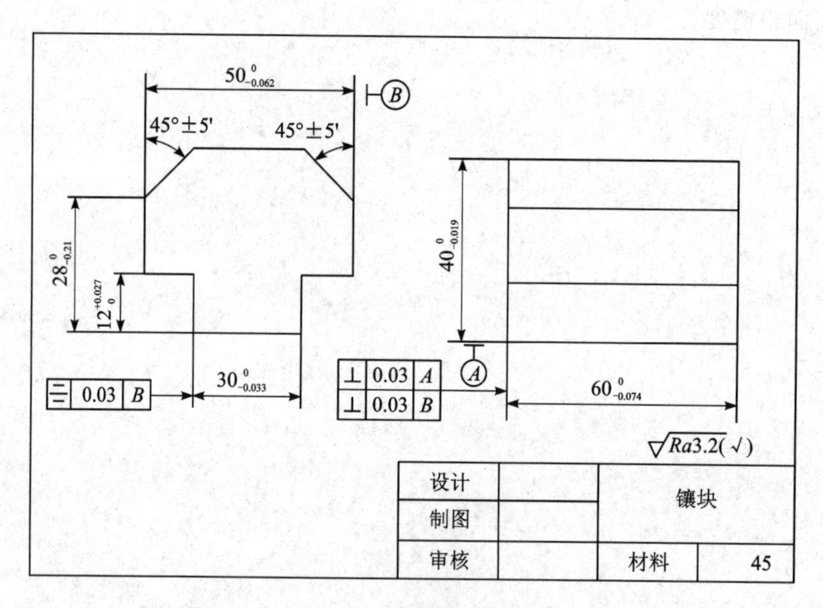

图2-51　镶块零件图样

任务目标

（1）能合理选择各工序所需铣刀，并能正确安装。

（2）掌握铣削用量的选择要点。

（3）灵活选择运用各种铣削方法。

（4）初步掌握加工中等复杂零件的工艺方法。

知识储备

★ 交流讨论：

根据零件图样，读懂零件图，确定加工工艺及切削用量。

任务实施

STEP1　阅读任务书，了解零件相关技术要求，确定加工工艺及切削用量。

STEP2　安装找正平口虎钳，装夹工件，用端铣刀铣六面体至要求尺寸，保证垂直度要求。

STEP3　用三面刃铣刀或立铣刀铣台阶面至要求尺寸，保证对称度要求。

STEP4　用倾斜铣刀法或角度铣刀铣斜面，保证 $45°\pm5'$ 和尺寸要求。

★ 温馨提示：

(1) 开车前应检查铣刀及工件装夹是否牢固，安装定位是否正确。

(2) 开车后应检查铣刀旋转方向是否正确，并进行对刀和调整吃刀深度。

(3) 加工时可采用先粗铣后精铣的方法，以提高工件的加工精度和表面质量。

(4) 切削力应压向平口钳的固定钳口，人应避开切屑飞出的方向。

(5) 铣削时应尽量采用逆铣，注意进给方向，以免顺铣造成打刀或损坏工件。

STEP5　测量，卸下工件。

STEP6　实习结束时，能根据所学安全文明生产知识，做好实习结束工作。

STEP7　根据任务完成情况，完成镶块加工测试并填写实习报告。

任务评价

任务完成后需填写“评价表”并完成考核与测评题。

评　价　表

班级			姓名				
任务名称			起止时间				
序号	考核项目	考核要求	配分	评分标准	自评	互评	师评
1	知识与技能	着装	5	违反一项扣 2 分			
		物品摆放	5	违反一项扣 2 分			
		安全文明操作规程	10	违反一项扣 2 分			
		车间卫生环境	5	违反一项扣 2 分			
2	过程与方法	学习态度及参与程度	5	酌情考虑扣分			
		团队协作及合作意识	5	酌情考虑扣分			
		责任与担当	5	酌情考虑扣分			

续表

序号	考核项目	考核要求	配分	评分标准	自评	互评	师评
3	成果展示	考核与测评	30	见考核表			
4	尺寸要求	$30_{-0.033}^{\ 0}$	3	超差 0.01 扣 1 分			
		$12_{\ 0}^{+0.027}$	3	超差 0.01 扣 1 分			
		$28_{-0.21}^{\ 0}$	3	超差 0.01 扣 1 分			
		$50_{-0.062}^{\ 0}$	3	超差 0.01 扣 1 分			
		$70_{-0.074}^{\ 0}$	3	超差 0.01 扣 1 分			
		$40_{-0.029}^{\ 0}$	3	超差 0.01 扣 1 分			
		$45\pm5'$	3	超差不得分			
		⊥ 0.03 A 2 处	6	超差不得分			
		⌯ 0.03 B	3	超差不得分			
教师签字				总分			

考核与测评

一、判断题(20 分)

1. 选择合理的刀具几何角度以及适当的切削用量都能大大提高刀具的使用寿命。 ( )
2. 定位尺寸就是确定图形中线段间相对位置的尺寸。 ( )
3. 切削热来源于切削过程中变形与摩擦所消耗的功。 ( )
4. 在立式铣床上铣曲线外形，立铣刀的直径应大于工件上最小凹圆弧的直径。( )
5. 铸件毛坯的形状与零件尺寸较接近，可节省金属的消耗，减少切削加工工作量。 ( )

二、选择题(10 分)

1. 工件在装夹时，必须使余量层( )钳口。

A. 稍低于　B. 等于　C. 稍高于　D. 大量高出

2. 用立铣刀铣圆柱凸轮，当铣刀直径小于滚子直径时，铣刀中心必须偏移，偏移量 ex，ey 应按( )进行计算。

A. 螺旋角　B. 平均螺旋升角　C. 槽底所在圆柱螺旋升角

D. 外圆柱螺旋升角

3. 在立式铣床上，将螺旋齿离合器的底槽加工后，用立铣刀铣削螺旋面时，应将工件转( )，使将要被铣去的槽侧面处于垂直位置。

A. 90°　B. 180°　C. 270°　D. 360°

4. 凸轮铣削时退刀或进刀，最好在铣刀( )时进行。

A. 正转　B. 反转　C. 静止　D. 切削

5. 用分度头铣削圆盘凸轮，当工件和立铣刀的轴线都和工作台面相垂直时的铣削方法称为(　　)。

A. 垂直铣削法　　B. 倾斜铣削法　　C. 靠模铣削法　　D. 凸轮铣削法

三、简述题(10 分)

在实习工场实习时应如何遵守安全文明生产操作规程？

任务 2　沟槽斜铁加工

任务描述

本任务要求根据图样要求加工合格零件，如图 2-52 所示。材料为 45 钢，毛坯尺寸为 55×50×45 mm。

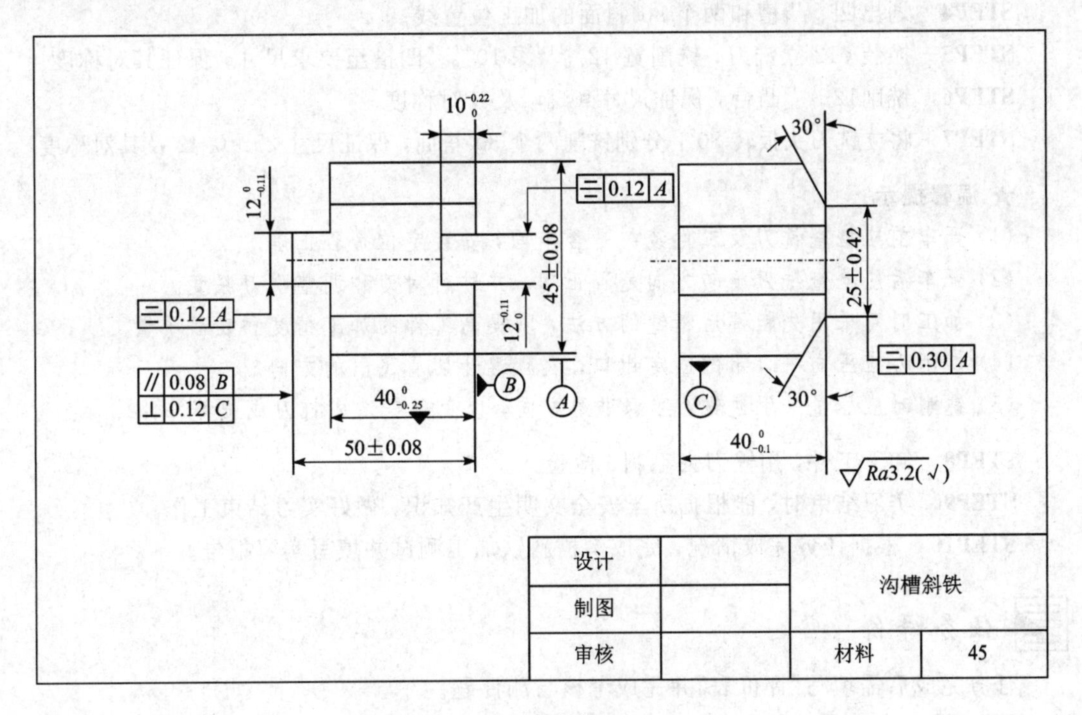

图 2-52　沟槽斜铁零件图样

任务目标

(1) 能合理选择各工序所需铣刀，并能正确安装。

(2) 掌握铣削用量的选择要点。

(3) 灵活选择运用各种铣削方法。

(4) 初步掌握加工中等复杂零件的工艺方法。

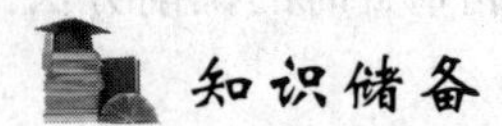

知识储备

★ 交流讨论：

根据零件图样，读懂零件图，确定加工工艺及切削用量。

任务实施

STEP1　阅读任务书，了解零件相关技术要求，确定加工工艺及切削用量。

STEP2　安装找正平口虎钳，装夹工件，用镶齿式盘铣刀粗铣六面体，各面保留0.5 mm精铣余量。

STEP3　精铣六面体，保证尺寸 50±0.08、45±0.08 和$40^{+0.11}_{0}$(换面加工时用百分表找正)。

STEP4　划出凹、凸槽和两个 30°斜面的加工位置线。

STEP5　换装 ϕ12 立铣刀，铣削宽 $12^{+0.11}_{0}$深 $10^{+0.22}_{0}$凹槽至要求尺寸，保证其对称度。

STEP6　铣削$12_{-0.11}^{0}$凸台，保证尺寸$40_{-0.25}^{0}$及其对称度。

STEP7　将立铣刀头扳转 30°，分别铣削两个 30°斜面，保证尺寸 25±0.42 及其对称度。

★ 温馨提示：

(1) 开车前应检查铣刀及工件装夹是否牢固，安装定位是否正确。

(2) 开车后应检查铣刀旋转方向是否正确，并进行对刀和调整吃刀深度。

(3) 加工时可采用先粗铣后精铣的方法，以提高工件的加工精度和表面质量。

(4) 切削力应压向平口钳的固定钳口，人应避开切屑飞出的方向。

(5) 铣削时应尽量采用逆铣，注意进给方向，以免顺铣造成打刀或损坏工件。

STEP8　卸下工件，用锉刀去毛刺，检验。

STEP9　实习结束时，能根据所学安全文明生产知识，做好实习结束工作。

STEP10　根据任务完成情况，完成沟槽斜铁加工测试并填写实习报告。

任务评价

任务完成后需填写“评价表”并完成考核与测评题。

评　价　表

班级			姓名				
任务名称			起止时间				
序号	考核项目	考核要求	配分	评分标准	自评	互评	师评
1	知识与技能	着装	5	违反一项扣 2 分			
		物品摆放	5	违反一项扣 2 分			
		安全文明操作规程	10	违反一项扣 2 分			
		车间卫生环境	5	违反一项扣 2 分			

续表

序号	考核项目	考核要求	配分	评分标准	自评	互评	师评
2	过程与方法	学习态度及参与程度	5	酌情考虑扣分			
		团队协作及合作意识	5	酌情考虑扣分			
		责任与担当	5	酌情考虑扣分			
3	成果展示	考核与测评	30	见考核表			
4	尺寸要求	$40_{-0.25}^{\ 0}$	3	超差 0.01 扣 1 分			
		$10_{\ 0}^{+0.23}$	3	超差 0.01 扣 1 分			
		$12_{\ 0}^{+0.11}$	3	超差 0.01 扣 1 分			
		$40_{-0.1}^{\ 0}$	3	超差 0.01 扣 1 分			
		50±0.08	3	超差 0.01 扣 1 分 超差 0.01 扣 1 分			
		45±0.08	3	超差 0.01 扣 1 分			
		25±0.42	3	超差 0.01 扣 1 分			
		+ | 0.30 | A	3	超差不得分			
		+ | 0.12 | A	3	超差不得分			
		// | 0.08 | B ⊥ | 0.12 | C	3	超差不得分			
教师签字				总分			

考核与测评

一、选择题(15 分)

1. 轴类零件用双中心孔定位，能消除(　　)个自由度。

A. 3　　B. 4　　C. 5　　D. 6

2. 切削用量中，对切削刀具磨损影响最大的是(　　)。

A. 工件硬度　　B. 切削深度　　C. 进给量　　D. 切削速度

3. 顺铣时，工作台纵向丝杠的螺纹与螺母之间的间隙及丝杠两端轴承的轴向间隙之和应调整在(　　)。

A. 0～0.02　　B. 0.04～0.08　　C. 0.1～0.2　　D. 0.3～0.5

4. 在立式铣床上铣削曲线外形，当工件的轮廓线既不是直线又不是圆弧，且精度要求不高、数量又少时，通常采用(　　)方法来铣削。

A. 靠模铣削　　B. 圆转台铣削　　C. 按划线用手动进给铣削

D. 逆铣

5. 由球面加工方法可知，铣刀回转轴线与球面工件轴心线的交角 β 确定球面的(　　)。

A. 形状　　B. 加工位置　　C. 尺寸　　D. 粗糙度

二、判断题(15 分)

1. 在立式铣床上铣曲线外形，立铣刀的直径应大于工件上最小凹圆弧的直径。(　　)

2. 铸件毛坯的形状与零件尺寸较接近，可节省金属的消耗，减少切削加工工作量。(　　)

3. 采用宽卡爪或在工件与卡爪之间衬一开口圆形衬套可减小夹紧变形。(　　)

4. 生产技术准备周期是从生产技术工作开始到结束为止所经历的总时间。(　　)

5. 工艺系统由机床、夹具、刀具和工件组成。(　　)

任务3　台阶斜块加工

任务描述

本任务要求根据图样要求加工合格零件，如图 2－53 所示。材料为 45 钢，毛坯尺寸为 55×50×45 mm。

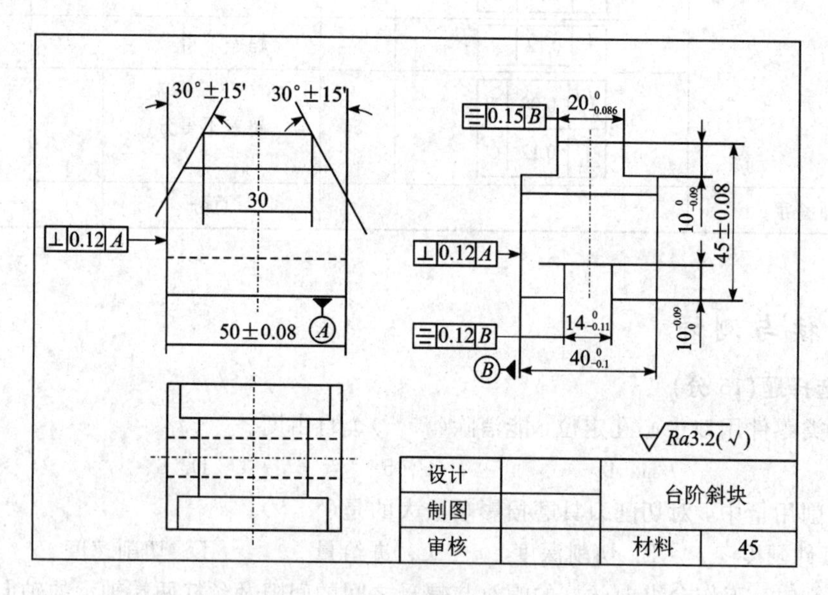

图 2－53　台阶斜块零件图样

任务目标

(1) 能合理选择各工序所需铣刀，并能正确安装。

(2) 掌握铣削用量的选择要点。

(3) 灵活选择运用各种铣削方法。

(4) 初步掌握加工中等复杂零件的工艺方法。

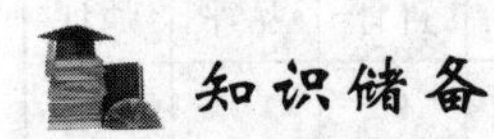

★ 交流讨论：

根据零件图样，读懂零件图，确定加工工艺及切削用量。

任务实施

STEP1　阅读任务书，了解零件相关技术要求，确定加工工艺及切削用量。

STEP2　安装找正平口虎钳，装夹工件，用圆柱形铣刀粗铣六面体，各面保留 1 mm 精铣余量。

STEP3　精铣六面体，用百分表找正，保证尺寸 50 ± 0.08、$40_{-0.1}^{0}$ 和 45 ± 0.08，保证图示的垂直度要求。

STEP4　用直齿三面刃铣刀铣削宽 $14_{0}^{+0.11}$ 深 $10_{0}^{+0.09}$ 凹槽至要求尺寸，保证其对称度。

STEP5　用直齿三面刃铣刀铣削 $20_{-0.084}^{0}$ 凸台，保证尺寸 $10_{-0.09}^{0}$ 及其对称度。

STEP6　用 30°单角铣刀分别铣用 30°单角铣刀两个 30°±15′斜面。

★ 温馨提示：

(1) 开车前应检查铣刀及工件装夹是否牢固，安装定位是否正确。

(2) 开车后应检查铣刀旋转方向是否正确，并进行对刀和调整吃刀深度。

(3) 加工时可采用先粗铣后精铣的方法，以提高工件的加工精度和表面质量。

(4) 切削力应压向平口钳的固定钳口，人应避开切屑飞出的方向。

(5) 铣削时应尽量采用逆铣，注意进给方向，以免顺铣造成打刀或损坏工件。

STEP7　卸下工件，用锉刀去毛刺，检验。

STEP8　实习结束时，能根据所学安全文明生产知识，做好实习结束工作。

STEP9　根据任务完成情况，完成台阶斜块加工测试并填写实习报告。

任务评价

任务完成后需填写“评价表”并完成考核与测评题。

评　价　表

班级			姓名				
任务名称			起止时间				
序号	考核项目	考核要求	配分	评分标准	自评	互评	师评
1	知识与技能	着装	5	违反一项扣 2 分			
		物品摆放	5	违反一项扣 2 分			
		安全文明操作规程	10	违反一项扣 2 分			
		车间卫生环境	5	违反一项扣 2 分			

续表

序号	考核项目	考核要求	配分	评分标准	自评	互评	师评
2	过程与方法	学习态度及参与程度	5	酌情考虑扣分			
		团队协作及合作意识	5	酌情考虑扣分			
		责任与担当	5	酌情考虑扣分			
3	成果展示	考核与测评	30	见考核表			
4	尺寸要求	30	3	超差不得分			
		58±0.08	3	超差 0.01 扣 1 分			
		30°±15′	3	超差 0.01 扣 1 分			
		$40_{-0.1}^{0}$	3	超差 0.01 扣 1 分			
		$14_{0}^{+0.11}$	3	超差 0.01 扣 1 分			
		$10_{0}^{+0.09}$	3	超差 0.01 扣 1 分			
		$20_{-0.084}^{0}$	3	超差 0.01 扣 1 分			
		⌯ 0.15 B	3	超差不得分			
		⊥ 0.12 A	3	超差不得分			
		⌯ 0.12 B	3	超差不得分			
教师签字				总分			

模块三

磨工实训

项目一　磨床操作及日常维护

■ 项目描述:

磨削加工是一种常用的金属切削加工方法。

磨削的加工范围很广，有外圆磨削、内圆磨削、平面磨削、花键磨削、螺纹磨削、齿轮磨削、导轨磨削、成形磨削、圆锥磨削、无心外圆磨削、刀具刃磨和曲轴磨削等，如图 3-1 所示，其中最基本的磨削方式是外圆磨削、内圆磨削和平面磨削三种。

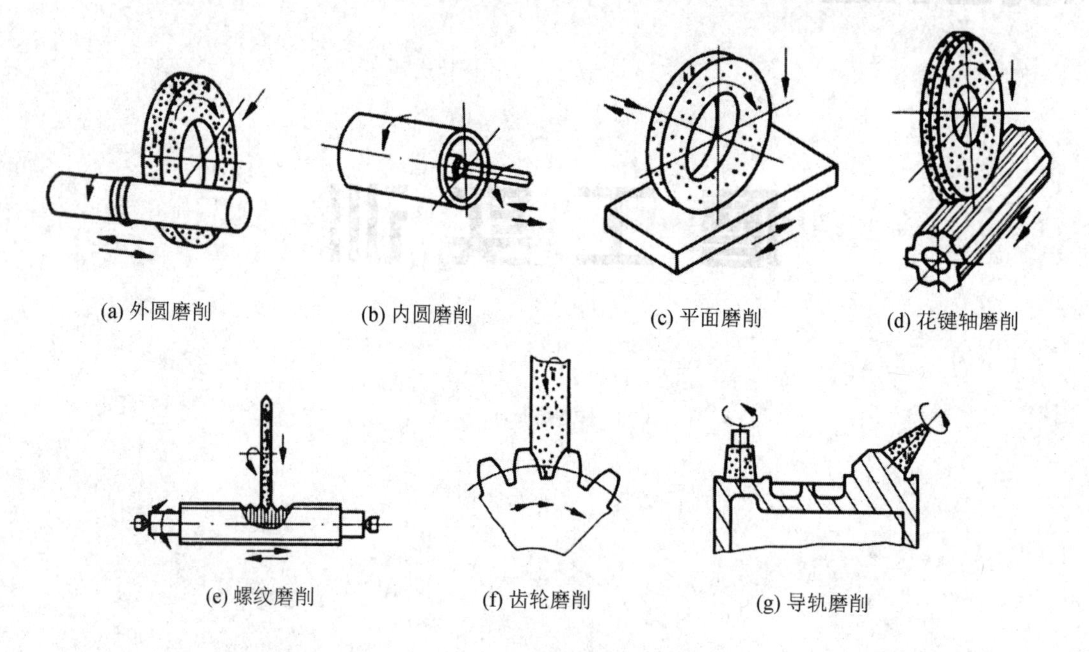

图 3-1　磨削的几种加工方式

本项目主要学习磨床结构及传动系统，熟练掌握磨床各手柄的操作方法，能够规范、安全、文明地操作磨床，并能对磨床进行日常保养维护。

任务 1　安全文明生产

任务描述

本任务要求实践操作过程中必须做到安全文明生产。图 3-2 所示为磨削加工现场图片。

安全文明生产是保障生产工人和机床设备的安全，防止工伤和设备事故的根本保证，也是搞好企业经营管理的内容之一。它直接影响到人身安全、产品质量和经济效益，影响机床设备和工具、夹具、量具的使用寿命及生产工人技术水平的正常发挥。学生在学校期间必须养成良好的安全文明生产习惯。

图 3-2　磨削加工

任务目标

(1) 认识安全文明生产的重要性。

(2) 明确工作职责，确保加工的合理性、正确性及可操作性。

(3) 规范安全操作，防患于未然，杜绝安全隐患以达到安全生产并保证加工质量。

知识储备

一、安全文明生产

人们应把安全文明生产始终放在首位。在实训之前必须强化安全文明生产教育与磨床安全操作的培训，学生掌握并通过考核后方可上机操作；实践操作中应时刻牢记安全文明生产，预防和杜绝工伤事故发生，保证人身和设备安全。如图 3-3 所示为企业安全文明生产现场。

图 3-3　安全文明生产现场

二、实训准备

（1）操作平面磨床的人员必须在了解并掌握机床的结构性能及操作方法后，方可独立操作机床。

（2）操作者必须穿工作鞋，戴防护眼镜和防护口罩；长发者需佩戴工作帽，将长发盘起；禁止戴手套操作。

（3）检查工量具是否准备齐全，并有秩序地放在规定的位置上；工具与量具要分开放置，使用后要放回原处，以便再使用时拿取方便；量具使用时要注意轻拿轻放。

（4）检查机床液压系统、润滑供油系统、电气系统是否正常，不能使用带病机床。

三、过程管理

1. 工件、砂轮的安装

（1）工件装夹前，磨床必须停止工作。

（2）检查磁盘吸力是否有效，工件是否吸牢，防止飞物伤人。

（3）换砂轮时应检查砂轮是否有裂纹、缺口，并需反复多次平衡。有裂纹和未经平衡的砂轮严禁使用。

（4）安装砂轮时要注意砂轮孔与法兰盘的配合，不得强行压入；在法兰盘与砂轮间安放软垫，螺母应拧紧；砂轮安装好后，要进行 10 分钟左右的空转，经检查正常才能使用。工件、砂轮的安装如图 3－4 所示。

图 3－4　工件、砂轮安装

2. 磨床操作

磨床操作如图 3－5 所示。

（1）使用纵、横自动进刀时，应首先将行程保险挡铁调好、紧固。

（2）磨削时，使砂轮逐渐接触工件，过快过猛极易造成砂轮破裂伤人以及工件报废。

（3）装卸测量工件时应停车，并将砂轮退离工件后进行。

（4）机床在磨削过程中，操作者应坚守岗位，严禁手模工件与旋转部位或兼作其他事情。

（5）修整砂轮时，修整器应吸牢于磁盘上，修整时进刀量要适当，防止撞击致砂轮破裂。

(6) 装卸、测量工件时应停车，并将砂轮退离工件后进行。

(7) 发现机床有异常现象时，应立即停车，找维修人员检修。

(8) 严禁超负荷进刀，严禁精磨粗用。

图 3-5　磨床操作

3. 实训结束

(1) 将工作台停于中间位置，各挡手柄移至空位，切断电源；按照 6S 标准擦试机床，及时清理磨下的铁屑，擦干冷却液，以免机床被腐蚀整体环境；最后关闭空气开关。

(2) 整理工、量具，按规定擦净、润滑并保存。

(3) 清理工作场地并进行卫生保洁，如图 3-6 所示。

(4) 按规定认真执行交接班制度。

(5) 定期进行设备安全性能检查。

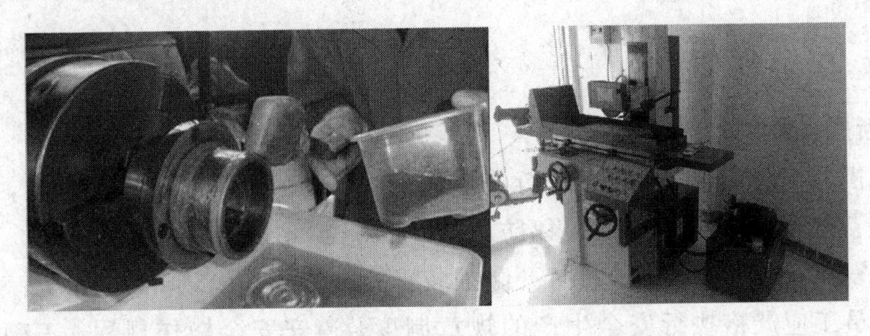

图 3-6　实训结束后的清理与保洁

★ 交流讨论：

(1) 为什么要强调磨床安全文明生产？

(2) 实训过程中应怎样做到安全文明生产？

任务实施

STEP1　了解磨削加工生产过程，实际感受车间生产现状；了解磨削安全文明生产操作规程。

STEP2 根据安全文明生产操作规程，做好着装、物品摆放、工量具准备、磨床熟悉等实训准备工作。

STEP3 根据实习项目，理解并熟记生产、实习过程中的安全文明生产操作规程。

STEP4 根据所学安全文明生产知识，做好实训结束工作。

任务评价

任务完成后需填写"评价表"并完成考核与测评题。

评 价 表

班级				姓名			
任务名称				起止时间			
序号	考核项目	考核要求	配分	评分标准	自评	互评	师评
1	知识与技能	着装	5	违反一项扣 2 分			
		物品摆放	5	违反一项扣 2 分			
		安全文明操作规程	10	违反一项扣 2 分			
		车间卫生环境	5	违反一项扣 2 分			
2	过程与方法	学习态度及参与程度	5	酌情考虑扣分			
		团队协作及合作意识	5	酌情考虑扣分			
		责任与担当	5	酌情考虑扣分			
3	成果展示	考核与测评	60	见考核表			
教师签字				总分			

考核与测评

一、判断题(60 分)

1. 操作机器设备前，应对设备进行安全检查，确认正常后方可投入运行，严禁机器设备带故障运行，千万不能凑合使用，以防出事故。 ( )

2. 设备发生故障时，可不停机打开防护装置检查、修理。 ( )

3. 公司员工应严格执行安全生产的规章制度，遵守安全操作规程，正确使用防护用品，及时发现和消除事故隐患。 ( )

4. 设备在运转时，可以用手调整、紧固松动螺栓或进行设备内部调试，有利于提高工作效率。 ( )

5. 磨床砂轮架的主轴是由电动机通过 V 带传动进行旋转的。 ( )

6. 在磨削过程中，当被磨表面出现波浪振痕或表面粗糙值 Ra 增大，则表明磨粒已经变钝，锋利程度明显下降。 ( )

7. 磨削液要正对着砂轮和工件的接触线，先开磨削液再磨削，防止任何中断磨削液的

情况；要定期更换磨削液，定期更换过滤系统的过滤元件。　　（　　）

8. 被磨工件的表面粗糙度在很大程度上取决于磨粒尺寸。　　（　　）

9. 磨削过程中，当冷却液供给不充分时将会影响工件表面质量。　　（　　）

10. 机器保护罩的主要作用是使机器较为美观。　　（　　）

二、简述题(40 分)

简述在实习场地实习时应如何遵守安全文明生产操作规程。

任务 2　认识磨床

任务描述

磨床是利用磨具对工件表面进行磨削加工的机床。大多数的磨床使用高速旋转的砂轮进行磨削加工。磨床的种类很多，常用的有外圆磨床、内圆磨床和平面磨床等，如图 3－7 所示。

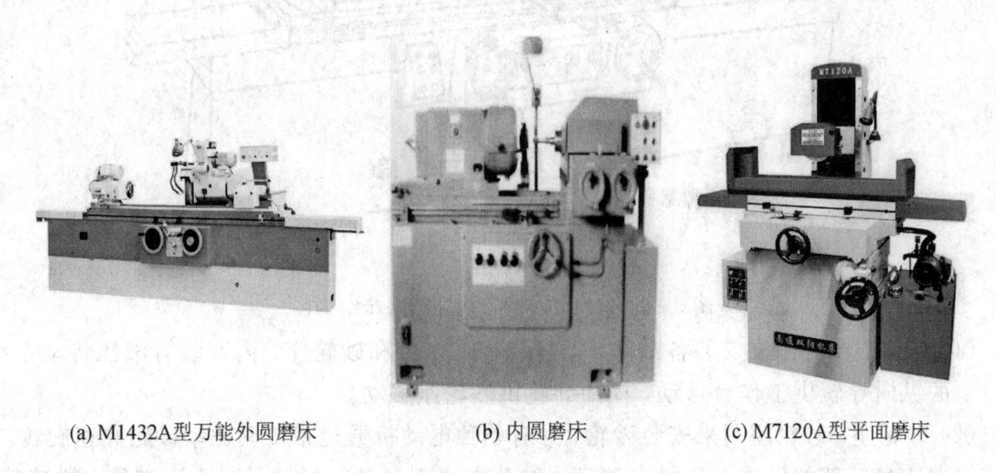

(a) M1432A型万能外圆磨床　(b) 内圆磨床　(c) M7120A型平面磨床

图 3－7　常用的磨床

任务目标

(1) 了解常见磨床的规格型号及含义。

(2) 掌握磨床主要部件的名称和功用。

(3) 掌握磨床的运动形式。

知识储备

一、M1432A 型万能外圆磨床

1. 磨床型号

按 GB/T15375—94 规定，M1432A 型万能外圆磨床型号的意义如下：

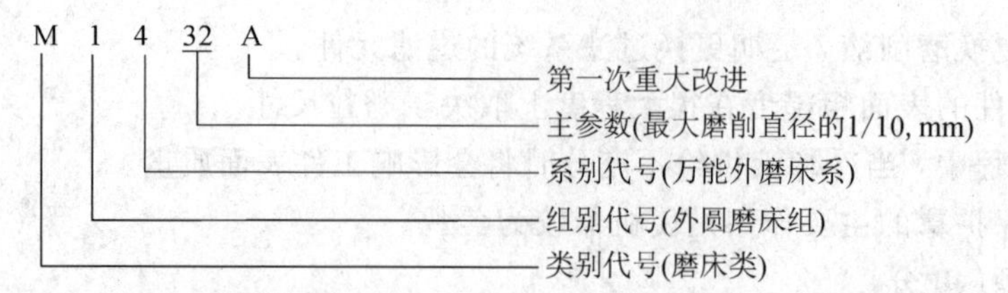

M1432A 即最大磨削直径为 320 mm，经一次重大改进的万能外圆磨床。

2. 磨床各部分名称及功用

M1432A 型万能外圆磨床的结构如图 3-8 所示。

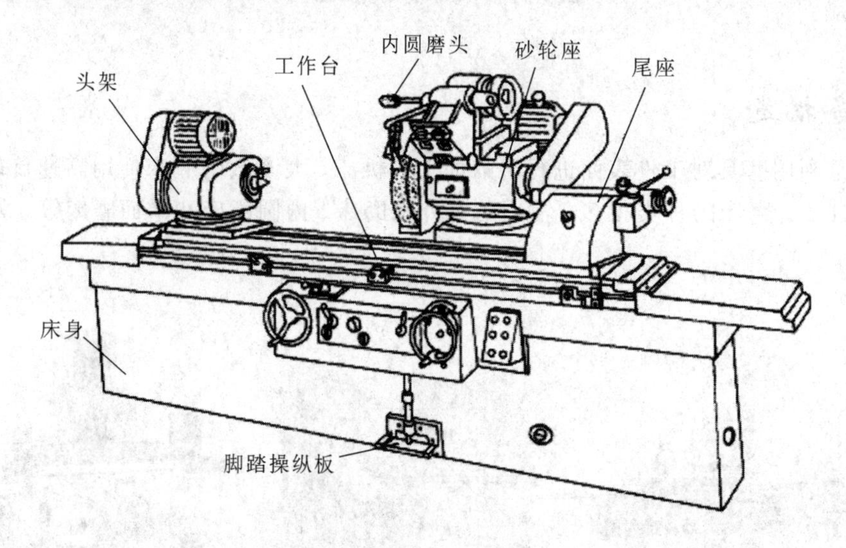

图 3-8　M1432A 型万能外圆磨床结构图

(1) 床身。床身用来安装各部件，上部装有工作台和砂轮座，内部装有液压传动系统。床身上的纵向导轨供工作台移动，横向导轨供砂轮座移动。

(2) 砂轮座。砂轮座用来安装砂轮，并有单独电动机通过带传动驱动砂轮高速旋转。砂轮座可在床身后部的导轨上作横向移动。移动方式有自动间歇进给、手动进给、快速趋近和快速退出三种。砂轮座可绕垂直轴线偏转±30°的角度。

(3) 头架。头架上装有主轴，主轴端部可以安装顶尖、拨盘或卡盘，以便装夹工件。主轴由单独电动机通过带传动驱动变速机构，使工件可获得 6 级不同的转动速度。头架可以在水平面内偏转 0°～+90°的角度。

(4) 尾座。尾座的套筒内有顶尖，用来支承工件的另一端。尾座在工作台上的位置可根据工件长度的不同进行调整。扳动尾座上的杠杆，顶尖套筒可缩进或伸出，并利用弹簧的压力顶住工件。

(5) 工作台。工作台由液压驱动沿着床身的纵向导轨作直线往复运动，使工件实现 0.05～4 m/min 无级调速的纵向进给。在工作台前侧面的 T 形槽内装有两个换向挡块，可使工作台自动换向。工作台也可手动进给。工作台分上、下两层，上层可在水平面内偏转 -3°～+6°的角度，以便磨削外圆锥面。

(6) 内圆磨头。内圆磨头用来磨削直径为 3～100 mm 的内圆柱面和内圆锥面。它的主轴可安装磨削内圆的砂轮，由单独电机驱动。内圆磨头在使用时翻下来，不使用时翻向砂轮架上方。

(7) 脚踏操纵板：主要用来控制尾架上的液压顶尖，便于进行工件的快速装卸。

3. 外圆磨床的运动分析

(1) 主运动。磨外圆时砂轮的旋转运动为主运动，磨内圆表面时内圆磨具的旋转运动为主运动，单位为 r/min。

(2) 进给运动。工件高速旋转时为圆周进给运动，工件往复移动时为纵向进给运动，砂轮磨削时作横向进给运动。其中工件往复纵向进给时，砂轮作周期性横向间歇进给；砂轮切入磨削时为连续性横向进给。

(3) 辅助运动。辅助运动包括为了装卸和测量工件方便，砂轮所作的横向快速回退运功以及尾架套筒所作的伸缩移动。

二、M7120A 型平面磨床

1. 磨床型号

按 GB/T15375—94 规定，M7120A 型平面磨床型号的意义如下：

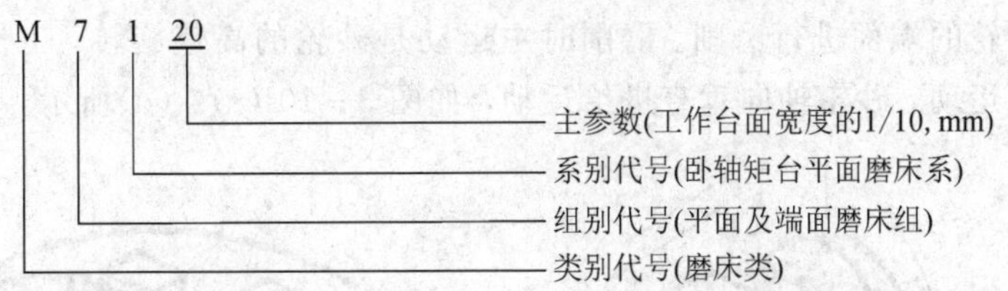

M7120 即工作台面宽度为 200 mm 的卧式矩形工作台平面磨床。

2. 磨床各部分名称及功用

M7120 型平面磨床的结构如图 3-9 所示。

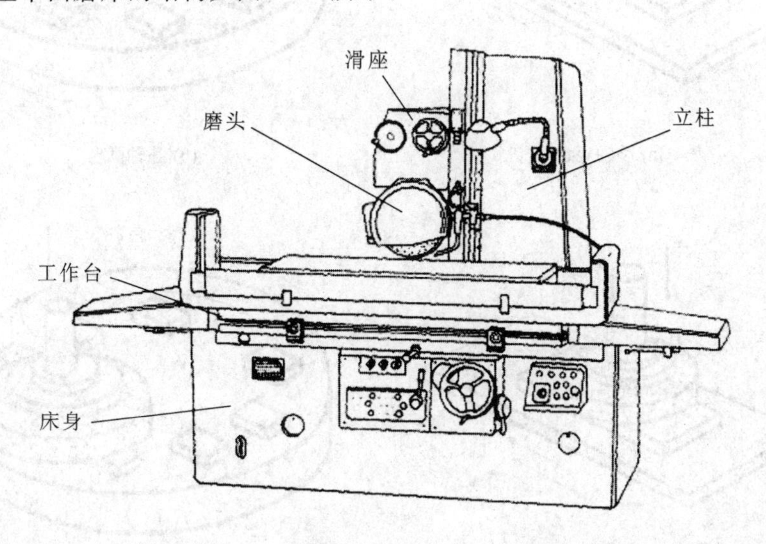

图 3-9　M7120A 型平面磨床结构图

(1) 床身。床身是用于支承磨床各部件的，其上有水平导轨，工作台在手动或液压传动系统的驱动下可以沿水平导轨作纵向往复进给运动。床身后侧有立柱，内部装有液压传动装置。

(2) 立柱。立柱是用于支承拖板和磨头的。立柱侧面有两条垂直导轨，转动升降手轮，可以使拖板连同磨头一起沿垂直导轨上下移动，实现垂直进给运动。

(3) 拖板。拖板下面有燕尾型导轨与磨头相连，其内部有液压油缸，用以驱动磨头作横向间歇进给运动或连续移动。也可以转动横向进给手轮，实现手动进给。

(4) 磨头。磨头中的砂轮主轴与电动机主轴制成一体，直接得到高速旋转运动——主运动。

(5) 工作台。工作台上装有电磁吸盘，用以装夹具有导磁性的工件，对没有导磁性的工件，则利用其他夹具来装夹。工作台前侧有换向撞块，能自动控制工作台的往复行程。

3. 平面磨床的运动分析

平面磨削的方式通常有周磨和端磨两种。

周磨是用砂轮的轮缘面磨削平面。磨削时主运动是砂轮的高速旋转，纵向进给运动是工件的纵向往复运动或圆周运动，横向进给运动是砂轮周期性作横向移动，垂直进给运动是砂轮对工件作定期垂直移动，如图 3-10(a)、(b)所示。

端磨是用砂轮的端面进行磨削。磨削时主运动是砂轮的高速旋转，工作台作纵向往复进给或圆周进给运动，砂轮轴向垂直进给运动，如图 3-10 (c)、(d)所示。

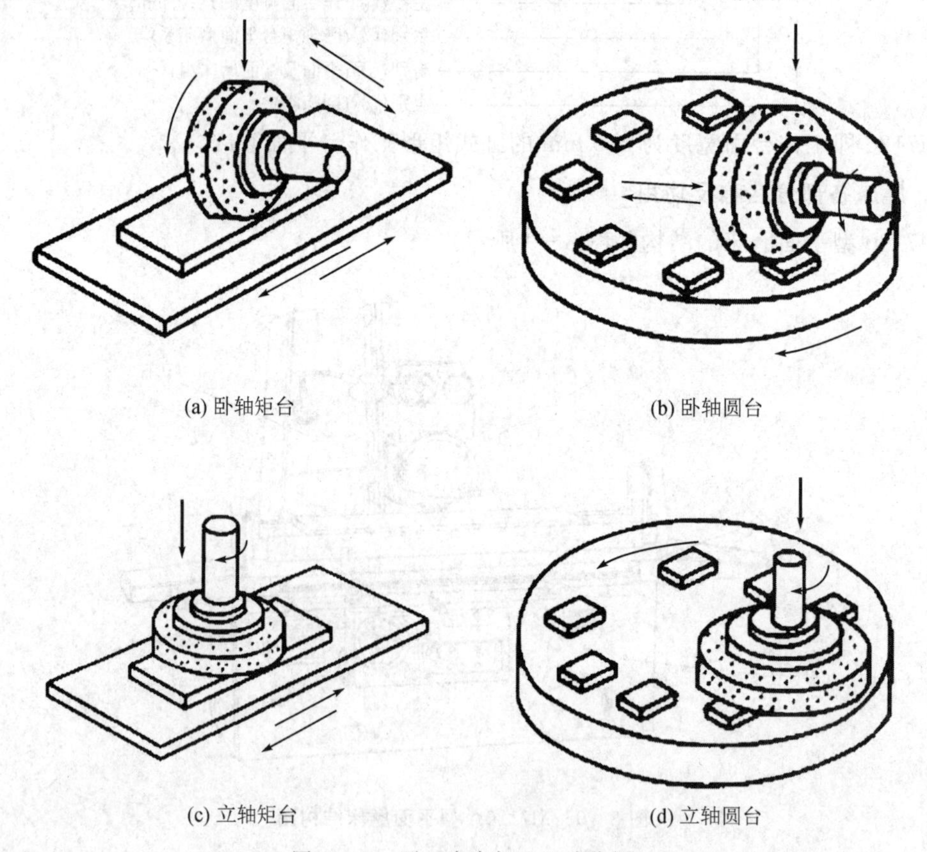

(a) 卧轴矩台　(b) 卧轴圆台

(c) 立轴矩台　(d) 立轴圆台

图 3-10　平面磨床加工运动分析

任务实施

STEP1　认识常见磨床的规格型号。

STEP2　熟悉磨床各部分结构和功用。

STEP3　熟练掌握常用磨床的运动形式。

STEP4　安全文明生产。

任务评价

任务完成后需填写“评价表”并完成考核与测评题。

评 价 表

班级			姓名				
任务名称			起止时间				
序号	考核项目	考核要求	配分	评分标准	自评	互评	师评
1	知识与技能	认识磨床的型号	10	违反一项扣 2 分			
		了解磨床的结构	10	违反一项扣 2 分			
		掌握磨床的运动形式	10	违反一项扣 2 分			
2	过程与方法	学习态度及参与程度	5	酌情考虑扣分			
		团队协作及合作意识	5	酌情考虑扣分			
		责任与担当	5	酌情考虑扣分			
		安全文明生产	5	酌情考虑扣分			
3	成果展示	考核与测评	50	见考核表			
教师签字				总分			

考核与测评

简述题(10 分)

1. M1432A 型和 M7120A 型磨床型号的含义各是什么？
2. 简述 M1432A 型万能外圆磨床和 M7120A 型平面磨床各部分的名称及功用。
3. 分析 M1432A 型万能外圆磨床和 M7120A 型平面磨床的运动形式。

任务 3　操作磨床

任务描述

磨床操作是磨削加工的基础技能。机床开动前，操作者必须熟悉本机床的性能、规格、安全使用要求，各手柄位置及其作用，机械、电气、液压传动原理的相互关系及其动作的先后顺序，各种保险及连锁装置等。本任务要求以 M1432A 型万能外圆磨床为例(如图 3－11

所示)，进行磨床规范操作训练。

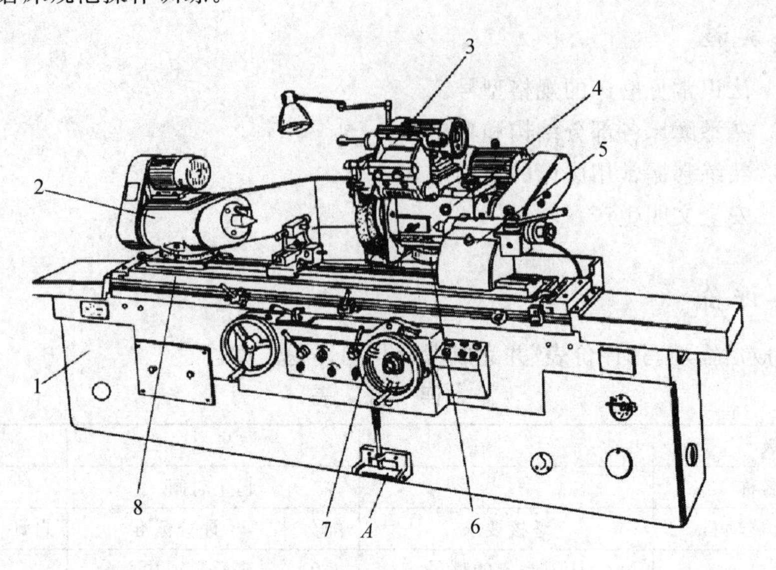

1—床身；2—头架；3—内圆磨具；4—砂轮座；5—尾座；6—滑鞍；7—手轮；8—工作台

图 3-11　M1432A 型万能外圆磨床外形图

任务目标

(1) 熟悉磨床性能，掌握磨床操作规程。

(2) 牢记磨床开动前的准备工作要领。

(3) 掌握磨床操作步骤及各手柄和按钮的操作要领。

(4) 安全文明操作磨床。

知识储备

M1432A 型万能外圆磨床的运动是由机械和液压联合传动的。其中，工作台的纵向往复运动、砂轮座的快速进退、周期径向自动切入运动、尾座顶尖套筒的缩回属于液压传动，其余运动都是由机械传动的。

一、机床开动前须知

(1) 按要求在各处加规定的润滑油(脂)。

(2) 按“一般电气设备的保养和维护”逐项检查。

(3) 熟悉“安全使用要求”。

(4) 熟悉“一般液压设备的故障产生原因及消除方法”。

(5) 手动检查全部机械的动作情况，保证没有不正常现象。

(6) 保持手轮、手柄、开头均停止在所需位置上。

(7) 开动各类电动机，先从最低开始逐步加到最高速，每级运转时间不少于 2 min，高速运转不少于 30 min。

(8) 调整油路压力和工作台润滑压力机内的油量，清除工作台油压筒内存留的空气。

(9) 空运转机床，检查各传动系统工作循环是否正常，各连锁安全保险装置是否可靠。

(10) 检查各轴承升温情况，查看机床有无搬动等不正常现象。

二、操作步骤

(1) 检查各手轮、手柄、手把和旋钮是否均在停止和后退位置，然后闭合电源引入开关，接通电源。

(2) 按下操纵台上油泵启动按钮，使油泵运转。

(3) 通过操纵台上的电动机调速旋钮，根据不同的工件预先选择好不同的转速。

(4) 旋转工作台左面的放气阀旋钮，排尽工作台油压筒内的空气后再关紧。

(5) 转动手柄，使砂轮座快速引进或退出。砂轮座快速引进时，头架拨盘同时开始回转，冷却泵亦同时启动；砂轮座快速后退时，头架拨盘和冷却泵随之停止。在转动手柄前，必须将砂轮座摇向后方，使砂轮座快速前进时不致撞到其他部件。

(6) 将尾座紧固在适当位置，装上工件；将手柄扳到开的位置，按所需行程校正工作台左、右换向撞块的位置；缓慢转动旋钮，将工作台速度调整到所需速度。

(7) 按操作台上的砂轮电动机启动按钮，使砂轮转动(开动时操作者应避开砂轮回转平面)；转动手柄，将砂轮座快速引进(事先必须用手轮将砂轮座摇向后方，使砂轮表面与工件表面事先距离 50 mm 以上)；手动高速转动横给机构，使砂轮移近工件开始磨削。

任务实施

STEP1 实际查看磨床类型，根据操作规程实践操作磨床上各手柄和按钮，实现磨床的启动、关闭、砂轮座引进和后退等动作，要求反应灵活，动作准确，安全可靠。

STEP2 熟悉工作台位置的校正及速度调整的操作方法。

STEP3 掌握磨床的操作步骤及要领。

STEP4 实习结束时，能根据所学车床操作规程，做好实习结束工作。

任务实施

任务完成后需填写“评价表”并完成考核与测评题。

评 价 表

班级			姓名				
任务名称			起止时间				
序号	考核项目	考核要求	配分	评分标准	自评	互评	师评
1	知识与技能	正确启动、关闭磨床床	10	动作错一个扣 2 分			
		正确启动、关闭油泵	10	动作错一个扣 2 分			
		正确进行电机变速	10	动作错一个扣 2 分			
		正确操作砂轮架	10	动作错一个扣 2 分			

续表

序号	考核项目	考核要求	配分	评分标准	自评	互评	师评
2	过程与方法	学习态度及参与程度	5	酌情考虑扣分			
		团队协作及合作意识	5	酌情考虑扣分			
		责任与担当	5	酌情考虑扣分			
		安全文明生产	5	违反一项全扣			
3	成果展示	考核与测评	40	见考核表			
教师签字				总分			

考核与测评

一、填空题(50)

1. 常用的外圆磨床主要由________、________、________、________、砂轮座和内外圆磨具等部件组成。

2. 外圆磨床主要通过对试件磨削加工后的________、________等的检验，来确定磨床的工作精度。

3. 外圆磨削的主运动为________。

4. 磨床要具有良好的稳刚性、________、________和________。

二、简答题(50分)

1. 磨床开机前需要注意哪些事项？

2. 如何正确操作磨床？

任务4　保养、维护磨床

任务描述

磨床是磨削加工的重要设备，它的工作状况是否良好会直接影响加工质量和生产效率。因此，必须经常细心地对磨床进行维护保养，尽可能减少其他意外损伤，使磨床各个部件和机构处于完好状态，从而保证其正常工作，并且在较长时期内保持机床的工作精度，延长机床的使用寿命。

任务目标

(1) 熟悉磨床维护与保养的操作规程。

(2) 能根据生产实际需要，按要求对磨床进行正确的维护与保养。

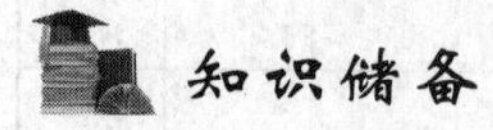

知识储备

操作人员必须对磨床做到“三好”、“四会”。“三好”指管好、用好、维修好，“四会”则是会使用、会保养、会检查、会排除一般小故障。其中，维护保养磨床是最基础的工作。

一、磨床的日常维护保养

磨床的维护保养要做到经常化、规范化，一般采取日清扫、周维护、月保养的“三步法”。

(1) 日清扫：每天下班前用15分钟的时间擦洗机床，清除磨屑、垃圾，保持机床外观清洁。

(2) 周维护：每周末下午用30分钟的时间除进行外观保洁外，还要对机床进行仔细检查，发现问题及时配合维修人员进行维修，保持机床设备完好。

(3) 月保养：每月的月末进行设备一级保养，用2小时的时间按照有关要求逐项进行认真保养，达到整齐、清洁、润滑、安全的规定标准。

二、磨床维护保养的注意事项

维护保养磨床，具体应注意如下事项：

(1) 正确使用机床，熟悉自用磨床各部件的结构、性能、作用、操作方法和步骤。

(2) 开动磨床前，应首先检查磨床各部分是否有故障；工作后仍需检查各传动系统是否正常，并做好交接班纪录。

(3) 严禁敲击磨床的零部件，不碰撞或拉毛工作面，避免重物磕碰磨床的外表面。装卸大工件时，最好预先在台面上垫放木板。

(4) 在工作台上调整尾座、头架位置时，必须擦净台面与尾座接缝处的磨屑，涂上润滑油后再移动部件。

(5) 磨床工作时应注意砂轮主轴轴承的温度，一般不得超过60℃。

(6) 工作完毕后，清除磨床上的磨屑和切削液，擦净工作台，并在敞开的滑动面和机械机构涂油防锈。

三、一级保养的内容及操作步骤

1. 一级保养的内容(以万能外圆磨床为例)

1) 外部保养

(1) 清洗机床外表，使机床外表保持清洁，做到无锈蚀、无油痕。

(2) 拆卸有关防护盖板、挡板进行清洗，做到各部位清洁，安装牢固。

(3) 检查补齐手柄、螺钉、螺母。

2) 砂轮座及头架、尾座的保养

(1) 拆洗砂轮座传动带罩壳及砂轮防护罩壳。

(2) 检查电动机及紧固用的螺钉、螺母是否松动。

(3) 检查、调整砂轮架传动带，使之松紧适中。

(4) 拆洗头架罩壳，调整传动带松紧程度，使之传动稳定。

(5) 拆洗尾座套筒，保持套筒和尾座壳体内的清洁及良好的润滑。

3）液压润滑系统的保养

（1）检查液压系统的压力情况，保持液压部件运行正常。

（2）清洗液压泵过滤器。

（3）检查砂轮架主轴润滑油的油质及油量。

（4）清洗导轨，检查油质，保持油孔、油路畅通；检查油管安装是否牢固，是否有断裂、泄漏等现象。

4）冷却系统的保养

（1）清洗切削油箱，调换切削液。

（2）检查切削液泵，清除嵌入的棉纱等杂质，保持电动机运转正常。切削液泵应搁在挡条上，防止切削液泵掉落水箱内，损坏电动机。

（3）清洗过滤器，拆洗切削液管，做到管路畅通，构件安装牢固，排列整齐。

5）电气系统的保养

（1）清扫电器箱，保持箱内清洁、干燥。

（2）清理电线及蛇皮管，对裸露的电线及损坏的蛇皮管进行修复。

（3）检查各电气装置，做到固定整齐，工作正常。

（4）检查照明灯、工作状态指示灯等发光装置，做到工作正常，发光明亮。

6）随机附件的保养

清洗附件，如平衡架，开式、闭式中心架，砂轮修整器等，做到清洁、整齐、无锈迹。

2. 一级保养的操作步骤

（1）切断电源，摇动砂轮座使其退至较后的位置，推动头架、尾座至工作台两端。

（2）清扫机床铁屑较多的部位，如水槽、切削液箱、防护罩壳等。

（3）用柴油清洗头架主轴、尾座套筒、液压泵过滤器等。

（4）在维修人员的指导配合下，检查砂轮座及床身油池内的油质情况、油路工作情况等，并根据实际情况调换或补充润滑油和液压油。

（5）在维修电工的指导配合下，进行电器检查和保养。

（6）进行机床油漆表面的保养，按从上到下、从后到前、从左到右的顺序进行，如有油痕，可用去污粉或碱水清洗。

（7）进行附件的清洁保养。

（8）补齐缺件，如手柄、螺钉、螺母等。

（9）调整机床，如调整传动带松紧、尾座弹簧压力、砂轮座主轴和头架的主轴间隙等。

（10）装好各防护罩、盖板。

（11）按一级保养要求进行全面检查，发现问题应及时纠正。

★ 查阅资料：

磨床的维护与保养可通过查阅相关保养手册、实践操作，具体了解其维护与保养的方式与内容。

任务实施

STEP1 熟悉磨床维护保养的内容。

STEP2　熟悉磨床维护保养的方法和步骤。

STEP3　安全文明生产，正确进行维护与保养。

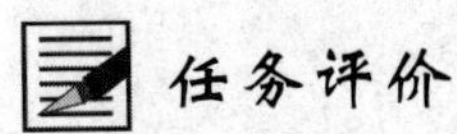

任务评价

任务完成后需填写“评价表”并完成考核与测评题。

评　价　表

班级			姓名				
任务名称			起止时间				
序号	考核项目	考核要求	配分	评分标准	自评	互评	师评
1	知识与技能	了解日常维护保养三步法	10	动作错一个扣 2 分			
		了解磨床保养的注意事项	10	动作错一个扣 2 分			
		了解磨床保养的内容	10	动作错一个扣 2 分			
		了解磨床保养的操作步骤	10	动作错一个扣 2 分			
2	过程与方法	学习态度及参与程度	5	酌情考虑扣分			
		团队协作及合作意识	5	酌情考虑扣分			
		责任与担当	5	酌情考虑扣分			
		安全文明生产	5	违反一项全扣			
3	成果展示	考核与测评	40	见考核表			
教师签字				总分			

考核与测评

简答题(100 分)

1. 磨床维护保养的内容有哪些?
2. 磨床维护保养的方法和步骤是什么?

项目二　磨具选用

■ **项目描述：**

如图 3－12(a)所示，磨具是用结合剂将大量磨料粘结而成，用以磨削、研磨和抛光的切削工具，主要分为固结磨具(砂轮、油石)和涂覆磨具(砂带、砂纸和砂布)两种。磨具除在机械制造和其他金属加工工业中已被广泛采用外，还用于粮食加工、造纸工业和陶瓷、玻璃、石材、塑料、橡胶、木材等非金属材料的加工。

(a) 磨具

(b) 砂轮

图 3－12　磨具及砂轮

任务1 认识砂轮

任务描述

砂轮是磨削加工不可缺少的一种工具，它是由磨料和结合剂构成的多孔物体，如图 3-12(b) 所示。砂轮的种类很多，并有各种形状和尺寸。根据其本身的特性，每一种砂轮都有一定的适用范围。

任务目标

(1) 了解砂轮的组成和分类。

(2) 能合理选用砂轮。

知识储备

一、砂轮的型号

如图 3-13(a)所示，砂轮的端面上一般都印有标识，例如砂轮上的标识为 P 400×50×203 A 60 1.6 V 35，其含意如图 3-13(b)所示。

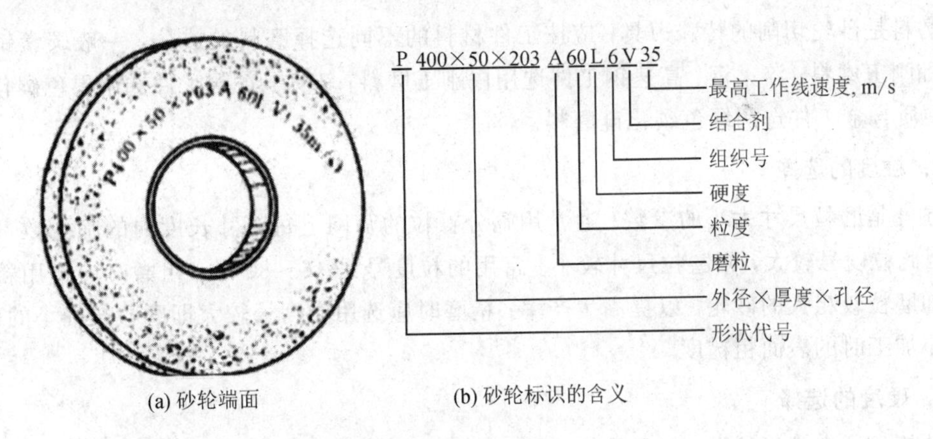

(a) 砂轮端面 (b) 砂轮标识的含义

图 3-13 砂轮端面与标识

二、砂轮的组成、分类

砂轮是由磨粒、结合剂和空隙三部分组成的。磨粒以其裸露在表面部分的棱角作为切削刃；结合剂将磨粒粘结在一起，经加压与焙烧使之具有一定的形状和强度；空隙则在磨削过程中起容纳切屑、切削液和散逸磨削热的作用，其结构示意如图 3-14 所示。

按磨料种类的不同，砂轮可分为氧化物系砂轮和碳化物系砂轮两大类。氧化物系砂轮最常用的磨料为棕刚玉、白刚玉，前者韧性大，磨削性能好；后者纯度高，切削刃锐利，硬度较高。碳化物系常用的磨料为黑碳化硅、绿碳化硅和人造金刚石。黑碳化硅硬度高，韧性

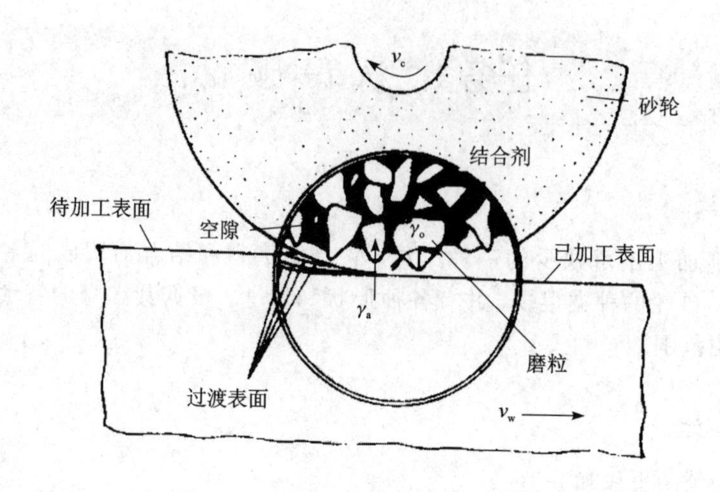

图 3-14　砂轮结构图

小，磨粒切削刃锐利，导电导热性好；绿碳化硅纯度高，强度高，脆性大，刃口锋利；人造金刚石硬度高，颗粒棱角锋利，摩擦系数小，耐磨性好。

三、砂轮的选择

砂轮是用结合剂将磨料粘合而成的磨具，磨料和结合剂的性能决定砂轮的韧性。

1. 磨料的选择

磨料是砂轮切削的特殊刃具，应按工件材料的不同选择磨料的成分，一般碳素钢工件选用棕刚玉磨料；淬火钢、高速钢工件选用白刚玉磨料；铸铁、黄铜工件选用黑色碳化硅磨料；硬质含金工件选用绿色碳化硅磨料。

2. 粒度的选择

粒度是磨粒尺寸大小的参数。通常用筛分颗粒的筛网上每英寸长度内的筛孔数量来表示，因此粒度号较大，则磨粒尺寸较小。常用的粒度号是46～80号。粗磨时应选用粒度号较小即磨粒较粗大的砂轮，以提高生产率；精磨时应选用粒度号较大即磨粒较细小的砂轮，以减小加工时的表面粗糙度。

3. 硬度的选择

砂轮的硬度是指结合剂粘结磨粒的牢固程度，砂轮硬，磨粒难以脱落；砂轮软，则磨粒较易脱落。常用的硬度等级是软2、软3、中软1、中软2、中1和中2。磨削较硬材料时，磨粒容易钝化，应选用较软的砂轮，以使磨钝的磨粒及时脱落，露出锋锐的新磨粒，保持砂轮的自锐性；磨削较软材料时，应选用较硬的砂轮，防止磨粒过早脱落，充分发挥切削作用。

4. 形状和尺寸的选择

砂轮的形状有平形、薄片形、筒形等，如图3-15所示。平形砂轮用于磨削外圆、内圆、平面等；薄片形砂轮用于切断与切槽；筒形砂轮用于端磨平面；单面凹形(杯形)砂轮用于磨削内圆与平面。砂轮的形状和尺寸都已标准化，可按机床的规格和加工要求来选择。

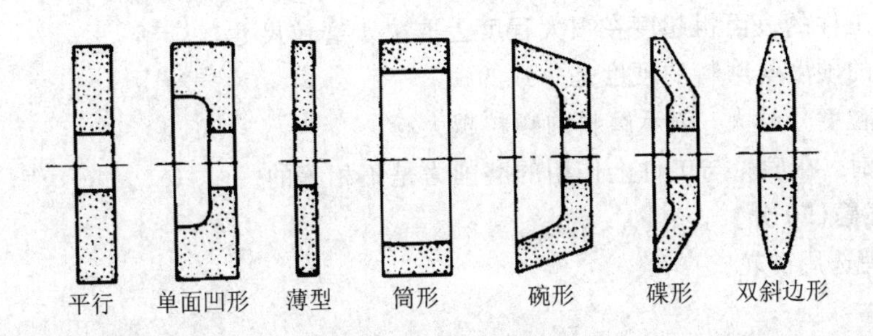

图 3-15　砂轮的形状

任务实施

STEP1　认识常见砂轮。

STEP2　了解砂轮的型号、组成和分类。

STEP3　熟悉砂轮的选用原则，能正确合理地选择砂轮。

任务评价

任务完成后需填写“评价表”并完成考核与测评题。

评　价　表

班级			姓名				
任务名称			起止时间				
序号	考核项目	考核要求	配分	评分标准	自评	互评	师评
1	知识与技能	认识砂轮的型号	10	违反一项扣 2 分			
		砂轮的组成	10	违反一项扣 2 分			
		砂轮的分类	10	违反一项扣 2 分			
		砂轮的选用	10	违反一项扣 2 分			
2	过程与方法	学习态度及参与程度	5	酌情考虑扣分			
		团队协作及合作意识	5	酌情考虑扣分			
		责任与担当	5	酌情考虑扣分			
		安全文明生产	5	违反一项全扣			
3	成果展示	考核与测评	40	见考核表			
教师签字			总分				

考核与测评

一、判断题(50 分)

1. 在轧辊修磨过程中，正确选择砂轮非常重要，正确选择砂轮不但可以提高磨削质量，还可以提高工作效率，选择砂轮时，要考虑轧辊材质、热处理状态、表面粗糙度、磨削余量等因素。　(　　)

2. 被磨工件的表面粗超度在很大程度上取决于磨粒尺寸。 ( )
3. 砂轮的硬度与磨料的硬度是一致的。 ( )
4. 砂轮粒度号越大，表示磨料的颗粒越大。 ( )
5. 磨削时，在砂轮与工件上作用的磨削力是不相等的。 ( )

二、简述题(50 分)

如何合理选用砂轮？

任务 2 安装砂轮

任务描述

砂轮的使用有一定的危险性，其安装是否合理，是否符合安全要求，使用方法是否正确，是否符合安全操作规程，这些问题都直接关系到每一位职工的人身安全，因此在实际的使用中必须引起我们重视。

任务目标

(1) 了解砂轮安装的注意事项。

(2) 掌握砂轮的安装方法及注意事项，能正确安装砂轮。

知识储备

一、砂轮的安装

在磨床上安装砂轮应特别注意。因为砂轮在高速旋转条件下工作，使用前应仔细检查，不允许有裂纹。安装必须牢靠，并应经过静平衡调整，以免造成人身和质量事故。

砂轮的安装方法及注意事项如下：

(1) 松开法兰盘上的内六角螺丝，拆下旧的砂轮。

(2) 检查法兰盘内孔是否碰毛，如果碰毛用砂条打磨修理；清理砂轮与法兰盘接触面的附着物。

(3) 选用符合线速度、结合剂、硬度型号要求和内孔及外径合格的砂轮。

(4) 检查砂轮是否有裂纹或破损等缺陷，方法为目测检查和音响检查。目测检查是直接用肉眼或借助其他器具察看砂轮表面是否有裂纹和缺陷。音响检查是将砂轮通过中心悬挂(质量较小者)或放置在平整硬地面上，用 200～300 g 的小木槌敲击，敲击点在距砂轮外圆表面 20～50 mm 处的任一侧面上，若砂轮发出清脆的声音，允许使用；发出闷声或哑声的砂轮不应使用。

(5) 砂轮与卡盘之间衬以柔性材料的衬垫，厚度为 1～2 mm，直径比压紧面直径大 2 mm。衬垫应将砂轮与卡盘接触面全部覆盖，配合面间要平整无附着物。

(6) 检查螺丝的质量，清理沉头孔灰尘，用规定的扳手逐一对角拧紧螺丝。拧紧时应分几个步骤，不可紧死一个螺丝后再紧其他螺丝。不可用延长扳手加力杆坚固。

(7) 砂轮的安装如图 3-16 所示，较大的砂轮用带台阶的法兰盘装夹(见图 3-16(a))，一般砂轮用法兰盘直接装在砂轮轴上(见图 3-16(b))，小砂轮用螺母紧固在砂轮轴上(见图 3-16(c))，更小的砂轮可用胶粘剂粘固在轴颈上(见图 3-16(d))。较大砂轮安装好以后要进行静平衡。

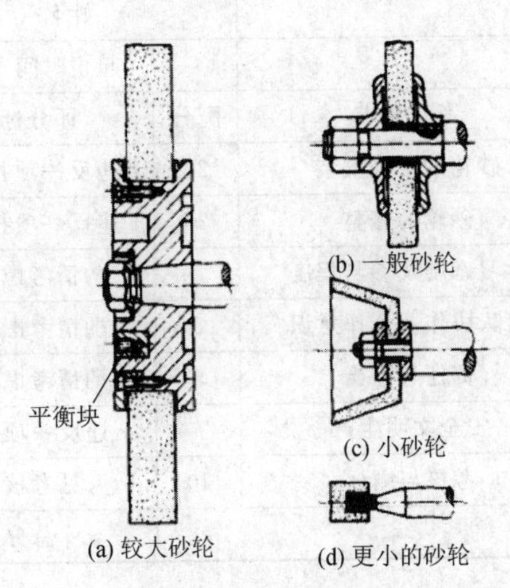

图 3-16　砂轮的安装方法

二、砂轮的修整

新砂轮安装好开始磨削之前，以及砂轮磨粒变钝、砂轮正确几何形状被破坏时，必须进行修整(用镶有金刚石颗粒的修整笔进行)，如图 3-17 所示，以恢复砂轮的磨削性能及正确的几何形状。修整时，要压紧修正器，修整砂轮的外圆和侧面，金钢刀低于砂轮的中心并向下倾斜 10～15°，修整时穿戴好劳保用品、眼镜。

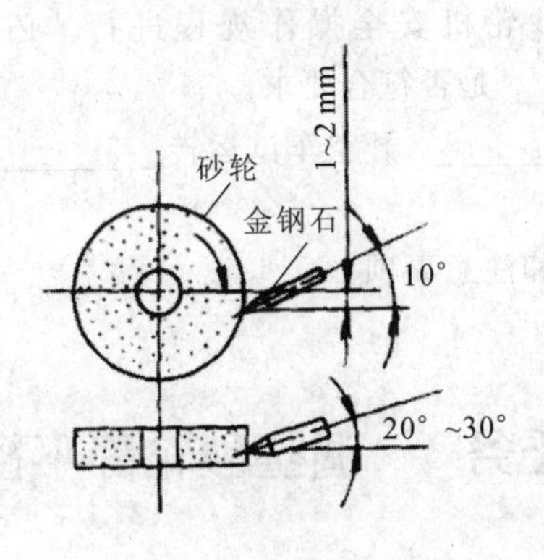

图 3-17　砂轮的修整

任务实施

STEP1　观看磨床砂轮的安装过程。

STEP2　根据实习任务，能正确安装磨床砂轮。

任务评价

任务完成后需填写“评价表”并完成考核与测评题。

评　价　表

班级				姓名			
任务名称				起止时间			
序号	考核项目	考核要求	配分	评分标准	自评	互评	师评
1	知识与技能	砂轮的正确安装	20	违反一项扣 2 分			
		砂轮的修整	20	违反一项扣 2 分			
2	过程与方法	学习态度及参与程度	5	酌情考虑扣分			
		团队协作及合作意识	5	酌情考虑扣分			
		责任与担当	5	酌情考虑扣分			
		安全文明生产	5	违反一项全扣			
3	成果展示	考核与测评	40	见考核表			
教师签字				总分			

考核与测评

一、填空题(20 分)

1. 工件加工前，应根据工件的 ________、________、________、________ 磨等情况，合理选择适用的砂轮。

2. 安装砂轮必须牢靠，需要经过 ________ 调整，以免造成人身和质量事故。

3. 调换砂轮时，要按砂轮机安全操作规程进行。必须仔细检查砂轮的线速度、________、________、________ 是否符合要求。

4. 安装砂轮时，须经 ________，开空车试运转 ________ 分钟，确认无误后方可使用。

二、简述题(20 分)

1. 叙述安装砂轮的步骤和注意事项。

2. 如何对砂轮进行修整?

任务 3　调整砂轮静平衡

任务描述

磨床工作时，常常由于砂轮的不平衡而产生振动。特别是高速旋转的砂轮，如果不设法消除这种现象，就会影响被磨削工件的表面质量和机床的寿命。因此，在磨削加工中必须对砂轮进行静平衡。

任务目标

(1) 通过砂轮静平衡装置，了解如何调整砂轮的静平衡。

(2) 掌握调整砂轮静平衡的方法及注意事项。

知识储备

一、砂轮的静平衡装置

图 3－18 所示为砂轮静平衡装置。平衡时将砂轮装在平衡心轴上，然后把装好心轴的砂轮平放到平衡架的平衡导轨上，砂轮会作来回摆动，直至摆动停止。平衡的砂轮可以在任意位置都静止不动。如果砂轮不平衡，则其较重部分总是转到下面，这时可移动平衡块的位置使其达到平衡。

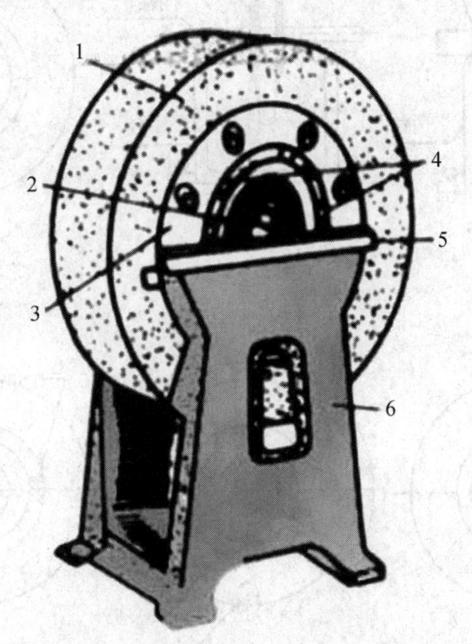

1—砂轮；2—心轴；3—法兰盘；4—平衡块；
5—平衡轨道；6—平衡架

图 3－18　砂轮的平衡装置

二、调整砂轮静平衡的方法及注意事项

具体平衡方法如下：

(1) 砂轮平衡台须先校正至水平状态，如图 3－19(a)所示。

(2) 将砂轮套在砂轮卡盘上，然后将砂轮压圈套上，再将砂轮压盖拧上(左旋)，用法兰扳手拧紧；再把组合件串在平衡棒上后，置于平衡台的两个平等刃口上，如图 3－19(b)所示。

(3) 将砂轮在平衡台上摆动，然后用粉笔做记号“s”，如图 3－19(c)所示。

(4) 将第一块平衡片“G”销紧在记号 s 对边。注意“G”绝对不可以再移动，如图 3－19(d)所示。

(5) 将另一块平衡片“K”装在 G 等距离圆弧上的任意位置，如图 3－19(e)所示。

(6) 每次旋转砂轮 90°，检查砂轮是否平衡。若不平衡，则须移动平衡片“K”，走到砂轮在任意位置均能平衡为止，如图 3－19(f)所示。

(7) 平衡的砂轮必须以正常磨削速度试运转至少 5 分钟。第一次平衡后，须再将砂轮装在主轴上，用放置在工作台上的砂轮修整刀修正砂轮。(注意：使用工作台上的钻石修整刀时，必须先将工作台行程方向固定，然后旋转手轮。砂轮必须修正到完全精确为止。)砂轮平衡图如图 3－19(g)所示。

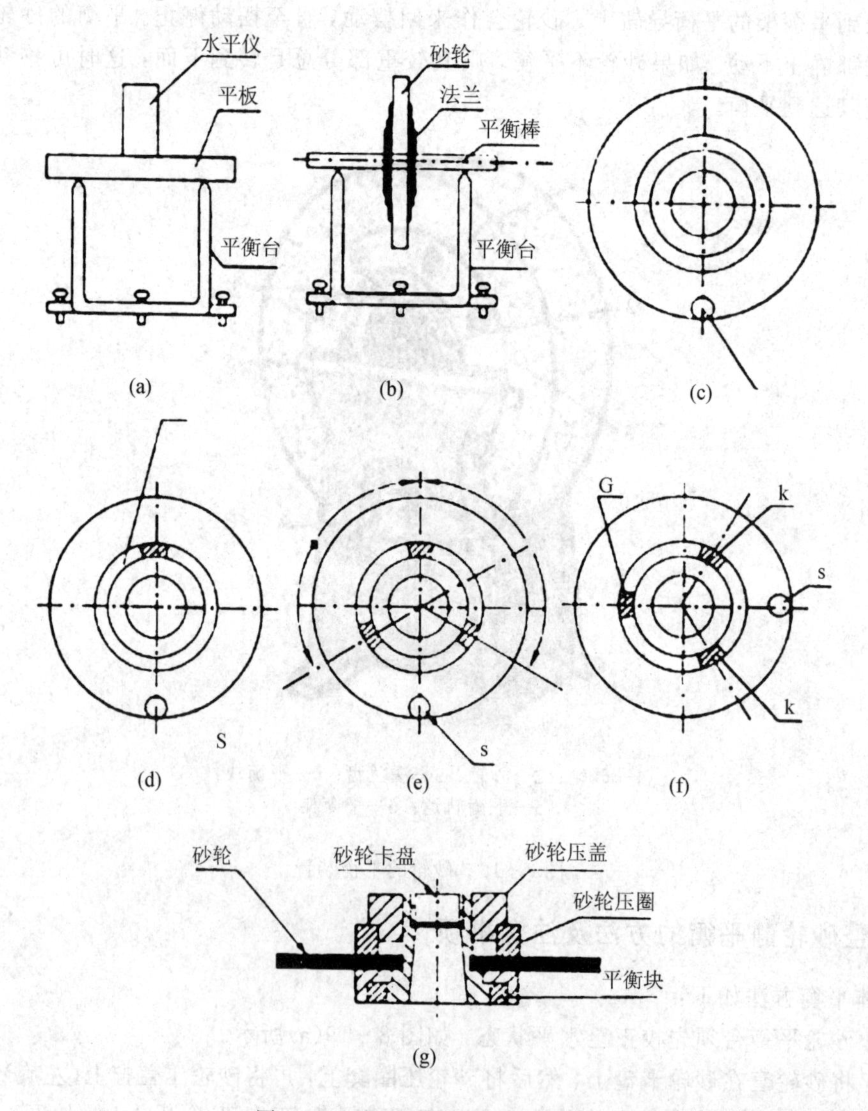

图 3－19　调整砂轮静平衡的方法

调整平衡时的注意事项如下：

(1) 平衡架要放水平，特别是纵向。

(2) 砂轮要紧固，法兰块、平衡块要洗净。

(3) 砂轮法兰盘内锥孔与平衡心轴要配合紧密，心轴不应弯曲。

(4) 砂轮平衡后，平衡块要紧固。

经过上述方法平衡后的砂轮，必须再从主轴取下，然后放在平衡台上仔细地平衡后，再装回主轴修正砂轮，直到精确为止。即使平衡的砂轮亦可能因磨耗而发生不平衡，因此必须经常检查，如果需要就必须重新平衡。

新砂轮一般要作两次平衡。第一次平衡的目的在于消除砂轮在制造过程中由于质量偏差而产生的不平衡。装到进口轴承机床上后，修整其外圆和端面，然后卸下来再进行第二次平衡。第二次平衡时必须达到精确平衡，使砂轮在任何方位都能达到平衡。

任务实施

STEP1　观察调整砂轮静平衡的装置，熟悉调整砂轮静平衡的方法和注意事项。

STEP2　根据实习任务，能准确调整砂轮的静平衡。

任务评价

任务完成后需填写“评价表”并完成考核与测评题。

评　价　表

<table>
<tr><td colspan="2">班级</td><td colspan="2"></td><td>姓名</td><td colspan="3"></td></tr>
<tr><td colspan="2">任务名称</td><td colspan="2"></td><td>起止时间</td><td colspan="3"></td></tr>
<tr><td>序号</td><td>考核项目</td><td>考核要求</td><td>配分</td><td>评分标准</td><td>自评</td><td>互评</td><td>师评</td></tr>
<tr><td rowspan="3">1</td><td rowspan="3">知识与技能</td><td>砂轮静平衡的原理</td><td>10</td><td>违反一项扣2分</td><td></td><td></td><td></td></tr>
<tr><td>调整静平衡的方法</td><td>20</td><td>违反一项扣2分</td><td></td><td></td><td></td></tr>
<tr><td>调整静平衡注意事项</td><td>10</td><td>违反一项扣2分</td><td></td><td></td><td></td></tr>
<tr><td rowspan="4">2</td><td rowspan="4">过程与方法</td><td>学习态度及参与程度</td><td>5</td><td>酌情考虑扣分</td><td></td><td></td><td></td></tr>
<tr><td>团队协作及合作意识</td><td>5</td><td>酌情考虑扣分</td><td></td><td></td><td></td></tr>
<tr><td>责任与担当</td><td>5</td><td>酌情考虑扣分</td><td></td><td></td><td></td></tr>
<tr><td>安全文明生产</td><td>5</td><td>违反一项全扣</td><td></td><td></td><td></td></tr>
<tr><td>3</td><td>成果展示</td><td>考核与测评</td><td>40</td><td>见考核表</td><td></td><td></td><td></td></tr>
<tr><td colspan="2">教师签字</td><td colspan="2"></td><td>总分</td><td colspan="3"></td></tr>
</table>

考核与测评

一、判断题(40分)

1. 砂轮静平衡前应先对砂轮进行修整。　　(　　)

2. 平衡的砂轮作试运转，可以直接进行磨削。（　）

3. 新砂轮只需要做一次静平衡就可以了。（　）

4. 磨削时砂轮出现振动现象，不会影响工件的表面质量和磨床的寿命。（　）

5. 平衡的砂轮也可能因磨耗而发生不平衡，因此必须经常检查，如果需要就必须重新平衡。（　）

二、简答题(60 分)

1. 叙述调整砂轮静平衡的方法。

2. 调整砂轮静平衡时有哪些注意事项？

项目三 磨削平面

■ **项目描述：**

零件上的各种平直表面叫做平面。当平面的精度要求较高时，一般可用磨床来进行加工。磨削加工后的工件精度可达IT6级，表面粗糙度达 Ra0.4～0.1 μm。

平面磨床根据工作台的结构特点和配置形式，可以分为五种类型，即卧轴矩台平面磨床、卧轴圆台平面磨床、立轴矩台平面磨床、立轴圆台平面磨床及双端面磨床等，如图3-20所示。

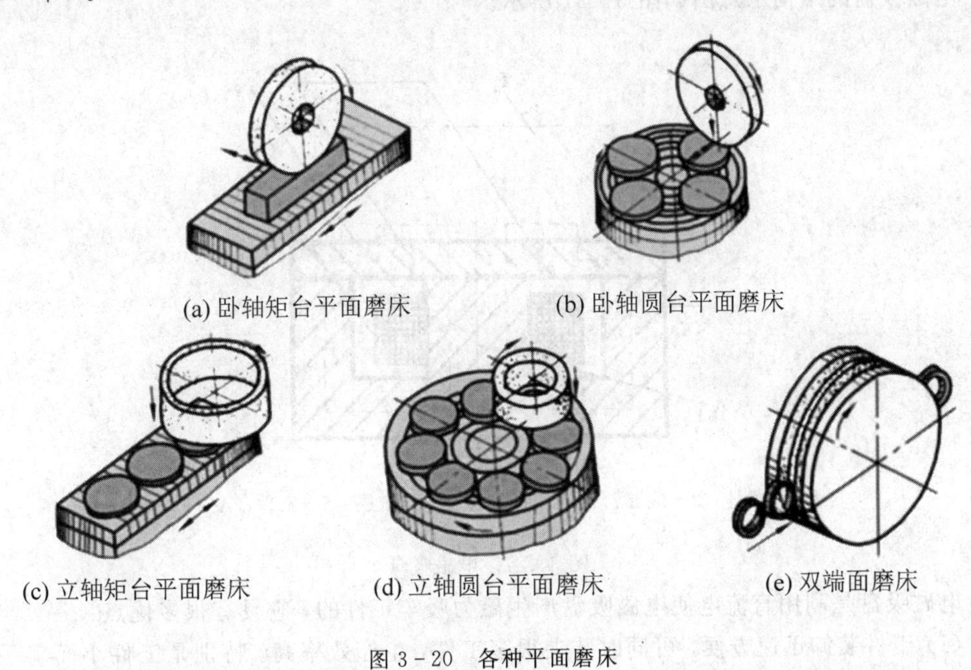
(a) 卧轴矩台平面磨床 (b) 卧轴圆台平面磨床 (c) 立轴矩台平面磨床 (d) 立轴圆台平面磨床 (e) 双端面磨床

图3-20 各种平面磨床

本项目主要学习并掌握零件的装夹方法，熟练掌握磨削平面的方法，能够规范、安全、文明地操作磨床，并能对磨床进行日常保养维护。

任务1 装夹零件

任务描述

平面磨床上的零件装夹方法需要根据零件的形状、尺寸和材料来确定。由磁性材料制成的普通工件具有两个平行平面，一般由电磁吸盘装夹。形状复杂或由非磁性材料制成的零件，可用精密平口钳、精密角铁和各种夹具装夹。

任务目标

(1) 熟悉平面磨床上零件的装夹方法。

(2) 能合理选择适当的工件装夹方法进行装夹。

(3) 安全文明操作磨床，正确装夹零件。

知识储备

平面磨床上零件的装夹方法主要有电磁吸盘装夹和用夹具装夹两种。

一、电磁吸盘装夹

电磁吸盘的结构示意图如图 3-21 所示。

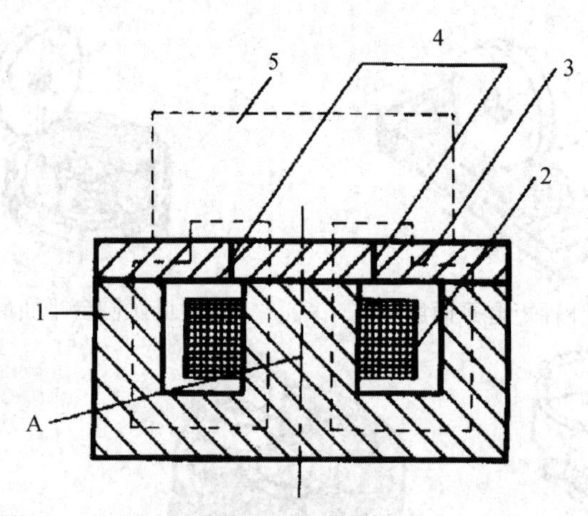

1—吸盘体；2—线圈；3—钢制盖板；4—绝磁层；5—工件；A—芯体

图 3-21　电磁吸盘

电磁吸盘是利用直流电使电磁吸盘产生磁力吸牢工件的，它具有很多优点：

(1) 工件装卸迅速方便，可同时装夹很多工件，生产效率高。特别是工件小而扁平时，生产效率更为显著。

(2) 工件的定位表面被均匀地吸附在台面上，能确保平面的平行度。

(3) 可将各种形状的夹具直接装在台面上，轻而易举地磨出垂直平面、倾斜面等。

平面磨床上使用的电磁吸盘有长方形和圆形两种。长方形用于矩台平面磨床，圆形用于圆台平面磨床。

使用电磁吸盘时应注意以下几点：

(1) 关掉电磁吸盘的电源后，工件和电磁吸盘上仍会保留一部分磁性，叫做剩磁，因此工件不易取下。这时只要将开关转到退磁位置，反复几次就能多次改变线圈中的电流方向，去掉剩磁，取下工件。

(2) 从电磁吸盘上取下底面积较大的工件时，由于剩磁以及光滑表面间的黏附力较大，不容易将工件取下来。这时根据工件形状，先用木棒、铜棒或扳手(扳手钳口与工件表面之间应垫铜皮等)将工件扳松后再取下，而绝不能用力将工件从电磁吸盘上硬拖下来，否则会使吸盘台面和工件表面拉毛。

(3) 操作者一天工作结束后，应将吸盘台面擦干净，否则切削液经过工作台板上的细小缝隙渗入吸盘体内，会使线圈受潮受损。

(4) 装夹工件时，工件定位表面盖住的绝磁层条数应尽可能多，充分利用磁性吸力，小而薄的工件应放在绝磁层中间。装夹高度比较高而定位表面较小的工件时，在工件的前面应放一块较大的挡铁，避免因吸力不够，砂轮将工件翻倒，造成砂轮碎裂。

(5) 使用电磁吸盘时，往往都是将工件放在中间，因而台面中间部分不仅容易磨损，而且有拉毛情况。假如要磨小工件，且平行度要求高时，可以将工件安装在电磁吸盘两端，以确保磨削质量。

(6) 电磁吸盘的台面要平整光洁。如果台面有拉毛，可以用三角油石或细砂皮修光后，再用金相砂皮对台面做一次修磨。修磨时电磁吸盘应接通电源，使它处于工作状态。修磨量应尽量少，这样可以延长电磁吸盘的使用寿命。

二、用夹具装夹

(1) 用精密平口钳装夹。磨削相互垂直的平面，如图 3-22 所示。

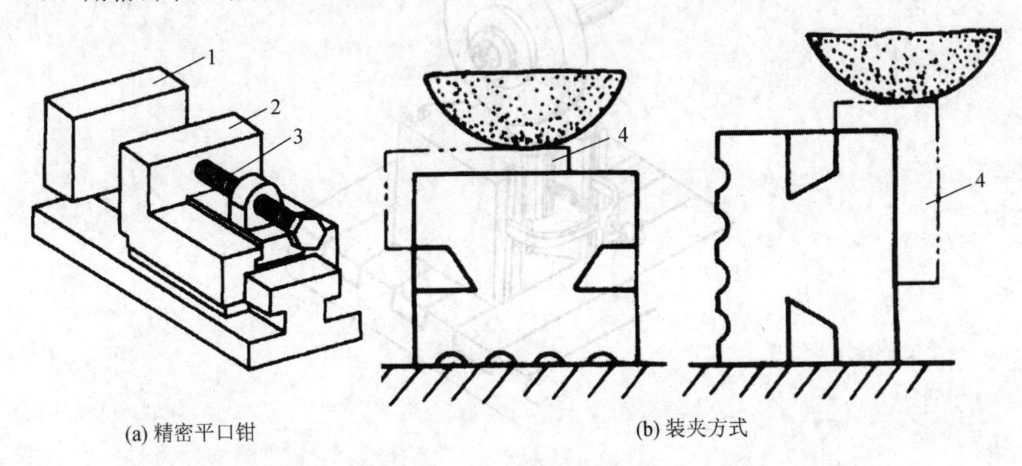

(a) 精密平口钳　　(b) 装夹方式

1—固定钳口；2—活动钳口；3—转动螺母；4—工件

图 3-22　精密平口钳与装夹方式

(2) 用精密电磁方箱装夹工件。磨底面为圆弧(或角度面)而上部为平面的工件，应把工件的侧面靠在电磁方箱的带磁力线的工作面(侧面)上，在工件的圆弧底面(或其他形状底面)下垫垫铁，使工件加工高于电磁方箱顶面，并用千分表找平工件的加工面。精密电磁方箱形状如图 3-23 所示。

(3) 用精密角铁装夹工件。磨相互垂直的平面，其装夹、定位、找正及磨削均与方箱装夹磨削工件基本相同，如图 3-24 所示。

(4) 用 V 形架装夹圆柱体工件磨端面；把圆柱体工件基准面置于 V 形架的 V 形槽中夹紧，使需磨端面伸出 V 形槽端面；然后把 V 形架连同工件一起装夹在机床磁力吸盘上吸牢，就可以进行磨削了，如图 3-25 所示。

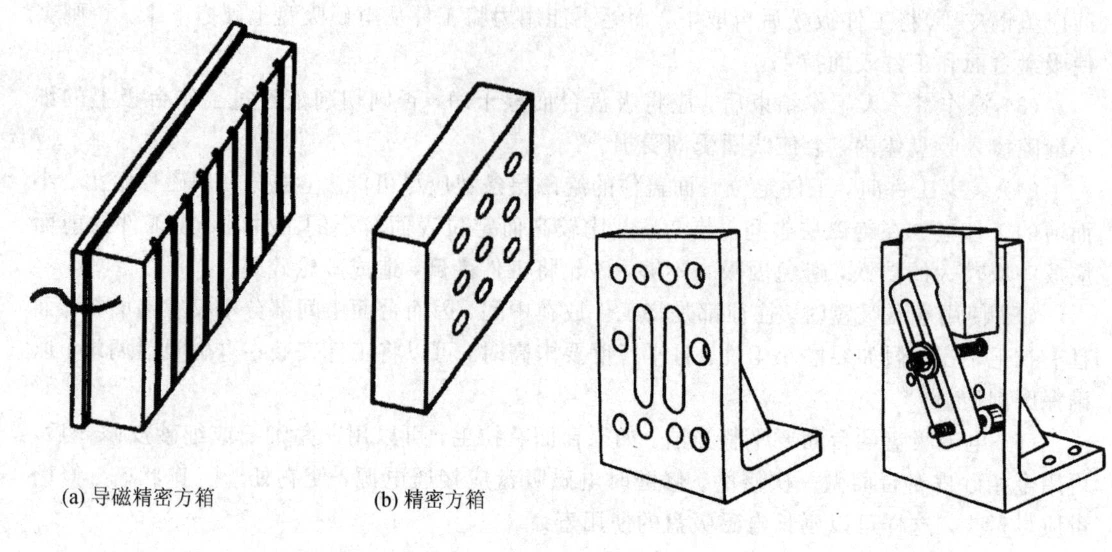
(a) 导磁精密方箱　(b) 精密方箱

图 3－23　精密方箱

图 3－24　精密角铁

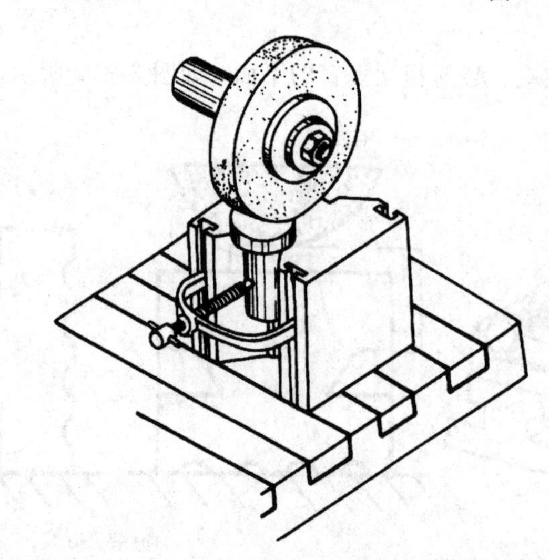
图 3－25　精密 V 形架

(5) 用其他专用夹具磨有色金属、非金属等不导磁工件平面。这类工件由于本身不导磁，必须装夹在导磁的夹具或附件上进行磨削，故夹具的形状依工件的形状而异，但是装夹必须牢固、易于找正和测量。

★ **温馨提示：**

磨床启动前，检查磨床各部分机构是否完好，选择适当的工件装夹方法进行装夹。

任务实施

STEP1　掌握平面磨床上零件的装夹方法，了解装夹零件过程中的操作要领。

STEP2　合理选择适当的工件装夹方法进行装夹，能独立正确装夹零件。

任务评价

任务完成后需填写“评价表”并完成考核与测评题。

评　价　表

班级			姓名				
任务名称			起止时间				
序号	考核项目	考核要求	配分	评分标准	自评	互评	师评
1	知识与技能	平面磨床的种类	10	违反一项扣2分			
		零件的装夹方法	10	违反一项扣2分			
		合理选用装夹方法	10	违反一项扣2分			
		正确进行磨床维护保养	10	违反一项扣2分			
2	过程与方法	学习态度及参与程度	5	酌情考虑扣分			
		团队协作及合作意识	5	酌情考虑扣分			
		责任与担当	5	酌情考虑扣分			
		安全文明生产	5	违反一项全扣			
3	成果展示	考核与测评	40	见考核表			
教师签字				总分			

考核与测评

简答题(100分)

1. 平面磨床上零件的装夹方法主要有哪几种?
2. 如何合理的选用装夹方法?

任务2　磨削平面

任务描述

机械零件除了带有圆柱、圆锥表面外，还有若干平面组成，如零件底平面以及零件上相互平行、垂直或成一定角度的平面。这些平面所要求达到的技术要求主要是平面的平面度，平面之间的平行度、垂直度、倾斜度，平面与其他要素之间的位置度，以及平面的表面粗糙度。平面磨削就是在平面磨床上对这些平面进行加工，使其达到一定的要求。小型的平面工件也可在工具磨床上进行加工。

任务目标

(1) 了解平面磨削的形式。

(2) 掌握平面磨削的方法。

(3) 安全文明操作磨床。

知识储备

一、平面磨削的形式

在平面磨床上磨削平面有圆周磨削和端面磨削两种形式。

1. 圆周磨

圆周磨是指利用砂轮的圆周面进行磨削，如图 3-26 所示。

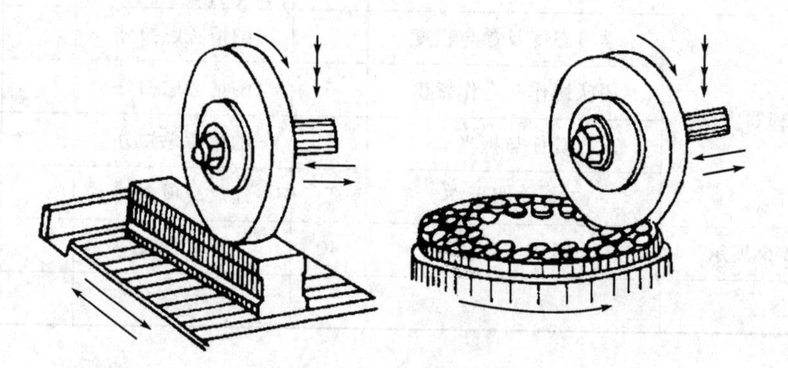

图 3-26 圆周磨削

对工件进行圆周磨削时，工件与砂轮的接触面积小，发热少，排屑与冷却情况好，因此加工精度高。但生产率低，在单件小批生产中应用较广。

2. 端面磨

端面磨是指利用砂轮的端面进行磨削，如图 3-27 所示。

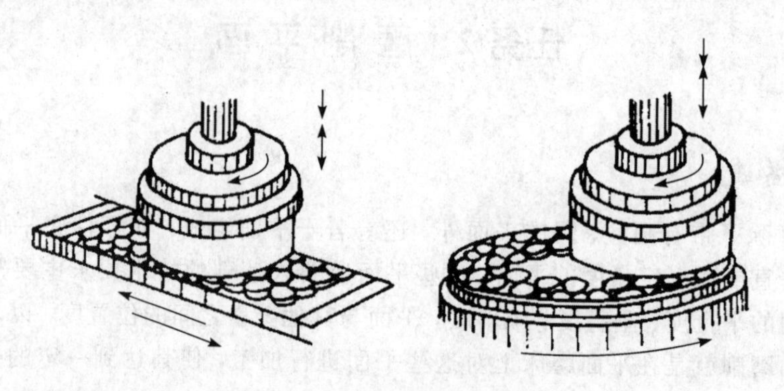

图 3-27 端面磨削

对工件进行端面磨削时，砂轮轴立式安装，刚性好，可采用较大的切削用量，而且砂轮与工件的接触面积大，故生产率高。

但精度较圆周磨差，磨削热较大，切削液进入磨削区较困难，易使工件受热变形，且砂轮磨损不均匀，影响加工精度。

平面磨削常作为刨削或铣削后的精加工，特别是用于磨削淬硬工件以及具有平行表面的零件，如滚动轴承环、活塞环等。

经磨削，两平面间的尺寸公差等级可达 IT6～IT5 级，表面粗糙度 Ra 值为 0.8～0.2 μm。

二、平面磨削的方法

以卧轴矩台平面磨床为例，平面磨削的常用方法有以下几种：

1. 横向磨削法

横向磨削法是最常用的一种磨削方法(见图3-28)。磨削时，当工作台纵向行程终了时，砂轮主轴作一次横向进给。这时砂轮所磨削的金属层厚度就是背吃刀量，磨削宽度等于横向进给量。将工件上第一层金属磨去后，砂轮重新作垂向进给，直至切除全部余量为止。这种方法称为横向磨削法。

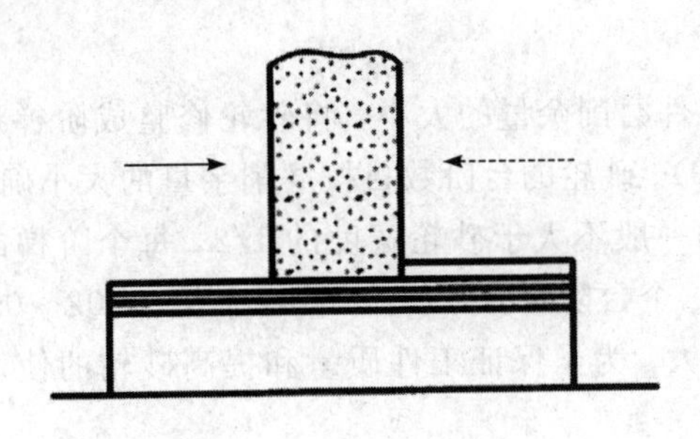

图 3-28　横向磨削法

横向磨削法磨削接触面积小，发热较小，排屑、冷却条件好，砂轮不易堵塞，工件变形小，因而容易保证工件的加工质量。但生产效率较低，砂轮磨损不均匀，磨削时须注意磨削用量和砂轮的正确选择。

1) 磨削用量的选择

一般粗磨时，横向进给量可选择(0.1～0.4)/B 双行程(B 为砂轮宽)，垂直进给量可选择 0.015～0.03 mm；精磨时，横向进给量可选择(0.05～0.1)B/双行程，垂直进给量为 0.005～0.01 mm。

2) 砂轮的选择

一般选用陶瓷结合剂将磨料粘合而成的平形砂轮。由于平面磨削时砂轮与工件的接触弧比圆磨削大，所以砂轮的硬度应比外圆磨削时稍低些，粒度更大些。

2. 深度磨削法

深度磨削法又称切入磨削法(见图 3-29)。它是在横向磨削法的基础上的，其磨削特点是：纵向进给速度低，砂轮通过数次垂向进给，将工件大部分或全部余量磨去；然后停止砂轮垂直进给，磨头作手动横向微量进，直至把工件整个表面的余量全部磨去，如图 3-29(a)所示。磨削时，也可通过分段磨削，把工件整个表面余量全部磨去，如图 3-29(b)所示。

为了减小工件的表面粗糙度值，用深度磨削法磨削时，可留少量精磨余量(一般为 0.05 mm 左右)，然后改用横向磨削法将余量磨去。此方法能提高产效率，因为粗磨时的垂向进给量和横向进给量都较大，缩短了机动时，一般适用于功率大、刚度好的磨床磨削较大型工件。磨削时须注意装夹牢固，且供应充足的切削液冷却。

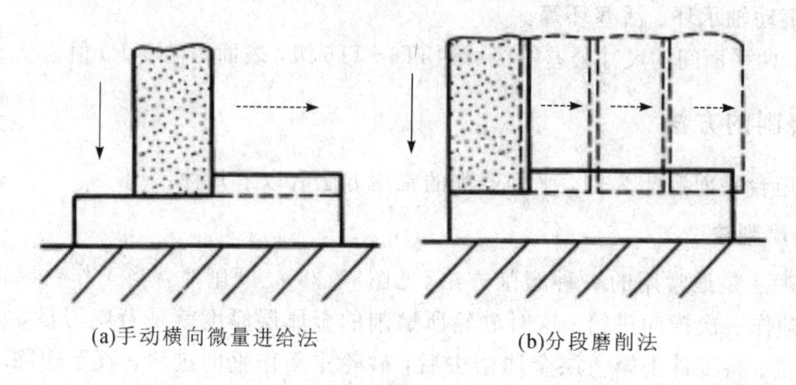

(a)手动横向微量进给法　(b)分段磨削法

图 3-29　深度磨削法

3. 台阶磨削法

台阶磨削法是根据工件磨削余量的大小，将砂轮修整成阶梯形，使其在一次垂向给中磨去全部余量(见图 3-30)。砂轮的台阶数目按磨削余量的大小确定，用于粗磨的各阶梯长度和深度相同，其长度和一般不大于砂轮宽度的 1/2，每个阶梯的深度在 0.05 mm 左右，砂轮的精磨台阶(即最后一个台阶)的深度等于精磨余量(0.02～0.04 mm)。用台阶磨削法加工时，由于磨削用量较大，为了保证工件质量和提高砂轮的使用寿命，横向进给应缓慢一些。

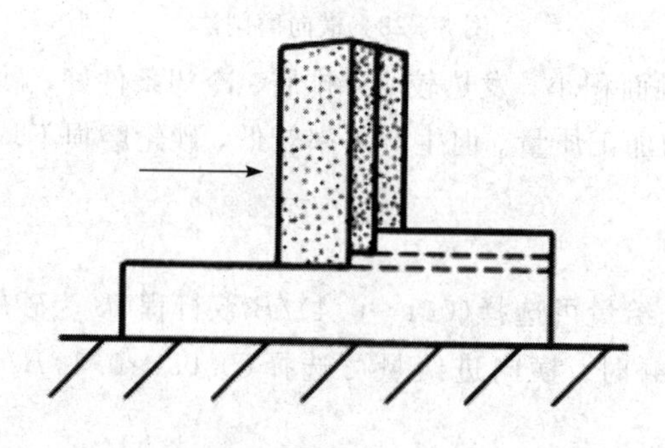

图 3-30　台阶磨削法

台阶磨削法生产效率较高，但修整砂轮比较麻烦，且机床须具有较高的刚度，所以在应用上受到一定的限制。

三、平面磨削基准面的选择原则

平面磨削基准面的选择准确与否将直接影响工件的加工精度，具体选择原则如下：

(1) 在一般情况下，应选择表面粗糙度较小的面为基准面。

（2）在磨大小不等的平面时，应选择大面为基准，这样装夹稳固，并有利于磨去较少余量，达到平行度要求。

（3）在平行面有形位公差要求时，应选择工件形位公差较小的面或者有利于达到形位公差要求的面为基准面。

（4）根据工件的技术要求和前道工序的加工情况来选择基准面。

任务实施

STEP1　了解平面磨削的形式，熟悉平面磨削的方法，了解平面磨削基准面的选择原则。

STEP2　磨平面。

1. 实训目标

（1）熟练掌握平面磨削的形式和方法。

（2）根据实习项目，完成平面的磨削加工。

（3）安全文明生产。

2. 实训任务

（1）零件图：如图 3－31 所示，实训任务为方形和内孔块。

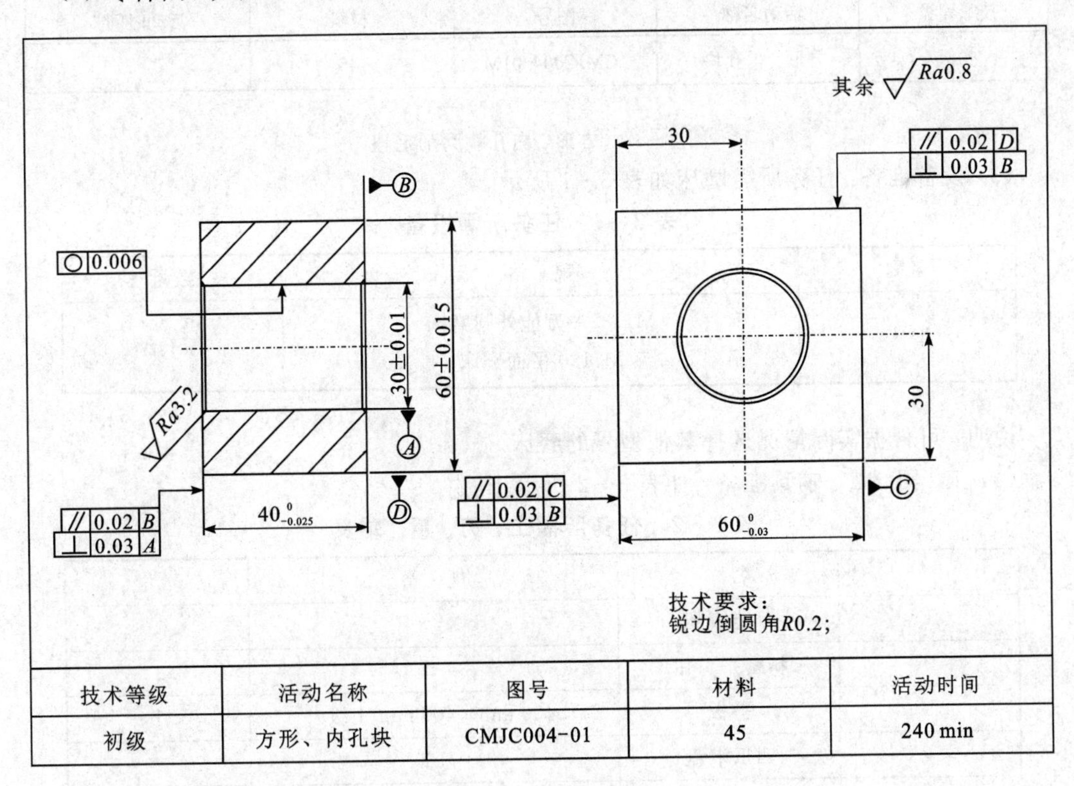

技术等级	活动名称	图号	材料	活动时间
初级	方形、内孔块	CMJC004-01	45	240 min

图 3－31　方形、内孔块

（2）材料准备：零件毛坯图如图 3－32 所示。

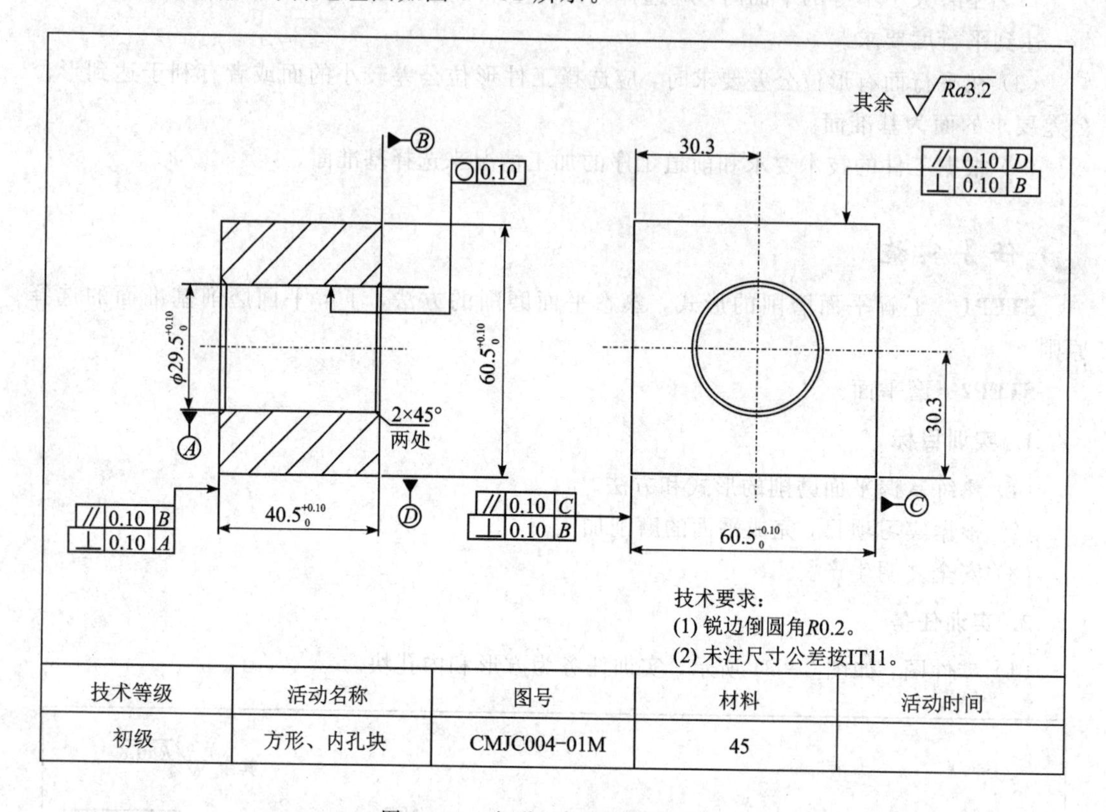

图 3－32　方形、内孔块磨削毛坯

（3）设备准备：任务所需磨床如表 3－1 所示。

表 3－1　任务所需设备

名称	规　格	数量
磨床	M1432A 万能外圆磨床 M7120 平面磨床	各 1 台

说明：可根据实际情况选择其他型号的磨床。

（4）工、刃、量、辅具准备：如表 3－2 所示。

表 3－2　任务所需工、刃、量、辅具

序号	名称	规　格	数量
1	万能表架		1
2	精密平口钳		1
3	平板	400 mm×400 mm(1 级)	1
4	四爪卡盘	φ160	1
5	内孔砂轮	φ30 mm(孔径)	自定
6	游标卡尺	0～150 mm (0.02)	1

续表

序号	名称	规　格	数量
7	外径千分尺	25～50 mm (0.01)	1
8	外径千分尺	50～75 mm (0.01)	1
9	90°角尺	0 级(宽座)	1
10	百分表	0～3 mm (0.01)	1
11	塞尺	0.02～0.5 mm (0.01)	1
12	油石	条状	自定

(5) 总成绩表：如表 3-3 所示。

表 3-3　总成绩表

序号	项目		考核内容	配分		检测结果	得分
				IT	*Ra*		
1	外形	长度	$60_{-0.03}^{0}$　$Ra0.8\ \mu m$	10	6		
		宽度	$40_{-0.025}^{0}$　$Ra0.8\ \mu m$	10	6		
		高度	60 ± 0.015　$Ra0.8\ \mu m$	10	6		
2	内孔	直径	$\Phi30_{-0.013}^{0}$　$Ra0.4\ \mu m$	11	3		
3	其他		∥ 0.02 *B*		4		
			∥ 0.02 *C*		4		
			∥ 0.02 *D*		4		
			○ 0.006		4		
			⊥ 0.03 *A*		4		
			⊥ 0.03 *B*		8		
4	设备、工、量、刃具的正确使用和维护保养		执行操作规程	1			
			正确使用工量刃具	1			
			合理选择切削用量	2			
			巡回检查	2			
5	安全文明生产		安全生产	2			
			文明生产	2			
合计				100			

评分标准：尺寸和形状位置精度超差该项不得分，表面粗糙度超值该项不得分。

否定项：

(1) 尺寸精度要求出现 2 处超差及内孔尺寸精度要求超差，视为不合格。

(2) 严重违反安全生产法规及文明生产规定，发生人身、设备事故的，视为不合格。

 任务评价

任务完成后需填写“评价表”并完成考核与测评题。

评　价　表

班级			姓名				
任务名称			起止时间				
序号	考核项目	考核要求	配分	评分标准	自评	互评	师评
1	知识与技能	平面磨削的形式	10	违反一项扣 2 分			
		平面磨削的方法	10	违反一项扣 2 分			
		正确选择磨削基准面	10	违反一项扣 2 分			
		正确进行磨床维护保养	10	违反一项扣 2 分			
2	过程与方法	学习态度及参与程度	5	酌情考虑扣分			
		团队协作及合作意识	5	酌情考虑扣分			
		责任与担当	5	酌情考虑扣分			
		安全文明生产	5	违反一项全扣			
3	成果展示	考核与测评	40	见考核表			
教师签字			总分				

考核与测评

一、填空题(50 分)

1. 常用的平面磨削方法有 ________ 磨削和 ________ 磨削两大类。外圆磨削常用的方法分横磨法和 ________ 法两大类，其中 ________ 法用得最广泛。

2. 磨床工作台一般采用 ________ 传动，其特点是 ____________________________。

3. 若工件上有两个平行度要求高的平面，在磨削时应以两平面 ________ 基准，反复磨削以达到技术要求。

4. 用端磨法磨削时，如砂轮与工件接触面积大，则磨粒尺寸应 ________ 一些，因为只有这样才能有效地防止工件表面烧伤。

二、简述题(50 分)

1. 简述平面磨削有哪几种形式，各有什么特点。

2. 简述平行平面的磨削方法。

任务3　磨削平面质量分析

任务描述

工件在平面磨削过程中，特别是在精密磨削中经常出现一些凭目测即可辨认的表面缺陷，如沿磨削垂直方向的条状波纹、与磨削方向相同的直形波纹、菱形波纹、平面直线痕、工件表面的划痕(拉毛)及表面烧伤等。

通过磨削平面质量的分析，可以了解磨削平面过程中表面缺陷产生的原因，并采取有效的防治措施。

任务目标

(1) 熟悉平面磨削的加工过程。

(2) 了解磨削平面过程中出现的缺陷及产生的原因。

(3) 能根据磨削平面出现的缺陷进行原因和防治措施分析。

知识储备

一、磨削平面质量分析

1. 波纹的产生原因和防止措施

1) 波纹的类型及产生原因

(1) 工件表面分布的等距离的直形波纹。出现直形波纹的原因是强迫振动，而振源多数因为电动机或砂轮的不平衡而产生。在平面磨削时，工件系统的刚度比磨头系统的刚度要好得多，所以在平面磨削中出现自激振动的波纹的可能性较少。

(2) 工件两边出现的单条波纹或一边出现的单条波纹。此种波纹的出现是缘于磨床工作台在换向时产生冲击而使磨床的立柱摇晃。

(3) 菱形波纹。产生菱形波纹的主要原因是砂轮与工件有振动。在平面磨削时，由于砂轮每分钟的转数与工件每分钟的行程数之比多数情况下不为整数，所以在有振动的前提下，出现菱形波纹的机会要比出现直形波纹的机会更多。

2) 波纹的防止措施

(1) 提高磨头系统的刚度，包括修刮调整磨头导轨及横向进给、垂直进给塞铁等，如修刮磨头导轨，修刮拖板横向导轨，拖板导轨面与立柱导轨面配刮到接触良好等。

(2) 保证主轴的安装精度，消除电机振动的影响，如保证主轴与磨头体安装法兰的垂直度公差、主轴跳动公差或采用硬橡皮隔振垫圈，选用振动小、质量好的泵，电机轴与油泵轴线在联结时保证较好的同轴度等。

(3) 保证工作台导轨与床身导轨配刮精度，如保证床身平面、V导轨在垂直平面内的直线度，保证工作台油缸与床身导轨的平行度、工作台导轨与床身导轨配刮时刮研面的接触点数等。

(4) 把工作台换向撞块的位置调整到离工件适当的距离或调整工作台换向阀节流螺钉，以减小甚至消除工作台两端的换向冲击。

(5) 注意砂轮的平衡及修整。

2. 平面直线痕的产生原因和防止措施

1) 平面直线痕的产生原因

平面直线痕的产生，大体是因为砂轮在磨削时，砂轮母线与工件接触不佳而引起。工件在作纵向运动时，砂轮相对于工件作横向运动，其运动关系是错开的，因而出现直线痕现象。

2) 防止措施

(1) 减少砂轮粗修整时的修整量。在精密磨削时，砂轮粗修整时的切深不宜过大。

(2) 修整砂轮时应注意冷却充分。若没有使用冷却液或冷却液喷嘴的位置没有对准砂轮的整个宽度，会引起金刚石膨胀，从而造成砂轮的母线不直。

(3) 提高磨头主轴的刚性。刚性不足会产生绕垂直轴线的水平偏转，造成砂轮边缘与工件接触，从而产生直线痕。防止的措施是提高主轴系统的刚性，从而减少磨削时砂轮的水平偏转量。

(4) 选用硬度均匀的砂轮。若砂轮硬度在宽度方向上不均匀，则砂轮在精细修整过程中难以在磨粒上形成等高性好的微刃，从而造成砂轮的一个棱边接触工件，使工件表面出现直线痕。

3. 拉毛的产生原因和防止措施

1) 拉毛的产生原因

(1) 磨削时磨粒掉在砂轮与工件之间。

(2) 冷却液不清洁。磨削时冷却液将磨粒或磨屑带入砂轮。

(3) 砂轮工作面上存在个别凸起的磨粒。砂轮经过修整后，个别高出的磨粒一般用刷子清洗不掉，容易引起工件拉毛。

(4) 选用砂轮的质量不好。砂轮磨料脆性较大、所选用的砂轮硬度偏低或硬度均匀性不好以及精磨选用粒度太粗的砂轮，都易引起拉毛。

(5) 上道工序工件的表面粗糙度高。磨削时由于工件表面去除量较少，而留下上道工序的磨痕。

(6) 工件表面留下磨屑，或因砂轮罩壳带有积累的磨屑或砂粒，在磨削过程中落入工件表面，夹在砂轮与工件之间而产生拉毛划伤。

2) 防止措施

(1) 过滤好冷却液，以防止磨削时杂粒带入冷却液。

(2) 砂轮修整完毕后，开大冷却液，用刷子清洗。

(3) 工件表面往往有些磨粒冲刷不掉，因此用刚修整好的砂轮磨第一个工件时，磨削余量应稍多一些，使其凸起的磨粒脱落后再进行正常的工作。这种措施对较软的工件材料更为合适。

(4) 选用粒度较细的砂轮。工件材料韧性高时，所选用的砂轮磨料的韧性也高，砂轮的硬度也应高一些。另外应及时更换硬度不均匀的砂轮。

(5) 每道工序前，工件表面粗糙度要达到一定的要求。

(6) 选用适当的磨削余量和修整用量。

(7) 为防止砂轮两边的磨粒因粘结强度低而在磨削时脱落，砂轮两边应修整成一台阶式倒角。

(8) 调整冷却液喷嘴的位置，保证冷却液始终冲在砂轮的前方。同时要经常清理砂轮罩上的磨屑和磨粒的积累物，以保证磨削时无积累物落入工件。

4. 烧伤的产生原因和防止措施

1) 烧伤的产生原因

(1) 砂轮硬度太高。

(2) 平面磨削时垂直进给量过大及周期横向进给量过大。

(3) 砂轮修整过细，特别是粗粒度砂轮经精细修整后，工件表面极易出现烧伤。

(4) 砂轮过钝，切削能力差。

(5) 磨削时，冷却液太少或冷却液喷嘴位置安装不妥，冷却液不能顺利流入磨削区。

2) 预防措施

(1) 根据加工材质合理选择磨料，砂轮硬度不能过硬。

(2) 适当减少垂直进给量及周期横向进给量。磨削时出现火花后，应立即退刀，并重新进给，减少进给量；必要时应重新修整砂轮。

(3) 将砂轮修整用量选得稍大一些，砂轮钝后要及时修整。

(4) 冷却液喷嘴位置要安装好，而且要有充足的冷却液。

任务实施

STEP1　了解平面磨削过程中出现的缺陷形式，熟练掌握磨削平面时产生各种缺陷的原因。

STEP2　根据实习项目，对出现的缺陷进行有效分析，采取合理的预防措施。

任务评价

任务完成后需填写“评价表”并完成考核与测评题。

评 价 表

班级			姓名				
任务名称			起止时间				
序号	考核项目	考核要求	配分	评分标准	自评	互评	师评
1	知识与技能	熟悉平面磨削加工过程	10	违反一项扣2分			
		了解平面磨削中出现的缺陷形式	10	违反一项扣2分			
		了解产生缺陷的原因	10	违反一项扣2分			
		合理采用预防措施	10	违反一项扣2分			

续表

序号	考核项目	考核要求	配分	评分标准	自评	互评	师评
2	过程与方法	学习态度及参与程度	5	酌情考虑扣分			
		团队协作及合作意识	5	酌情考虑扣分			
		责任与担当	5	酌情考虑扣分			
		安全文明生产	5	违反一项全扣			
3	成果展示	考核与测评	40	见考核表			
教师签字				总分			

考核与测评

简述题(100 分)

1. 平面磨削过程中出现的缺陷形式有哪些?

2. 简述平面磨削过程中产生缺陷的原因及预防措施。

项目四　磨 削 外 圆

■ **项目描述：**

外圆磨削是指对工件圆柱、圆锥和多台阶轴外表面及旋转体外曲面进行的磨削，如图 3－33 所示。外圆磨削可以在外圆磨床上进行，也可以在无心磨床上进行。在外圆磨床上磨削外圆时，工件一般用顶尖或卡盘装夹，但与车削不同的是顶尖均为死顶尖。磨削方法分为纵磨法、横磨法、综合磨法和深磨法等，其中以纵磨法为重点。外圆磨削的精度可达 IT5～IT6，表面粗糙度 Ra 值一般为 0.4～0.2 μm，精磨时 Ra 值可达 0.16～0.01 μm。

图 3－33　外圆磨削

本项目主要学习并掌握在外圆磨床上装夹零件的方法，熟练掌握磨削外圆的方法，能够规范、安全、文明操作磨床，并能对磨床进行日常保养维护。

任务1　装 夹 零 件

任务描述

在外圆磨床上，轴类零件常用顶尖装夹，方法与车削基本相同；盘套类零件常用心轴和顶尖安装，所用心轴与车削用心轴基本相同；磨削短而又无顶尖孔的轴类零件时，可用三爪或四爪卡盘装夹。

任务目标

(1) 熟悉外圆磨床上零件的装夹方法。

(2) 能合理选择适当的零件装夹方法进行装夹。

(3) 安全文明操作磨床，正确装夹零件。

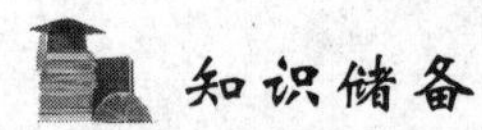

知识储备

在外圆磨圆上装夹零件的方法主要有顶尖装夹和卡盘装夹两种。磨削时，轴类零件常用顶尖装夹，所用的顶尖都是死顶尖，不随零件一起转动，这样可以减少安装误差，提高加工精度。无中心孔的圆柱形零件多采用三爪自定心卡盘装夹，不对称或形状不规则的工件则采用四爪单动卡盘或花盘装夹。空心工件常安装在心轴上磨削外圆。

一、顶尖装夹

1. 轴类零件

轴类零件以中心孔定位时，常使用夹头和拨杆，配合主轴顶尖和尾座顶尖进行零件装夹，如图 3-34 所示。

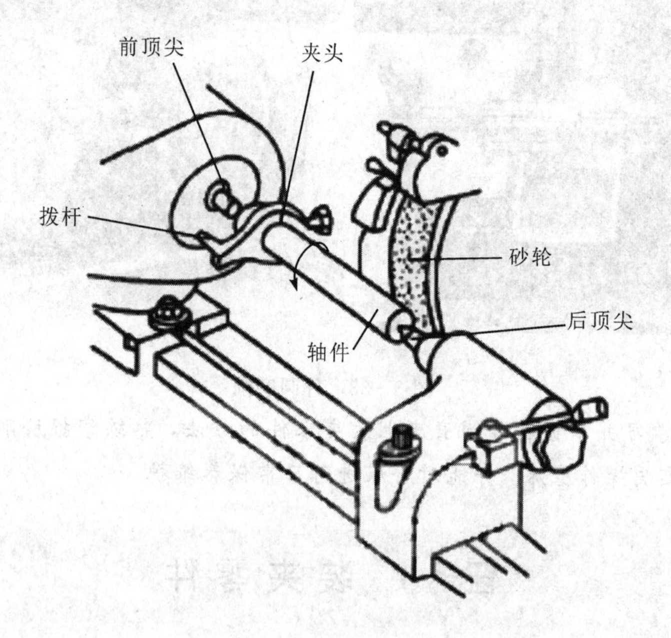

图 3-34　装夹轴类零件

夹头和拨杆的形式很多。图 3-35 所示是使用直柄鸡心夹头装夹零件，直柄鸡心夹头用拨盘上的拨杆直接拨动，带动轴件旋转。图 3-36 所示是使用弯柄鸡心夹头装夹零件，图 3-36(a)是在拨盘上焊一块小方铁作为拨杆，拨动弯柄鸡心夹头，带动轴件转动。图 3-36(b)是在前顶夹上钻孔后加工螺纹，螺钉拧在螺孔中，以螺钉为拨杆推动弯柄夹头，带动工件转动。去掉螺钉后，前顶尖仍可作为普通顶尖使用。图 3-36(c)是将鸡心夹头上的弯柄插入拨盘长槽内，拨盘直接带动夹头和零件转动。

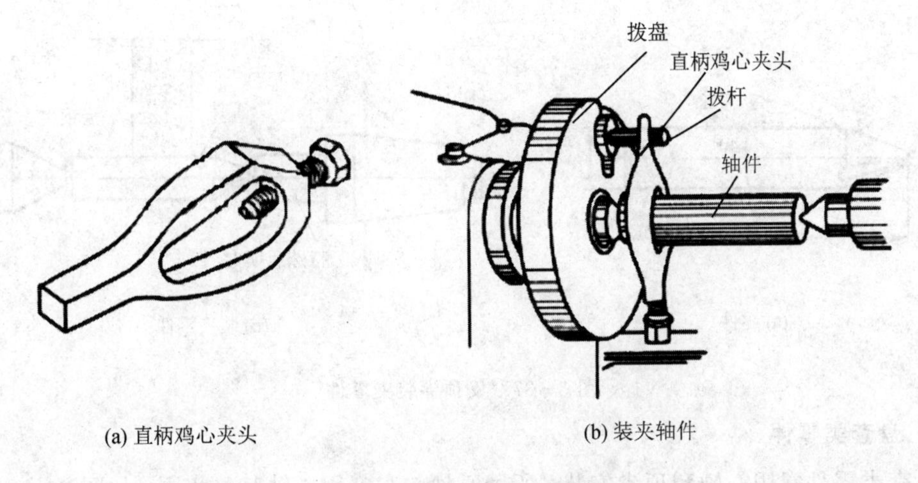

(a) 直柄鸡心夹头　　(b) 装夹轴件

图 3-35　直柄鸡心夹头装夹轴件

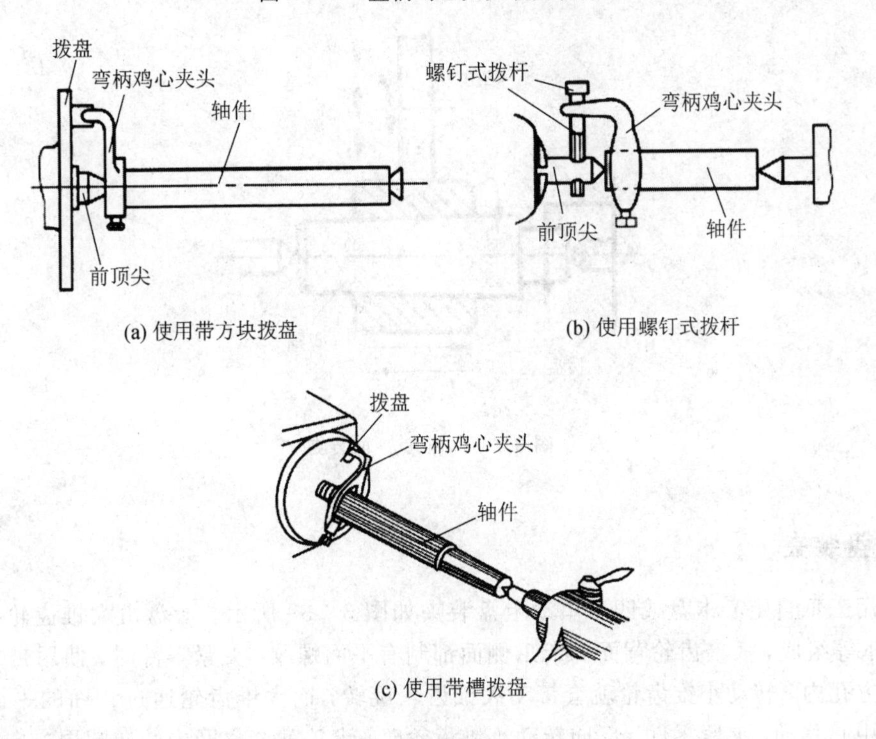

(a) 使用带方块拨盘　　(b) 使用螺钉式拨杆

(c) 使用带槽拨盘

图 3-36　弯柄鸡心夹头装夹

2. 带有外锥度刃口的轴类零件

图 3-37(a)所示是带有外锥度刃口的轴类零件。装夹这类零件，可采用图 3-37(b)所示方法，在尾座上装一普通顶尖，特殊反顶尖装在主轴锥孔内，零件安装在这两个顶尖之间，即可进行磨削。在特殊反顶尖的右端带有内锥孔，与零件左端的外锥度相同。反顶尖的内锥面上开出几道槽，与零件刃相啮合，并要保证零件和反顶尖在同一条轴线上。该方法装卸工件都很方便。

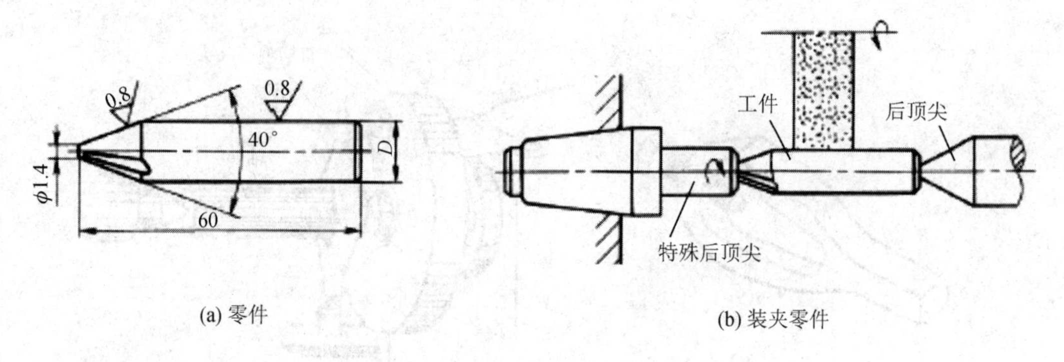

图 3-37 反顶尖装夹零件

3. 盘套类零件

盘套类零件常用心轴和顶尖安装，所用心轴与车削用心轴基本相同，如图 3-38 所示。

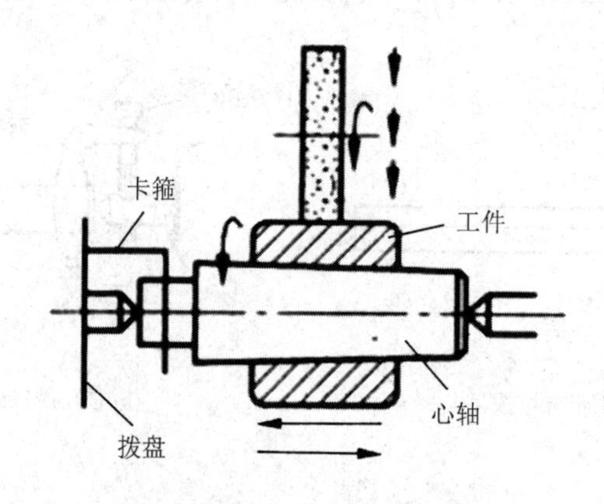

图 3-38 锥度心轴装夹

二、卡盘装夹

利用三爪自定心卡盘或四爪单动卡盘装夹如图 3-39 所示。卡盘由大锥齿轮、小锥齿轮、卡爪等组成，大锥齿轮背面和卡爪侧面都制有平面螺纹。夹紧零件时，使用带方头的扳手插进方孔内，转动小锥齿轮就会带动大锥齿轮旋转，而大锥齿轮通过背面的平面螺纹使卡爪向中心移动，夹紧零件。反向转动小锥齿轮时，卡爪就会离开中心向圆周方向移动，而将零件松开。使用时通过法兰盘将卡盘安装到磨床头架轴上，适于磨削短轴类零件时使用。

任务实施

STEP1 掌握外圆磨床上零件的装夹方法。

STEP2 掌握装夹零件过程中的操作要领。

STEP3 合理选择适当的零件装夹方法进行装夹，能独立正确装夹零件。

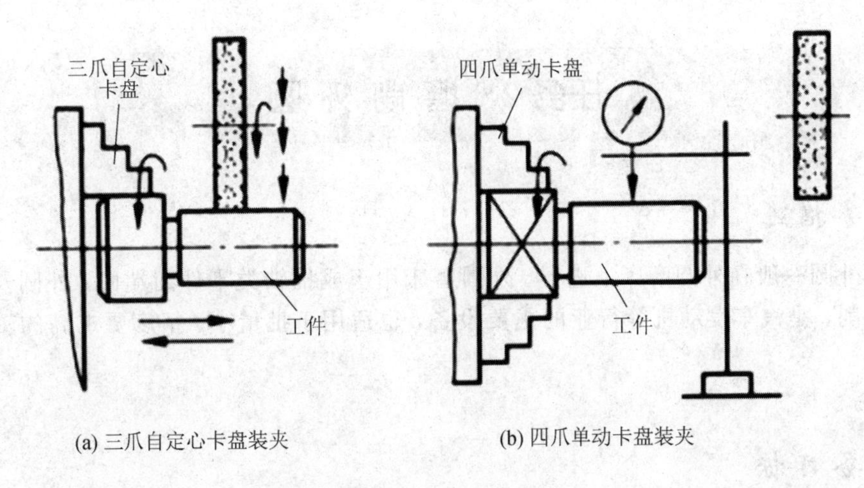

(a) 三爪自定心卡盘装夹　(b) 四爪单动卡盘装夹

图 3-39　卡盘装夹

任务评价

任务完成后需填写“评价表”并完成考核与测评题。

评　价　表

班级			姓名				
任务名称			起止时间				
序号	考核项目	考核要求	配分	评分标准	自评	互评	师评
1	知识与技能	外圆磨床零件装夹方法	10	违反一项扣 2 分			
		合理选择装夹方法	10	违反一项扣 2 分			
		正确进行磨床维护保养	10	违反一项扣 2 分			
2	过程与方法	学习态度及参与程度	5	酌情考虑扣分			
		团队协作及合作意识	5	酌情考虑扣分			
		责任与担当	5	酌情考虑扣分			
		安全文明生产	5	违反一项全扣			
3	成果展示	考核与测评	50	见考核表			
教师签字				总分			

考核与测评

简答题(100 分)

1. 外圆磨床上零件的装夹方法主要有哪几种?
2. 如何合理地选用装夹方法?

任务2 磨削外圆

任务描述

磨削外圆一般在外圆磨床上进行。外圆磨床用于成批轴类零件的端面、外圆及圆锥面的精密磨削，是汽车发动机等行业的主要设备，也适用于批量小、精度要求高的轴类零件加工。

任务目标

(1) 掌握磨削外圆的方法。
(2) 了解磨削外圆的特点及应用。
(3) 安全文明操作磨床。

知识储备

磨削外圆一般是根据工件的形状和大小、加工技术要求以及工件的刚性等来选择磨削方法的。

一、磨削外圆柱面

1. 纵磨法

如图 3-40 所示，纵磨法是指工件随工作台作往复直线运动(纵向进给)，每一往复行程终了时，砂轮作周期性横向进给。每次磨削吃刀量很小，磨削余量是在多次往复行程中磨去的。

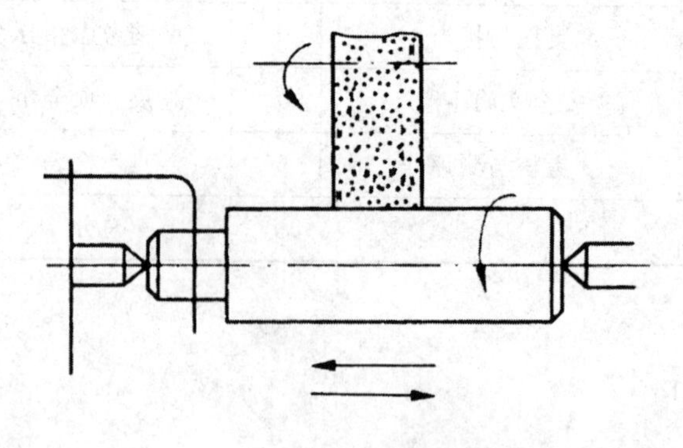

图 3-40 纵磨法

纵磨时，因磨削吃刀量小，磨削力小，磨削热小且散热好，加上最后几次无横向进给的光磨行程(直到火花消失为止)，所以磨削精度高，表面粗糙度值小。但纵磨法生产率低，所以该方法广泛应用于单件、小批生产及粗磨中，特别适用于细长轴的磨削。

2. 横磨法

横磨法，又称切入法。如图 3-41 所示，是指磨削时，工件无纵向运动，而砂轮以慢速作连续或断续的横向进给，直到磨去全部余量。横磨法生产率高，但横磨时工件与砂轮接触面大，磨削力大，发热量多，磨削温度高，工件易发生变形和烧伤，加工精度较低，表面粗糙度值较大。横磨法适用于磨削长度短、刚性好、精度较低的外圆面及两侧都有台肩的轴颈工件的大批量生产，尤其是成形面的磨削，只要将砂轮修整成形，就可直接磨出。

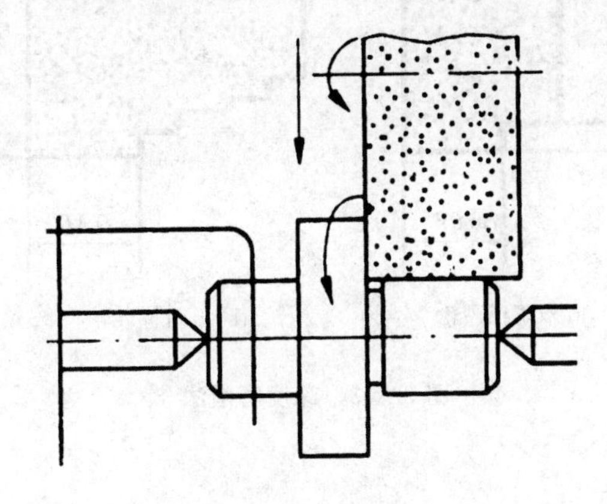

图 3-41　横磨法

3. 综合磨削法

综合磨削法是横向磨削法与纵向磨削法的综合，又称阶段磨削法。如图 3-42 所示，磨削时，先采用横向磨削法分段粗磨外圆，并留精磨余量，然后再用纵向磨削法精磨到规定的尺寸。

这种磨削方法既能提高生产效率，又能保证加工精度和表面粗糙度，适用于磨削余量大和刚性好的工件。

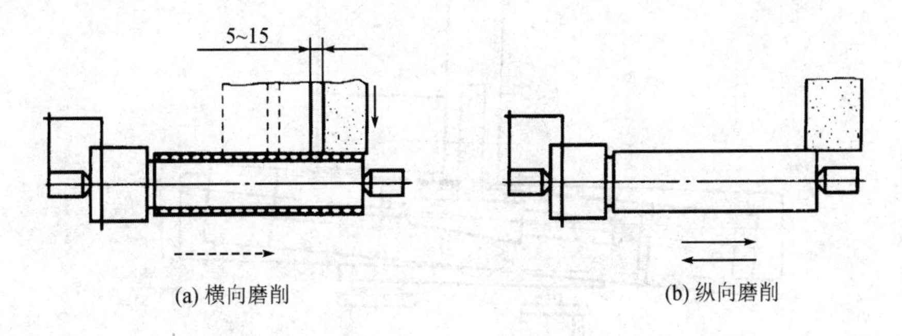

(a) 横向磨削　　(b) 纵向磨削

图 3-42　综合磨削法

4. 深度磨削法

深度磨削法与纵向磨削法相同，但砂轮需修成阶梯形，台阶的数量及深度按磨削余量的大小和工件的长度确定。如图 3-43 所示(图中 T 为砂轮厚度)，磨削时，砂轮各台阶的前端担负主要切削工作，各台阶的后部起精磨、修光作用；前面的各台阶完成初磨，最后一个台阶完成精磨。

深度磨削法适用于磨削余量和刚度较大的工件的批量生产。深度磨削时，应选用刚度和功率大的机床，使用较小的纵向进给速度，并注意充分冷却。

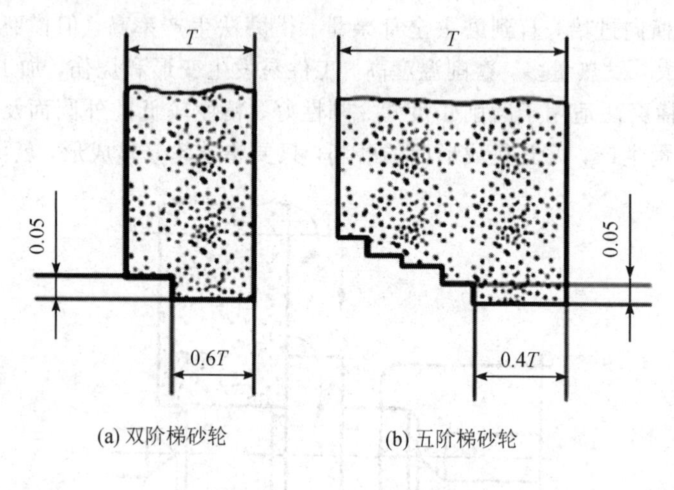

(a) 双阶梯砂轮　　(b) 五阶梯砂轮

图 3-43　深度磨削法

二、磨削外圆锥面

磨削外圆锥面的方法主要有以下三种：

1. 转动工作台磨削外圆锥面

如图 3-44 所示，磨削时工件安装在两顶尖之间，逆时针将工作台转动一个工件圆锥半角 $\alpha/2$，然后采用纵磨法磨削。磨削时，先试磨并测量工件锥度，根据测量(用套规)结果精细调整工作台直至锥度磨削正确为止；然后用套规测量工件余量，将工件磨至图样要求。此磨削方法只能磨削圆锥角小于 12°的外圆锥面。

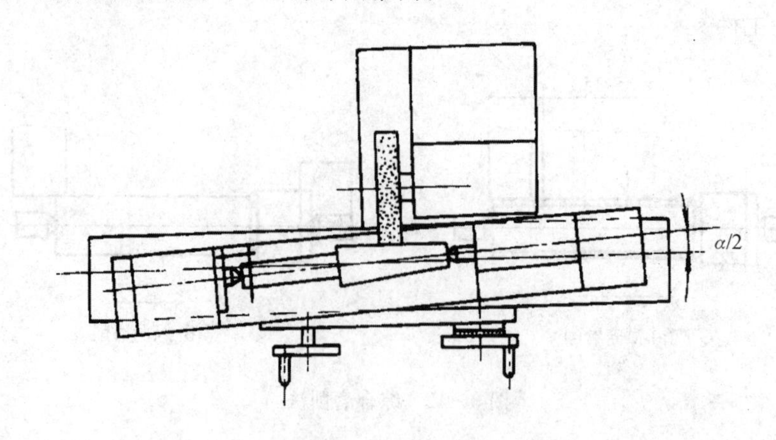

图 3-44　转动工作台磨削外圆锥面

2. 转动头架磨削外圆锥面

如图 3 - 45 所示，磨削时工件安装在卡盘上，逆时针将头架转动一个工件圆锥半角 $\alpha/2$，然后采用纵磨法磨削。磨削时，先试磨并用套规测量锥度，调整工作台；工作台调整完毕后用套规测量磨削余量，随后将工件磨至图样要求。

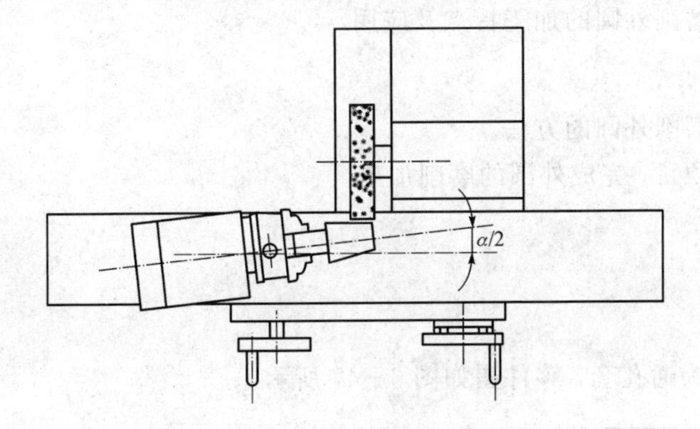

图 3 - 45　转动头架磨削外圆锥面

3. 转动砂轮架磨削外圆锥面

如图 3 - 46 所示，工件用两顶尖安装，逆时针将砂轮架转动一个工件圆锥半角 $\alpha/2$，采用横磨法磨削圆锥面。

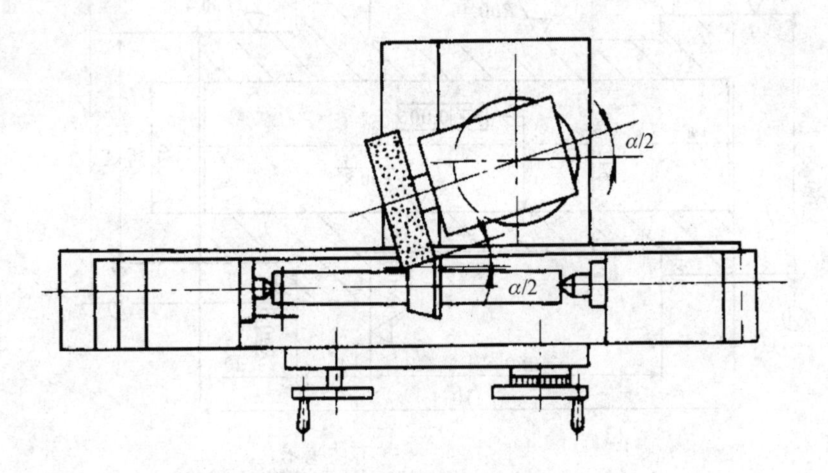

图 3 - 46　转动砂轮架磨削外圆锥面

★ 温馨提示：

(1) 外圆磨削时，注意防止工件表面产生直波形、螺旋形、烧伤现象等缺陷。

(2) 外圆零件的精度检验要正确、合理。

(3) 磨削时注意安全，注意磨床的保养。

任务实施

STEP1　熟悉磨削外圆的方法。

STEP2　熟悉磨削外圆的操作要领。

STEP3　了解磨削外圆的加工特点及应用。

1. 实训目标

(1) 熟练掌握磨削外圆的方法。

(2) 根据实习项目，完成外圆的磨削加工。

(3) 安全文明生产。

2. 实训任务

1) 零件图

本次实训任务为通孔套，零件图如图 3－47 所示。

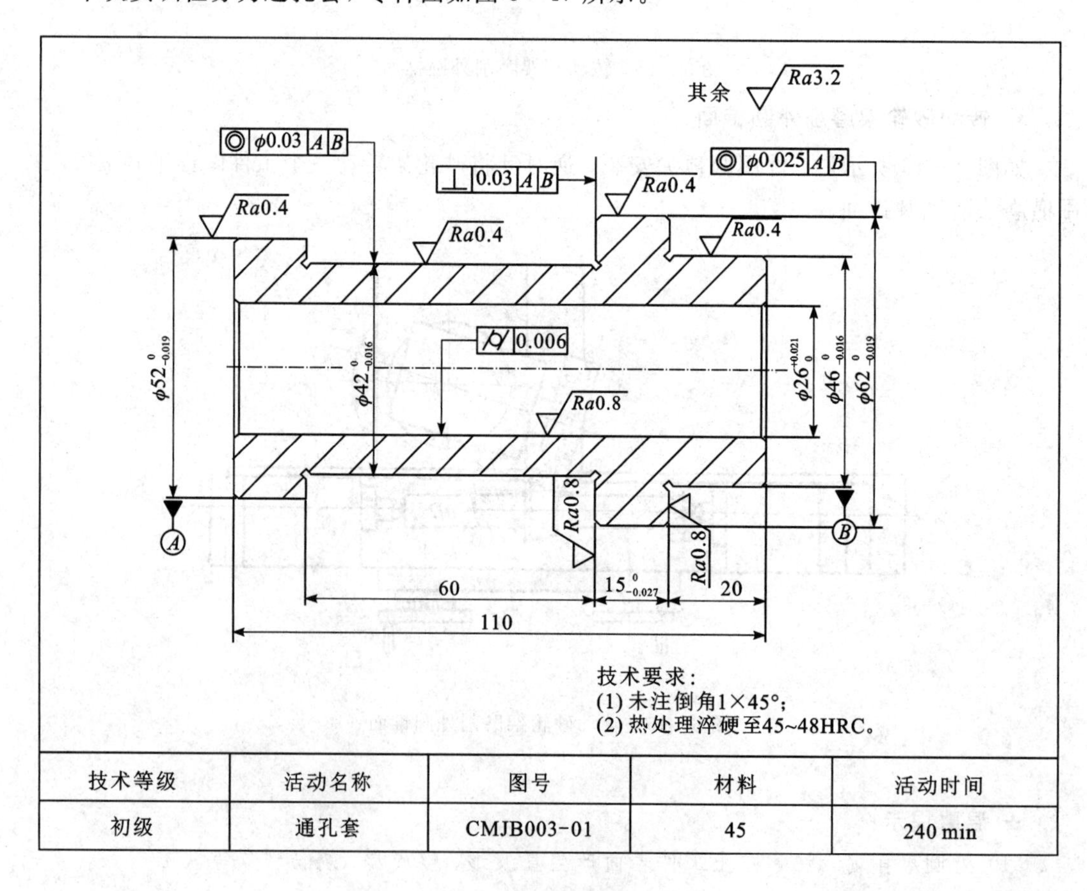

技术等级	活动名称	图号	材料	活动时间
初级	通孔套	CMJB003-01	45	240 min

图 3－47　通孔套

2) 材料准备

毛坯图如图 3－48 所示。

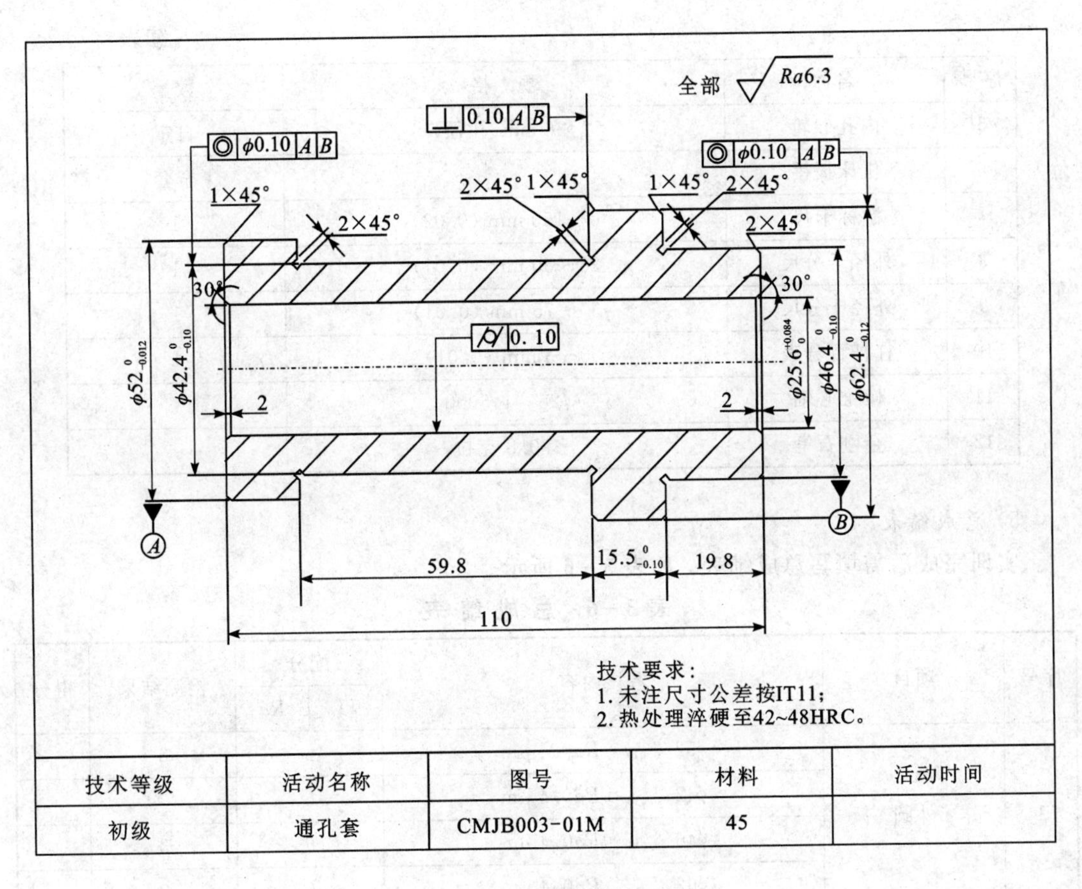

图 3-48　通孔套磨削毛坯

3）设备准备

任务所需设备如表 3-4 所示。

表 3-4　任务所需设备

名称	规　格	数量
磨床	M1432W 万能外圆磨床、M7120 平面磨床	各 1 台

说明: 可根据实际情况选择其他型号的磨床。

4）工、量、刃、辅具准备

任务所需的工、量、刃、辅具如表 3-5 所示。

表 3-5　任务所需的工、量、刃、辅具

序号	名称	规　格	数量
1	万能表架		1
2	顶尖	莫氏 4 号	2
3	四爪单动卡盘	ϕ160	1
4	平板	1 级	1

续表

序号	名称	规　格	数量
5	内孔砂轮	ϕ26 mm(孔径)	自定
6	机床扳手		全套
7	游标卡尺	0～150 mm (0.02)	1
8	外径千分尺	25～50 mm (0.01)	1
9	外径千分尺	50～75 mm (0.01)	1
10	杠杆百分表	0～3 mm (0.01)	1
11	微锥心轴	ϕ26　1∶5000	1
12	金刚石笔	＞0.8 克拉	1

5）总成绩表

实训完成后需填写总成绩表，如表 3-6 所示。

表 3-6　总 成 绩 表

序号	项目	考核内容	配分		检测结果	得分
			IT	Ra		
1	外圆	$\phi52_{-0.019}^{0}$　$Ra0.4\ \mu m$	6		3	
		$\phi42_{-0.016}^{0}$　$Ra0.4\ \mu m$	6		3	
		$\phi46_{-0.016}^{0}$　$Ra0.4\ \mu m$	6		3	
		$\phi62_{-0.019}^{0}$　$Ra0.4\ \mu m$	6		3	
2	内孔	$\phi26_{0}^{+0.021}$　$Ra0.8\ \mu m$	16		5	
3	端面	$15_{-0.027}^{0}$ $Ra0.8\ \mu m$(2 处)	12		6	
4	其他	⌭ 0.006	6			
		⊥ 0.03 A	3			
		◎ ϕ0.025 A−B	3			
		◎ ϕ0.02 A−B	3			
5	设备、工、量、刃具的正确使用和维护保养	执行操作规程	1			
		正确使用工量刃具	1			
		合理选择切削用量	2			
		巡回检查	2			
6	安全文明生产	安全生产	2			
		文明生产	2			
合 计			100			

续表

序号	项目	考核内容	配分		检测结果	得分
			IT	Ra		
评分标准：尺寸和形状位置精度超差该项不得分，表面粗糙度超值该项不得分。 否定项： (1) 内孔直径尺寸要求为IT6，内孔圆柱度及外圆尺寸精度要求为IT6，如有2处超差视为不合格。 (2) 严重违反安全生产法规及文明生产规定，发生人身、设备事故，视为不合格。						

任务评价

任务完成后需填写“评价表”并完成考核与测评题。

评 价 表

班级			姓名				
任务名称			起止时间				
序号	考核项目	考核要求	配分	评分标准	自评	互评	师评
1	知识与技能	磨外圆柱面的方法	10	违反一项扣2分			
		磨外圆锥面的方法	10	违反一项扣2分			
		正确选用磨削方法	10	违反一项扣2分			
		正确进行磨床维护保养	10	违反一项扣2分			
2	过程与方法	学习态度及参与程度	5	酌情考虑扣分			
		团队协作及合作意识	5	酌情考虑扣分			
		责任与担当	5	酌情考虑扣分			
		安全文明生产	5	违反一项全扣			
3	成果展示	考核与测评	40	见考核表			
教师签字				总分			

考核与测评

一、填空题(50分)

1. 生产实践中磨削工件外圆表面时，常见的工件装夹方法是 ________ 装夹和 ________ 装夹。

2. 外圆磨削时，工件与砂轮的旋向 ________；内圆磨削时，二者的旋向 ________。

3. 磨削外圆一般是根据工件 ________、________ 以及 ________ 等来选择磨削方法的。

4. 外圆磨削的主运动为 ________。

5. 外圆磨床主要是通过对试件磨削加工后的 ________、________ 等的检验，来确定磨床的工作精度。

二、简述题(50分)

1. 磨削外圆的方法有哪些？各有什么特点？
2. 如何合理地选用磨削方法？

任务3 磨削外圆质量分析

任务描述

磨削外圆过程中，由于多种因素的影响，零件表面容易产生各种缺陷，如磨削外圆表面会出现多角形或螺旋形深痕，工件表面出现划痕或划伤(拉毛)及表面烧伤等。

任务目标

(1) 熟悉外圆磨削的加工过程。
(2) 了解磨削外圆过程中出现的缺陷及产生的原因。
(3) 能根据磨削外圆出现的缺陷进行原因和解决措施分析。

知识储备

一、磨削外圆质量分析

1. 多角形缺陷

多角形缺陷是指零件表面沿母线方向存在的一条条等距的直线痕迹，其深度小于0.5 μm，如图3-49所示。

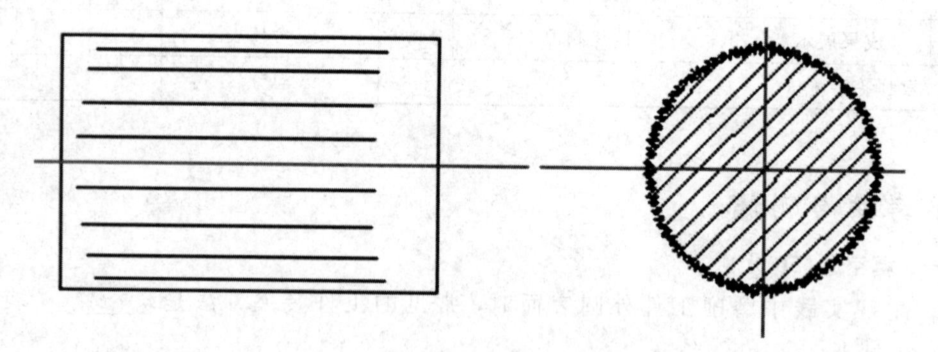

图3-49 多角形缺陷

1) 产生原因

多角形缺陷的产生主要是由于砂轮与工件沿径向产生周期性振动所致，如：

(1) 砂轮或电动机不平衡。
(2) 轴承刚性差或间隙太大。

(3) 工件中心孔与顶尖接触不良。

(4) 砂轮磨损不均匀等。

2) 消除振动的措施

(1) 仔细地平衡砂轮和电动机。

(2) 改善中心孔和顶尖的接触情况。

(3) 及时修整砂轮。

(4) 调整轴承间隙。

2. 螺旋形缺陷

螺旋形缺陷是指磨削后的工件表面呈现出的一条条很深的螺旋痕迹，痕迹的间距等于工件每转的纵向进给量，如图 3－50 所示。

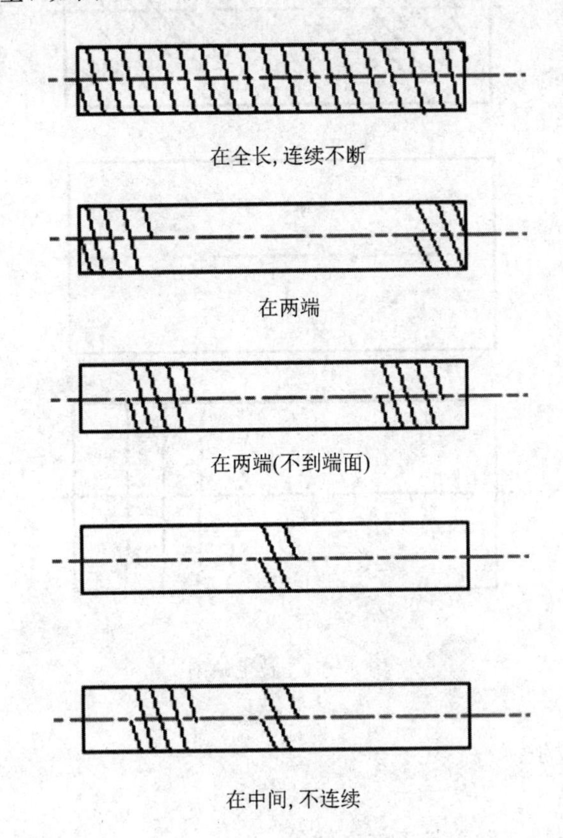

图 3－50　几种螺旋形缺陷

1) 产生原因

螺旋形缺陷的产生主要是砂轮微刃的等高性破坏或砂轮与工件局部接触造成的如：

(1) 砂轮母线与工件母线不平行。

(2) 头架、尾座刚性不等。

(3) 砂轮主轴刚性差。

2) 消除的措施

(1) 修正砂轮，保持微刃等高性。

（2）调整轴承间隙。

（3）保持主轴的位置精度。

（4）砂轮两边修磨成台肩形或倒圆角，使砂轮两端不参加切削。

（5）工件台润滑油要合适，同时应有卸载装置。

（6）导轨润滑为低压供油。

3. 拉毛(划伤或划痕)

常见的工件表面拉毛现象如图 3－51 所示。

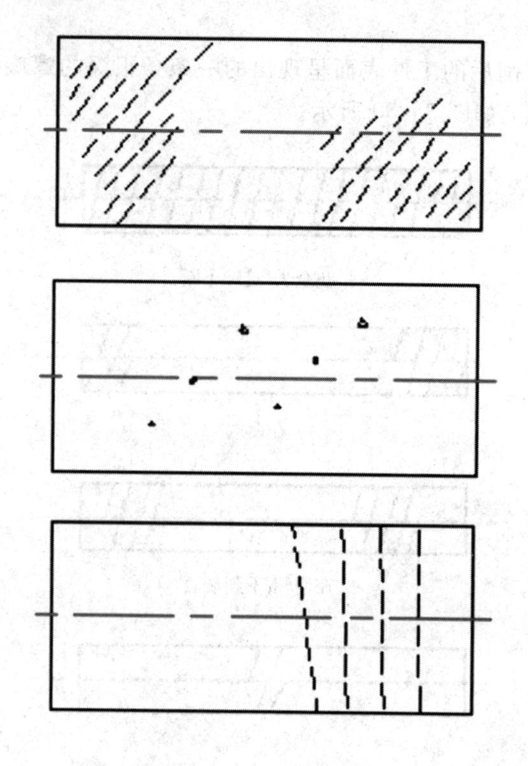

图 3－51　拉毛缺陷

1）产生原因

（1）磨粒自锐性过强。

（2）切削液不清洁。

（3）砂轮罩上磨屑落在砂轮与工件之间等。

2）消除拉毛的措施

（1）选择硬度稍高一些的砂轮。

（2）砂轮修整后用切削液和毛刷清洗。

（3）对切削液进行过滤。

（4）清理砂轮罩上的磨屑等。

4. 烧伤

烧伤可分为螺旋形烧伤和点烧伤，如图 3－52 所示。

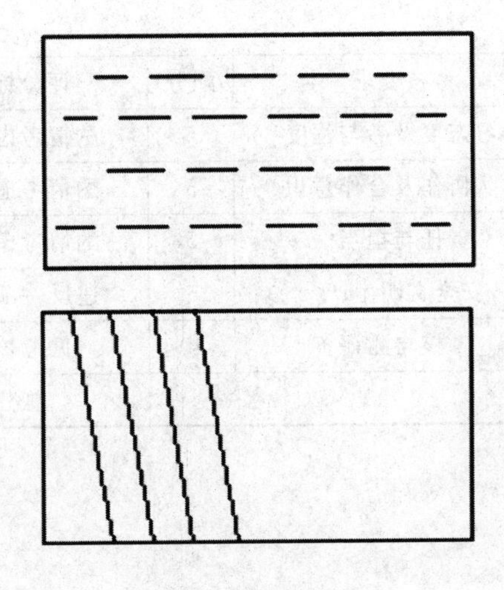

图 3-52　烧伤缺陷

1）产生原因

烧伤主要是由于磨削高温的作用，使工件表层金相组织发生变化，因而使工件表面硬度发生明显变化。

2）消除烧伤的措施

消除烧伤的措施包括降低砂轮硬度，减小磨削深度，适当提高工件转速，减少砂轮与工件接触面积，及时修正砂轮，进行充分冷却等。

任务实施

STEP1　了解外圆磨削过程中出现的缺陷形式，熟练掌握磨削外圆时产生各种缺陷的原因。

STEP2　根据实习项目，能对出现的缺陷进行有效分析，采取合理预防措施。

任务评价

任务完成后需填写“评价表”并完成考核与测评题。

评　价　表

班级			姓名				
任务名称			起止时间				
序号	考核项目	考核要求	配分	评分标准	自评	互评	师评
1	知识与技能	熟悉外圆磨削加工过程	10	违反一项扣 2 分			
		了解外圆磨削中出现的缺陷形式	10	违反一项扣 2 分			
		了解产生缺陷的原因	10	违反一项扣 2 分			
		合理采用预防措施	10	违反一项扣 2 分			

续表

序号	考核项目	考核要求	配分	评分标准	自评	互评	师评
2	过程与方法	学习态度及参与程度	5	酌情考虑扣分			
		团队协作及合作意识	5	酌情考虑扣分			
		责任与担当	5	酌情考虑扣分			
		安全文明生产	5	违反一项全扣			
3	成果展示	考核与测评	40	见考核表			
教师签字				总分			

考核与测评

简述题(100 分)

1. 外圆磨削过程中出现的缺陷形式有哪些?
2. 简述外圆磨削过程中产生缺陷的原因及预防措施。